① 殲 -20 在 2018 年珠海航展亮相。（取自中國軍網／王衛東）
② 殲 -20 技術示範機（編號 2001）。（取自新浪軍事）
③ 黃色底漆的殲 -20 在跑道上滑行。（微博用户「万全＆T汪汪T」攝）

① 第一組證實殲-20部署於第9旅的照片。（取自微博「空军发布」）
② 殲-20在2018年珠海航展打開武器艙展示霹靂-15和霹靂-10飛彈。（柯林·庫克攝／取自Openverse）
③ 殲-20雙座型原型機。（微博用户「鼎盛风清」攝）

① 在飛行測試與訓練基地的第 176 旅殲 -20。（微博用户「九月飞鹰」攝）
② 第一架殲 -20 技術示範機的機體（編號 2001）。（取自中國網路）
③ 2018 年珠海航展的殲 -20。（微博用户「垂直风行」攝）

① 殲 -20A。（微博用戶「空天砺剑」攝）
② 殲 -20A。（微博用戶「空天砺剑」攝）
③ 殲 -20A。（微博用戶「空天砺剑」攝）
④ 殲 -20A。（微博用戶「空天砺剑」攝）
⑤ 殲 -20。（微博用戶「野生灰熊」攝）

⑥ 第 65 侵略者中隊模仿殲 -20 塗裝的 F-35A。（上士亞歷山德烈・蒙特斯攝／美國空軍提供）
⑦ 殲 -16 戰鬥機。（取自微博「央广军事」）
⑧ 殲 -16 利用火箭彈夾艙發動攻擊。（取自中國軍網）

① 空警 -500 預警機。（中國軍網／秦錢江、曾琪）
② 殲 -20 亮相 2018 珠海航展。（中國軍網／王衛東）

①

②

① 中國人民解放軍空軍殲 -11B。（中國軍網／萬泉）

② 2018 年 11 月 27 日，維修人員在完成飛行訓練演習後，示意一架
殲 -11 滑行到跑道上。（中國軍網／陳慶順）

① 殲-16D 電子戰機。（微博用戶「耿直的魯斯蘭」）

② 2022 年 1 月 10 日，航空第一旅旅長李凌在空中對抗訓練中駕駛殲-20。
　（中國軍網／楊盼）

① 第二架殲-20技術示範機（編號2002）。（取自中國網路）
② 殲-20展示特技飛行。（微博用户「B747SPNKG」）

殲-20

Asia´s First Stealth Fighter in the Era of China´s Military Rise

空中威龍

揭密中國軍事崛起下亞洲第一架匿蹤戰鬥機

Abraham Abrams

亞波汗・艾布斯——著

徐昀融——譯

J-20
MIGHTY DRAGON

目·錄

| 第 4 章 | 戰鬥機研發的工業基礎、高科技應用與輔助

| 第 5 章 | 殲 -20 計畫的未來

目·錄

|第6章| **輔助計畫：殲 -20 成為網路中心戰的一環**

|第7章| **殲 -20 帶來的挑戰與回應方式**

第一章

緣起：冷戰與中國追求空中
優勢的歷史緣由

朝鮮半島上空的空中戰場

　　中國在韓戰期間經歷的嚴峻考驗，促成中國戰鬥航空工業的發展，並使中國得以發展成為一個噴射時代的軍事強權；而中國在韓戰期間所遭遇的種種困難，也形塑了中國對空中優勢的重視，並成為中國歷史記憶的核心價值。韓戰經驗，深深影響了中國廿一世紀軍事現代化的方向，對於殲-20威龍戰鬥機的出現，更是有著不可抹滅的影響。中華人民共和國的正規軍隊──中國人民解放軍，今天之所以對空戰實力，尤其是對空中防禦優勢產生高度重視，部分原因就是來自於「空軍」此一軍種，在韓戰期間發揮的關鍵作用。在朝鮮半島上發生的韓戰時至今日，仍是中華人民共和國唯一一場面對外敵的持久戰事。韓戰迫使成軍不久、才剛開始訓練

第一批噴射戰鬥機飛行員的中國人民解放軍空軍，面對來自美國及西方國家空軍的挑戰，對中國人民解放軍空軍的戰略和教條思考、組織結構、戰力及能力，都產生了極爲深遠的影響。

1950 年 6 月 25 日，中共領導階層在聽聞南北韓之間爆發戰事的消息時，都感到相當震驚[1]，因爲中南海當時正在縮減解放軍的規模[2]。幾天後，當以美國爲首的聯軍扛著聯合國的旗幟介入韓戰，意圖阻止北韓軍踏足屬於西方陣營的南韓，並在接下來的 9 月，對北韓發動了全面入侵時，中國人民解放軍空軍只派得出一支戰鬥機的作戰部隊：僅配置了三十八架現代米格 -15 噴射戰鬥機的中國人民解放軍空軍第 4 混成旅。第 4 混成旅是中國人民解放軍，在三個月前的 6 月，方成立不久的第一支空軍正式部隊。第 4 混成旅共 126 名戰鬥機駕駛的飛行訓練，是在韓戰開打不到一個月的 7 月才剛剛展開。而到了 9 月底，當中國因爲情勢所逼，不得不介入韓戰戰場時，126 名飛行員中的 31 位，才剛完成他們從軍生涯首次的米格 -15 個人飛行。10 月 1 日，在蘇聯空軍第 106 戰鬥機航空師的協助下，中國人民解放軍空軍第 4 混成旅開始了爲期十週的作戰訓練。就在前一天的 9 月 30 日，美國國家安全委員會編號 NSC 68 的政策公文剛獲得白宮批准，讓五角大廈獲得比原先編列多出兩倍的軍事預算、獲准展開對中國及蘇聯的隱蔽行動（臥底行動），並得以在中國及蘇聯邊境，建立了數十座空軍基地。在這個時候，西方陣營部署在朝鮮半島的軍力已經達到數十萬人，並在美軍將領

的直接指揮下，與南韓軍隊並肩作戰。

西方陣營選擇直接入侵北韓，而非恢復南北韓在韓戰爆發前分治狀態的爭議性決定，被認為在相當程度上，增加了中國被迫加入戰爭的風險；因為當西方聯軍快速接近中國邊境時，中南海感受到了迫在眉睫的威脅。畢竟美軍貢獻了數萬名士兵和數十億軍援，協助國民黨對付中國人民解放軍的國共內戰，在韓戰爆發的前八個月才剛剛落幕[3]，而聯合國軍總司令道格拉斯·麥克阿瑟將軍，和多位美國國防部將領及國務院官員，都強烈主張要順著南北韓衝突的勢頭，繼續對中共採取軍事行動[4]。而隨著中國在中韓邊境部署地面部隊，試圖創造一塊軍事緩衝區以保護重要的邊境基礎設施，解放軍士兵與不斷進逼的西方聯軍，終於在 10 月 21 日，於北韓領土上首次交戰。在不到一個月的時間內，這些零星交戰就已經升級為雙方都已投入數萬名士兵參戰的大規模戰役，而這期間所有的戰事，都只發生在朝鮮半島境內[5]。

打從一開始，缺乏一支具備戰力的空軍，就是北京儘管已經感受到聯合國軍，在麥克阿瑟將軍的指揮下步步進逼的迫切威脅，仍舊不願出兵朝鮮半島的一項主要原因[6]。美國空軍在中國介入朝鮮半島戰事的前三個月，藉由摧毀後勤補給讓前線士兵得不到物資，和針對地面部隊施加的直接打擊，對北韓軍隊帶來的重創顯而易見。美國空軍就是北韓之所以無法迅速取勝的主要因素，而且美國空軍很快也被證明，是影響中國地面部隊行動的一大阻礙。

美軍的空中優勢讓解放軍部隊無力抵抗，並如部分位處

前線、時時刻刻都在擔心遭遇空襲的解放軍士兵所言，對於他們必須「像被人獵捕的動物一樣逃命躲藏」的處境感到士氣低落[7]。北韓的士兵也一樣，儘管他們享有無所畏懼的聲譽，但根據北韓將領的說法，美軍噴射戰鬥機的機槍掃射、投彈轟炸和燒夷彈攻勢所造成的傷亡，讓北韓士兵們都產生了「飛機恐懼症」的心理創傷[8]。當解放軍士兵仰仗高超的夜間作戰技巧，試圖扭轉他們在火力和人數上的巨大劣勢時，美軍軍機則會在夜空中來回穿梭，投下降落傘照明彈。而每次投放的照明彈，都會讓解放軍的地面部隊在數分鐘的時間內無所遁形，對解放軍造成嚴重的傷亡[9]。制空權的掌握，也讓美軍的傷亡人數因為得以將傷兵在最短時間內，撤離到日本接受最即時的治療而大幅降低[10]，反觀解放軍就無法用類似的方式撤離戰場傷兵。

美軍戰機除了直接攻擊前線敵軍，截至 1951 年初，中共解放軍已有約三到四成的補給物資是在運送過程當中，因為美軍戰機攔截而遭盡數摧毀[11]。光是北韓的鐵路沿線，就被投擲了將近十九萬枚炸彈——等於每七公尺的鐵軌，就被投擲一枚炸彈——所以就算是在白天時分，美軍戰機在空中的行動，也同時癱瘓了解放軍與北韓士兵在前線作戰的行動與後勤補給[12]。韓戰期間，解放軍與北韓士兵的進攻攻勢，就曾多次因為補給鏈斷鏈而被迫中斷；讓原本看起來即將戰勝西方聯軍的解放軍和北韓軍隊，在沒有食物補給、彈盡援絕的情況下，只能暫時收手[13]。舉例來說，在韓戰將近尾聲的 1953 年 6 月 10 日，中共解放軍的最後一波攻勢之一已經

在前線佔領了一座又一座的山丘，從四面八方對南韓軍隊展開進攻，但西方聯軍依舊可以在這個時候，發動大規模的空襲——一天之內就發動了破紀錄的 2,143 次突襲——完全中止了解放軍對南韓軍的步步進逼 [14]。

韓戰不只展示了當敵方軍機掌握空中優勢，將可能對我軍帶來多麼嚴重的損失，也同時促成了中國人民解放軍空軍的崛起。中國人民解放軍空軍在韓戰期間從一個戰力微不足道的空戰部隊，成長為世界第三大的空軍部隊——並證明他們在其他看似戰力差距懸殊的強敵面前，也毫不遜色的實力。當中國人民解放軍空軍在 1951 年 11 月，已經開始在朝鮮半島執行重要的作戰任務時，中國人民解放軍已經成立了三支隨時可以上場作戰的米格 -15 戰鬥航空師。甚至在 1952 年初，又擴編成立了另外四支戰鬥航空師投入戰場。1952 年 5 月底，中國人民解放軍的所有米格 -15 戰鬥航空師，都已經在朝鮮半島的戰場上累積了相當珍貴的作戰經驗，並從 8 月開始，接收新型改良後的米格 -15 比斯（MiG-15bis）戰鬥機。

米格 -15 是第一款被中國人民解放軍空軍廣泛應用於作戰任務的戰鬥機機型。而且中國人民解放軍空軍在成立之初二十年所累積的絕大部分戰鬥機飛航經驗，都是來自於米格 -15 與其近似機型的米格 -17 戰鬥機的駕駛經驗。米格 -15 自 1949 年 6 月起，開始在蘇聯空軍服役；此時距離這款機型首次試飛還不到兩年，且在十二個月後，韓戰就正式爆發。做為蘇聯首款就性能表現來說，堪稱世界頂尖的戰鬥噴

射機，米格 -15 至今都被視爲俄羅斯人在軍事航空史上最偉大的成就之一。在目睹了西方陣營所使用的原子彈與燃燒彈，是如何在 1945 年間夷平了六十九座日本城市，並造成數百萬人的傷亡以後，蘇聯當初研發新型米格 -15 的目的，主要就是爲了抵禦類似的攻擊，以避免蘇聯境內的各大人口密集區，遭逢與上述日本城市相似的命運。迫在眉睫的危機感，讓米格 -15 成爲蘇聯軍方的首要研發目標。正如專欄作家阿弗瑞德‧佛蘭德利在 1952 年的評論中所述：「米格 -15 是一款作戰半徑很短，大概 160 英里（260 公里）的攔截機，而非一款攻擊型的戰鬥機。」這一點從米格 -15 在戰場上被部署的情況也可以看出來 [15]。在冷戰時期，蘇聯與西方陣營對峙最激烈的東德前線上，機場所建立的跑道往往「可以提供戰鬥機使用，卻不足以容納轟炸機的起降」，且機場跑道設置的分布位置，是爲了形成「一個由簡易機場組成的防禦性網路……建立一張可以抵禦原子彈轟炸機或常規轟炸機攻勢的戰鬥機防護網。[16]」

時任美國中央情報總監暨第二任空軍參謀長的空軍上將霍伊特‧范登堡，在美國空軍首次於朝鮮半島的上空與米格 -15 空對空交戰後承認：「蘇聯技師已經掌握了超高速飛行器的設計並成功克服了生產製造上的問題。蘇聯戰鬥機與美軍戰鬥機如今在戰場上的表現已經不相上下，甚至在某些方面，蘇聯戰鬥機的表現更勝美軍戰鬥機一籌。[17]」軍事專家兼韓戰空戰相關書籍作者的美國空軍中校厄爾‧J‧麥吉爾曾如此結論：「米格 -15 被證明是一款可靠、容易維護的

戰鬥機，更有能力打敗西方國家軍隊所能派出的最強戰機。
[18]」關於米格 -15 有能力對付當時西方世界的頂尖戰機，美軍的 F-86 軍刀戰鬥機的部分，麥吉爾補充道：「米格 -15 的優異性能，讓 F-86 難以望其項背」，且「米格 -15 是一款遠遠領先當時科技的戰鬥機。[19]」

　　當米格 -15 被部署在朝鮮半島上空並開始執行作戰任務，除了美軍 F-86 軍刀之外的所有西方國家戰鬥機，都顯得相形失色。但 F-86 一開始只佔了美國空軍機隊的一小部分。戰鬥機採用和米格 -15 類似的後掠翼設計，而當西方聯軍該意識到 F-86 顯然是西方世界唯一一款還有機會與米格 -15 的性能一較高下的戰鬥機機種時，他們迅速讓 F-86 投入更大規模的生產。然而就算是 F-86，在米格 -15 面前依舊要面臨非常嚴峻的性能劣勢。米格 -15 比斯的推重比是 0.60：1，比 F-86 軍刀機的推重比高出約 30%；米格 -15 強而有力的 VK-1A 引擎，讓其得以維持較長的轉彎時間而不會下降太多高度，並可以迅速爬升回高點，所以幾乎對所有西方國家戰鬥機的攻擊免疫。米格 -15 的實用升限大約在海拔 15,000 公尺，早期的機型尤其因為翼面負載較輕，可以提供較急也較快的轉彎率。米格 -15 的駕駛常常讓戰鬥機盤踞在敵機難以企及的高空「棲息點」，等待西方國家的戰鬥機抵達戰場，接著利用他們的海拔高度來決定發動空戰的時間、地點和接近角度。米格 -15 通常會先發動一輪俯衝掃射，然後迅速爬升回到高點，再不斷重複同樣動作。西方國家戰鬥機落後一大截的爬升率，就意味著他們無法跟上米格 -15

的腳步。米格-15優異的爬升率，也在很多情況下讓米格-15的飛行員可以逃過一劫[20]。

在地面戰場，中共解放軍部隊的軍備雖然較美軍遠遠不足，但被認為是更難纏也更具技巧的戰士[21]；而空中戰場的情況則是完全相反，在米格-15創造的強大空中優勢面前，美國空軍要仰賴其為數眾多，經過二次世界大戰洗禮的空軍駕駛飛行員，以嫻熟的技巧與實戰經驗彌補雙方差距。F-86的飛行員不只有美國空軍，也有來自加拿大和英國空軍的交換駕駛。西方聯軍提供的抗重力裝，幫助這些F-86的駕駛克服各種極端操作，更進一步地平衡了米格-15具備的性能優勢。相較之下，中國人民解放軍空軍並沒有太多接受過完整訓練的飛行員，這些被趕鴨子上架推上戰場的飛行員們往往只經歷過八十個小時的飛行訓練，而且駕駛噴射機的飛行時數可能只有二十個小時。韓戰期間擔任中國人民解放軍空軍第3師第9團第1大隊大隊長的空軍上將王海，在他的回憶錄中提到，當時解放軍的飛行員被送上戰場前，平均累積的飛行時數不到五十七個小時[22]。要不是因為這些解放軍飛行員駕駛的是當時被一致公認為世界上最精良戰鬥機的米格-15，這些極度缺乏經驗的空軍飛行員非常有可能在韓戰的早期階段，就讓中國人民解放軍完全喪失戰鬥能力。

曾參與韓戰的解放軍空軍駕駛李漢，在其回憶錄中特別指出了解放軍飛行員與西方聯軍飛行員在飛行經驗上的差距：「我們雖然實戰經驗不多，但氣勢很高昂。我們試著在戰場上與敵軍交戰，但我們也知道如果我們撐不下去，不如

就直接撞過去跟他們同歸於盡。」另一名解放軍空軍的退役軍人也回憶：「幾乎所有參加韓戰的中國飛行員都『不怕死』⋯⋯他們的信念十分堅定，他們隨時準備赴死。[23]」雖然中國人民解放軍空軍是和北韓軍及蘇聯的米格-15部隊並肩作戰，但北韓軍的人力稀少，而蘇聯軍只顧著自己防守中國境內的機場。北韓與蘇聯兩國盟軍相對有限的涉戰程度，就意味著韓戰戰場上大部分的重擔，都落到了中國的肩膀上。事實上，蘇聯空軍飛行員對於在北韓上空進行空中行動的抗拒，逼得蘇聯軍方高層不得不將這些飛行員送到平壤和其他朝鮮半島的人口密集區，讓他們親眼目睹平民老百姓在西方聯軍的轟炸下是如何死傷慘重，試圖激起他們想要參戰的意願[24]。

解放軍的空軍部隊從1951年下半年開始在韓戰戰場上發揮重要作用。由於空軍部隊數量較少，他們的行動僅限於守衛朝鮮西北角清川和鴨綠江之間的區域，這是地面部隊後勤工作的關鍵地區。解放軍在空中部署更多米格-15戰鬥機，負責限制西方國家空軍行動並強化解放軍空中防禦能力的做法，逐漸被認為是扭轉中國在1951年4月至6月間發動抗美援朝第五次戰役，但地面行動的後勤運輸嚴重受到美軍主導空襲而嚴重停滯不前劣勢的關鍵[25]。

自1951年中起，每週七天、連續數個月接受緊急訓練的年輕解放軍飛行員，開始被送上戰場執行作戰任務，並迅速為中國人民解放軍取得更多優勢。其中，解放軍空軍最值得注意的一次勝利，是1951年10月23日的南市戰役。當

時西方聯軍派出了九架 B-29 戰略轟炸機，解放軍的米格 -15 擊落了其中三架，並造成另外五架的嚴重毀損，這五架當中的兩架在這場戰役之後，就再也無法被修復飛行。米格 -15 機隊在朝鮮半島上空的主要任務，就是擊落敵軍的轟炸機。而米格 -15 戰鬥機在南市戰役與其他戰役獲得的勝利，逼得西方聯軍的 B-29 轟炸機和較小型的 B-26 轟炸機，自那以後只能在夜間行動 [26] ——這可是連二戰期間的納粹德國和日本空軍都不曾達成過的一大創舉 [27]。包括美國記者 I‧F‧史東在內的觀察家特別指出，「南市戰役與其所帶來的影響，代表的是以美國為首的西方聯軍，在韓戰期間所遭遇的第一次軍事、科技及戰略層面的重大挫折。[28]」當時，聯合國軍總司令馬修‧李奇威上將還提到，解放軍以地對空高射

1945 年被美軍 B-29 轟炸過後的東京。（維基共享資源／石川光陽攝）

炮擊落 B-29 轟炸機的比例也正逐漸上升 [29]。在對日本數十個城市進行大規模燃燒彈轟炸，以及在廣島和長崎投下兩顆原子彈後，B-29 成為美國軍事實力的主要象徵，享有盛名。

在空中戰場的不斷失利，讓美國中央情報總監暨第二任空軍參謀長的空軍上將霍伊特·范登堡在 11 月 21 日表示：「有一個顯著，或者以某些標準來看，是一個邪惡的轉變正在發生……中國幾乎是在一夕之間，就搖身一變成為了世界上的一大空軍強權……美國過去仰賴的空中霸權，如今遭遇了一項非常嚴峻的挑戰。[30]」從 9 月到 12 月，美國領導的聯合國軍在北韓上空折損了 423 架戰鬥機，而他們的對手只折損了 336 台戰鬥機 [31]。到了 1951 年的年末，有部分參與韓戰的美軍飛行員認為，敵軍的戰鬥機駕駛已經跟美軍飛行員一樣優秀 [32]。一位美軍第 4 戰鬥攔截機群的 F-86 飛行員，在談到米格 -15 的飛行員和他們的駕駛技術有多優秀時，甚至還說：「就我們所知，他們之中有些飛行員可能是從美軍退役的二戰戰鬥機飛行員。[33]」這顯示了美軍飛行員和解放軍飛行員之間分明存在巨大的經驗落差，只不過這個落差確實被米格 -15 優於西方國家飛機的性能拉近了不少。

中共解放軍與其盟軍在空中戰場的優勢一直延續到了1952 年。在 1952 年 2 月，美國空軍最優秀的 F-86 王牌飛行員小喬治·A·戴維斯，被一架解放軍空軍飛行員所駕駛的米格 -15 擊落身亡。這對美軍整體的士氣是一次嚴重打擊——如果連美軍最頂尖的飛行員，駕駛著當時西方國家最厲害的戰鬥機都有可能在空戰當中殞命，那麼任何美軍飛行員

接下來都有可能喪命。儘管戴維斯自己在韓戰期間，被認爲共擊落了十四架米格 -15，但他在寫給妻子的信中仍對美軍飛行員的嚴重折損感到遺憾，他強調：「不能再這樣下去了，」蘇聯製造的米格 -15「確實比 F-86 軍刀機厲害太多了。[34]」美國遠東空軍 2 月 2 日在日本東京宣布，他們在 1 月共損失了五十二架美軍戰鬥機，是韓戰開打以來單月最高的折損數字，而且這些折損的戰鬥機裡面，有很大一部分是被米格 -15 擊落，更大的一部分是被敵軍日漸優異的地對空防禦系統所擊落[35]。

在美軍推出 F-86 更快且性能更佳的衍生機型—— F-86E 和 F-86F ——的同時，對手也在戰場上派出了改良過的新型米格 -15 比斯噴射戰鬥機[①]與之對抗[36]。據《美聯社》記者查爾斯・漢利所述：「這比以往更像是兩個陣營之間科技進展和戰鬥機製造能力的對決，同時也是對雙方陣營戰鬥機飛行員駕駛技巧的考驗。[37]」中共解放軍機隊的戰鬥機在數量上具有壓倒性的優勢；西方陣營機隊的戰鬥機平均一天出動超過 1,000 架次，但解放軍陣營的戰鬥機一天平均只需要出動 100 多架次[38]。

雖然在戰鬥機對戰鬥機的空中交戰上，米格 -15 的性能表現優於 F-86，但米格 -15 當初主要是被設計用來消滅敵方

---

① 1952 年 10 月，性能比米格 -15 更加優異的米格 -17 正式加入蘇聯空軍開始服役。在十三個月前的 1951 年 9 月，蘇聯空軍才正式向五間工廠下訂生產米格 -17。米格 -17 並未被部署在韓戰戰場。

① 平壤祖國解放戰爭勝
　利博物館的米格 -15
　戰鬥機。（作者攝）
② F-86 軍刀戰鬥機。（美
　國空軍／小 J・M・埃
　丁斯攝）
③ F-86 於 1953 年飛越朝
　鮮半島。（維基共享
　資源／美國空軍提供）

據稱，解放軍的飛行員在 1952 年共與 F-86 戰機交戰了八十五次，其中獲勝二十四次，吞敗二十七次。這八十五次的交戰紀錄當中，解放軍飛行員在其中的九次交戰裡面，至少擊落一架敵機並且沒有傷亡；在其中十五次交戰中，擊落的敵機數量大於解放軍被擊落的戰鬥機數量；有二十七次交戰中解放軍被擊落的軍機數，大於他們所擊落的敵機數量；另外三十四次則是不分勝負的僵局[47]。至於在與 F-86 之外，其他型號戰鬥機交戰的情況下，中共解放軍的米格 -15 在 1952 年，總共取得三十場勝利、兩場敗仗與八次平局。由於 F-84 這類平直翼噴射戰鬥機的作戰能力相當有限，因此這個數字應該相當可信[48]。

韓戰之後：中國對空中優勢的急迫需求

韓戰期間，中共領導高層深入參與了空軍的發展，並親自參加了與蘇聯的相關談判。在整個韓戰期間到 1954 年的上半年，中國人民解放軍空軍獲得了足以裝備二十二個航空師的蘇聯裝備——1951 年獲得相當於十個師的裝備量，之後每個月是相當於一點五個師的裝備量，一直持續到 1954 年的年中[49]。做為中國人民解放軍最新、也是迄今在採用的軍武科技上，技術最先進的軍種，擁有最先進、世界一流裝備的中國人民解放軍空軍，與陸軍或海軍形成鮮明對比；他們獲得相當高的聲望，被視為是新成立的中華人民共和國追求力量和現代化的象徵。英國知名軍事歷史學家曾描述解放

軍地面部隊，在壓倒性火力劣勢下的奮勇表現，「不僅僅是共產主義的勝利，也是亞洲軍隊的勝利[50]」，而中國人民解放軍空軍的表現，則顯示一個被嘲笑是「落後其他國家一個世紀」的國家，如今也可以使用高度複雜的武器裝備，參與世界級的戰爭。

中國人民解放軍空軍最先進的戰鬥機機隊，與其他軍種之間會產生這種差距，部分原因是來自於中國人民解放軍空軍是在 1950 年才被創建的軍種，規模相對小，也受到比較高的重視。而且當時蘇聯也很願意將其最新的武器裝備提供給解放軍空軍。對蘇聯來說，米格 -15 航行於朝鮮半島北邊的上空，不僅不容易被敵人捕獲研究，而且米格 -15 威力的展示，也有助於確保蘇聯和中國的安全。用米格 -15 震懾敵人這一點尤為重要，因為五角大廈早在 1945 年起，就開始計畫要對蘇聯城市施放核子武器；1945 年的計畫草案，規劃要向蘇聯的六十六座城市，投擲 204 枚核彈[51]。美國聯邦調查局的檔案顯示，英國曾不斷遊說華府，考慮對蘇聯發動核武攻擊[52]。由於核武的投放，需要仰賴 B-29 轟炸機與同樣脆弱的 B-36 轟炸機，因此讓美軍見識到 B-29 轟炸機在米格 -15 面前有多麼不堪一擊，對蘇聯來說具有重大的戰略利益。

中共領導高層也對提升防空能力的重要性深有所感，這不僅是因為敵軍對空域的掌握，顯然嚴重主導了戰爭朝著不利北京當局利益的走向發展，而且西方聯軍針對整個朝鮮半島實施的戰略轟炸，也造成了嚴重的損失——而中國，很有

可能就是西方國家下一場戰爭的轟炸目標。記者羅伯特‧傑克遜在報導中寫道，轟炸機的目標是北韓境內的「每一條交通要道、每一座設施、工廠、城市和村莊[53]，」且載滿彈藥的 B-29 轟炸機「會讓選定的目標城市燃燒殆盡。[54]」助理國務卿迪安‧魯斯克後來表明，轟炸機會攻擊「北韓境內一切會移動的物體、每一塊還立著的磚頭。[55]」據歐洲記者觀察，在北韓的領土範圍內「根本沒有所謂的城市了……放眼所及，我還以為我正漫步在月球上，因為滿目只剩瘡痍。[56]」美國空軍上將柯蒂斯‧李梅針對空襲狀況如是回報：「我們摧毀了南北兩韓幾乎所有的城市……我們炸死超過 100 萬名的韓國平民，令幾百萬名韓國老百姓無家可歸。[57]」這個慘況並非史無前例，1945 年，針對日本六十七座城市進行的燃燒彈轟炸，造成更大的損失。光是在東京，一個晚上的燃燒彈轟炸就造成約十二萬人死亡，有些來源的估計數據甚至比這個數字還要高出數倍[58]。況且中共領導人毛澤東的親生兒子毛岸英，就是韓戰期間在朝鮮半島被美軍投放的燒夷彈炸死。這個慘痛的教訓令中共領導高層沒齒難忘。

為了面對因為核彈頭的出現，可能變得更加毀滅性的威脅，中國人民解放軍的當務之急，是盡可能地發展最強大的防空能力。在韓戰期間，美國曾多次認真地考慮要對中國軍隊或人口密集區使用核武器[59]，聯軍總司令麥克阿瑟將軍不斷呼籲要對中國實施核武打擊，目標對準中國的十多座工業重鎮[60]。美軍的參謀長聯席會議也多次建議對中國動用核子武器[61]。於是美軍開始賦予指揮官使用核子武器的權限、在

東亞部署核武轟炸機，並派出偵察機收集中國東北部各機場的情報，以獲取潛在攻擊目標的資料[62]。由於美方不斷向北京強調他們有可能動用核武，所以包括白宮在內的各界普遍認為，核戰威脅是中國多次在停戰談判期間讓步的關鍵因素[63]。

中共領導高層對於建立一支強大空軍的興趣，在 1953 年「第一個五年計畫」中，關於中華人民共和國軍事發展的部分被重點強調。計畫中要求將空軍規模擴大到擁有 150 個航空團，購置 6,000 多架飛機，並修建 153 座新機場。儘管這項計畫在韓戰結束後，已依照更務實的時程表做出調整，但在整個 1950 年代，中國人民解放軍空軍一直得到優先資助[64]。解放軍空軍的教條基本上就是以蘇聯空軍理論做為基礎，重點關注防空。

中共高層投資中國人民解放軍空軍的另一個原因，就是共產黨與中國大陸的前執政黨，國民黨的殘餘勢力之間的衝突。中國國民黨自 1949 年起，就已經退守到了台灣和周邊的島嶼之上。國民黨軍隊是當時美國最新軍武對外販售的第一優先客戶，其中包括 AIM-9 響尾蛇空對空飛彈、F-101 超音速戰鬥機，以及 RF-84、RF-101、RB-57 和 U-2 等多款偵察機。國民黨與美軍經常派出這些偵察機飛越中國大陸領空，收集情報[65]。根據美國中情局的報告，台灣還被美國當成基地，讓美軍對中國大陸執行包括空降類軍事部隊以「推動當地反政府游擊行動」，以及「收集情報並視情況參與破壞和心理戰」等任務[66]。美軍與國民黨聯手對中共造成的

威脅，讓中共需要建立一支現代化空軍的重要性變得不言可喻。爾後裝備精良、配備蘇聯新型 S-75 防空飛彈系統，和米格 -17 及米格 -19 戰鬥機的中國人民解放軍空軍，得以擊落多架國民黨和美軍偵察機[67]。正如美國情報部門所做出的結論：「針對中國上空進行的偵察飛行，進一步促使中華人民共和國的領導高層，以更快的速度迅速建立起一支空軍部隊，和一套有效的防空系統。[68]」這對中國人民解放軍來說，是一個巨大的成功，因為美方在報告中表示：「解放軍空軍如今已經成為一支數一數二難對付的空軍部隊，」他們實力堅強的多層次防空網路，將讓美軍軍機在中國領空變得相當危險[69]。

1965 年後，中美之間的戰鬥機衝突進一步深化。當時美國正在進攻北越，而美軍軍機侵犯中國南方領空的情況變得更加頻繁，致使北京決定拋棄之前只打算監控此類侵犯領空行為的政策。據稱，中國人民解放軍空軍在一年內就擊落十二架並毀損四架美軍的真人駕駛飛機，並擊落二十架無人機[70]。不過因為中蘇交惡、中國失去蘇聯支持的緣故，當時中國人民解放軍空軍的現代化步伐，正大幅減緩。這個情況在接下來的二十五年間持續惡化，導致中共解放軍擁有的軍機機隊完全過時。到了冷戰結束時，解放軍空軍機隊所使用的戰鬥機機型，已經整整落後蘇聯和美國兩個世代。

① 美國 B-29 超級堡壘轟炸機轟炸朝鮮半島。（羅伊斯頓・雷納德攝）
② 中國航空博物館的米格 -15 紀念雕像。（作者攝）

③ 米格 -15。（維基共享資源／用户「Airwolfhound」提供）

④ 米格 -15 與一架 F-86 於朝鮮半島上空交戰。（維基共享資源／美國空軍國家博物館提供）

冷戰期間的中國軍事航空發展

　　韓戰結束後，中國人民解放軍空軍戰術戰鬥機隊的現代化和擴編，就是以大量採購蘇聯戰鬥機的方式進行發展。繼 1950 年初，蘇聯交付了 750 架普通型的米格 -15 後，從 1952 年 8 月到 1954 年，蘇聯又向解放軍交付了 1,500 架米格 -15 比斯。部分在中國進行組裝的米格 -15，被命名為殲 -2 戰鬥機。在向中國大規模轉讓技術和提供工業支援的同時，蘇聯也支持中國自行生產噴射戰鬥機。在 1955 年到 1960 年間，蘇聯授權中國以殲 -5 的名義，生產 1,250 架米格 -17。蘇聯在韓戰期間交付給解放軍的五十架較新型米格 -15UTI 雙座教練機，自 1956 年起又在蘇聯的授權許可之下改以殲教 -2 之名被生產了 125 架。隨後，在蘇聯協助建立生產線並轉讓相關技術後，中國自 1958 年開始生產性能更強的米格 -19，並將其命名為殲 -6。之後由於無法取得其他性能更強的戰鬥機，中國一直到 1984 年都在生產殲 -6，而中國人民解放軍空軍在 1984 年時，有大約四分之三的戰鬥機部隊都配備了殲 -6。

　　噴射戰鬥機只是蘇聯向中國全面轉讓技術與完整生產線的其中一個部分，其他部分包括以安 -2 運輸機為原型的運 -5 運輸機、以米 -4A 直升機為原型的直 -5 直升機、以 T-54 坦克為原型的 59 式坦克，以及以蘇聯 S-75 防空飛彈系統為原型的中國紅旗 1 號防空飛彈系統。而上述這些技術都屬於許多中國著名學者稱為「世界史上規模最大的計畫性技術轉

讓」的一部分，蘇聯轉讓的技術使中國原本屈居末流的科技和工業基礎，得以在 1950 年代於民生和軍用科技領域，取得巨大且迅速的進展[71]。由於技術轉讓的程度實在太過完整，以至於當 1960 年中蘇分裂以後，中國仍能自行繼續生產，後來甚至還可以自行改良蘇聯先進的飛機和武器設計。

在尼基塔·赫魯雪夫領導的新蘇聯政府的監督下，中蘇分裂對莫斯科和北京都是一次重大的戰略挫折。第二個重大挫折是由於赫魯雪夫政府大力淡化戰術資產，尤其是戰鬥機，相信它們在核戰爭和導彈戰爭時代基本上無關緊要[72]。而在很大程度上得益於赫魯雪夫時代改革之前啟動的計畫勢頭，蘇聯頂級戰鬥機在 1960 年代仍然相對於西方同行保持優勢，其性能一直到 1960 年代依然超越其他同期的西方國家戰鬥機。美國軍事分析師總結了接替 F-86 的兩款後繼戰鬥機，F-100 超級軍刀戰鬥機和 F-104 星式戰鬥機，相較於蘇聯戰鬥機的性能表現：「無論是在台灣海峽或是越南……這兩款戰鬥機都只有挨打的份。[73]」1971 年，印度空軍的米格 -21 同樣以壓倒性的優勢，戰勝了巴基斯坦所使用的美軍同期戰鬥機 F-104[74]。然而，從 1960 年代中後期進入第三代噴射戰鬥機時代開始，蘇聯推出軍武新科技的腳步開始落後。最明顯的例子就是當米格 -21 從 1959 年開始正式服役，直到 1970 年代中期米格 -23 的強化型開始投入使用之前，這中間的十多年裡完全沒有其他任何能夠取代米格 -21 同等位置的戰鬥機出現。在這段期間，像北韓、北越、埃及、敘利亞這些原本是蘇聯軍機客戶的國家，就因為沒有可以跟美

軍第三代 F-4D/E 幽靈戰鬥機相匹敵的戰鬥機可用，而深受其害[75]。

1964 年赫魯雪夫下台後，蘇聯的戰術航空工業重現生機，但蘇聯一直要到 1980 年代初期的第四代機問世後，才重新在戰鬥航空領域佔回上風。1981 年開始服役的米格-31 攔截機，引進了世界上第一部、也是二十年來唯一一部用於空對空作戰的相位陣列雷達，搭配無與倫比的最大速度和巡航速度、無可匹敵的酬載量和強大的太空戰能力，使其就算在阿姆斯壯極限之上，依舊可以發射一系列飛彈。與此同時，1982 年開始服役的米格-29 中型戰鬥機則開創了廣泛使用紅外線搜索及追蹤系統的潮流，並以其所向披靡的機動性、世界首見利用頭盔瞄準具發射高離軸空對空飛彈的攻擊能力，以及低到不行的跑道起降要求，成為被部署在前線的最佳首選[76]。

不過真正被做為米格-29 高端對應機型所開發的戰鬥機，是 1984 年開始服役的蘇愷-27 側衛重型戰鬥機。蘇愷-27 也是蘇聯這個冷戰時期超級強權在最後十年光陰中，還能在戰術戰鬥航空領域被視為領頭羊的最後一抹榮光。當初蘇聯在研發蘇愷-27 的一個關鍵要求，就是性能表現必須優於 F-15 鷹式重型戰鬥機。F-15 做為 F-4D/E 的後繼機型，在很大程度上可以說是當時西方國家空軍機隊當中最強的戰鬥機[77]。蘇愷-27 的機身橫切面，比 F-15C、F-16A 和 F/A-18 小了 20% 到 25%[78]，翼身融合的設計使其能以較小的機翼面積產生更大的升力，從而減少機身接觸空氣的總面積——既

能節省結構重量，又可以減少阻力[79]。蘇愷 -27 的推重比比任何西方戰鬥機都高，搭載的 AL-31F 發動機的推力，也比其他任何一架戰鬥機都大[80]。蘇愷 -27 整體靜力不穩定的外型為其提供了出色的機動性，使其具備其他戰鬥機都無法實現的高度變化能力[81]。在多次航空展上②，蘇愷 -27 與西方戰鬥機在低速飛行能力上的巨大差距，引起了人們對 F-15 和其他戰鬥機能否與之匹敵的廣泛懷疑[82]。

當蘇聯和美國互不相讓，爭相想要推出最厲害的第四代機機隊，並雙雙在 1980 年前順利進入研發第五代機的工作階段，中國還在生產 1950 年代中期仿照米格 -19 製造的殲 -6 戰鬥機，並試圖自行生產米格 -21 的衍生機型。冷戰結束時，中國約有 75% 的戰鬥機隊仍由殲 -6 所組成，其餘則由仿照韓戰爆發前就已經首飛過的米格 -17 的老式殲 -5，以及一小部分仿照米格 -21 製造的殲 -7 所組成。儘管 1980 年代自以色列、法國和美國取得的有限技術，為中國在航空電子設備和飛彈等領域帶來了一些改進，但中國國內的研發、戰鬥航空工業和中國人民解放軍空軍的訓練及庫存，全都落後於當時最先進的技術幾十年之久。

---

② 一些軍事分析師特別指出，蘇愷 -27 是在裝備了全套空對空飛彈的情況下，在航空展上秀出亮眼表現，反觀西方國家的戰鬥機就算沒有裝配飛彈，現場表現出來的飛行性能也只能說是中規中矩。如果西方國家戰鬥機也像蘇愷 -27 一樣裝配全套飛彈，預計雙方表現出來的飛行性能差距只會更大。（Gordon, Yefim, Sukhoi Su-27, Hinckley, Midland Publishing, 2007 (p. 522).）

中國在戰術航空領域的地位，一直要到冷戰落幕後才開始恢復。當時，中國與蘇聯之間的關係不斷改善，雙方開始重新合作，並在數十年的中斷後，再次開啟了雙方軍武的採購與銷售。1990 年 12 月，雙方簽訂了一份採購二十四架蘇愷 -27 戰鬥機的合約，並附帶後續二十四架的採購選擇權。其實一開始蘇聯並沒有出售蘇愷 -27 的打算，反而是要求中國人民解放軍買下米格 -29。但對軍武出口所能帶來收益的需求、希望改善與北京關係的需要，以及中國人民解放軍向西方轉讓相關技術的極低可能性，讓蘇聯最終同意將蘇愷 -27 賣給中國。中國是唯一一個被蘇聯交付蘇愷 -27 戰鬥機的國家。蘇聯在 1991 年 12 月解體之前，共交付了三架蘇愷 -27，後續的戰鬥機是由俄羅斯在蘇聯解體的一年內完成交付。

　　接受蘇聯交付的首批蘇愷 -27 後，中國成為當時世界上擁有最新一代重型戰鬥機的最低收入國家。儘管中國無力組建一支龐大的蘇愷 -27 機隊，但中國更看重蘇愷 -27 優於其他潛在敵對機隊的性能優勢，於是更傾向添購價格高昂但戰力高強的蘇愷 -27，而不是添購更多像米格 -29 這樣價格較便宜的第四代機，去現代化更多解放軍的空軍中隊。蘇愷 -27 無可匹敵的 4,000 公里最大航程，和可以很大程度獨立於地面控制，從波蘭空軍基地深入英國領空執行護航任務的設計，再加上配備功能強大的感測器套裝與長程飛彈，讓每一台蘇愷 -27 都可以獨立巡邏大範圍的中國領空[83]。蘇愷 -27 機體內部可以裝載的燃油量遠超其他任何戰鬥機，比 F-15

就多了 50%，而且蘇愷 -27 在不同飛行高度下的油耗量，都是前所未見地低 [84]。蘇愷 -27 的油耗計算，也就是每一單位制動馬力所消耗的燃油量，遠低於其他任何西方國家的戰鬥機——比 F-15 低了 25%、比 F-16 低了 40% [85]。

蘇愷 -27 側衛戰鬥機是世界上第一架，利用在液態介質中以自動電弧焊接製成的高強度鈦合金做為承重機體零件、自動雙電弧複合焊接製成的高強度鈦合金板做為結構零件，以及採用全新固定溫度退火技術製成焊接鈦合金結構零件的戰鬥機 [86]。垂直迴轉空中動作的執行，可以顯示蘇愷 -27 引擎對於進氣擾動的高度耐受，並讓蘇愷 -27 可以達到的攻角角度超過 90 度，遠大於其他任何一台西方戰鬥機 [87]。1986年到 1988 年間，蘇愷 -27 在爬升速度和可維持高度等性能表現上，一共締造了二十七項紀錄 [88]。技術上來說，蘇愷 -27 領先了中國人民解放軍空軍之前配備的任何一架戰鬥機大約三十年，解放軍空軍機隊的所有戰鬥機在續航能力、狀態意識、機動性、武器裝備或其他任何作戰性能方面的指標，都無法與之相提並論。因此，蘇愷 -27 側衛戰鬥機在現代戰鬥機的作戰方式、超視距打擊能力，和無需重度依賴地面控制的新興作戰方法上，提供了重要的經驗。對於中國人民解放軍空軍及其部隊人員來說，如何適應蘇愷 -27 帶來的全新空中作戰模式、如何適應蘇愷 -27 全新能力背後所代表的多層世代鴻溝，以及如何照顧這架比解放軍上一架頂級戰鬥機殲 -7 大上三倍、需要更多維護的戰鬥機，都是艱鉅的任務。

當冷戰結束時，來自俄羅斯和美國的專家都普遍認為，蘇愷-27在空對空性能表現上是世界上任何一支空軍所能夠裝備到的最強戰鬥機[89]。1995年，美國空軍的戰術空軍司令部司令喬瑟夫·拉爾斯頓上將，向美國國會報告了美軍機隊相對於蘇愷-27的不足：「我們不需要透過情報工作，就已經了解到蘇愷-27優於F-15的敏捷性和威力。[90]」美國空軍參謀長麥可·萊恩上將在2002年指出，如果飛行員的素質相當，蘇愷-27的性能表現基本上一定會勝過F-15[91]。研發F-22第五代機的研究人員也做出了類似的評價：「俄羅斯人是很厲害的戰鬥機飛行員，而米格-29和蘇愷-27又是比我們現有的都還要厲害的戰鬥機，」他們認為蘇愷-27是「目前最頂尖的戰鬥機。[92]」

蘇愷-27優於其他西方國家戰鬥機的這項認知，透過模擬空戰的結果又再次獲得強調。1992年在美國空軍第1戰術戰鬥機聯隊的大本營，蘭利空軍基地所進行的空戰模擬就證明，蘇愷-27有能力同時對付多台F-15。甚至在一次模擬空戰中，蘇愷-27一開始是處於被F-15尾隨的劣勢位置，蘇愷-27依舊在最後獲得勝利[93]。立陶宛著名的飛航專家葉菲姆·戈登針對美國對多次類似演練結果所做出的反應表示：「為了避免對美軍戰機造成負面影響，西方媒體對蘇愷-27在美國空軍專家見證下，於模擬空戰中戰勝F-15C的事實諱莫如深。[94]」他接著指出：「至於蘇愷-27的空戰訓練，無論是模擬訓練或實際操演，早已表明F-15C在空中纏鬥時連基礎款的蘇愷-27都贏不了，更別提改良後的蘇愷-30了。

⁹⁵」蘇愷 -30 是首飛於 1989 年的蘇愷 -27 改良機型戰鬥機。2004 年和 2005 年與印度空軍蘇愷 -30 戰鬥機的模擬交戰，同樣顯示 F-15 處於絕對劣勢；美國空軍在密蘇里州聖路易斯市波音工廠進行的 F-15 與蘇愷 -27 的 360°綜合模擬結果也是如此，據稱蘇愷 -27 幾乎每次都贏得勝利 [96]。

中國之所以要投資蘇愷 -27，是因為中國人民解放軍空軍非常重視儘可能配備具備最強空中優勢戰鬥機的重要性。這種思維一定程度上受到了韓戰歷史記憶的影響，因為在韓戰當中，解放軍空軍即使缺乏訓練有素的飛行員，但這支新成立的解放軍軍種依舊憑藉著米格 -15 戰鬥機的優異性能，在戰場上發揮了強大的戰略作用。在 1991 年波灣戰爭的最後幾週，以美國為首的龐大聯軍與伊拉克復興黨所領導的伊拉克共和國之間的對峙，更加堅定了中國認為蘇愷 -27 這架頂尖重型空中優勢戰鬥機，對中國國防安全至關重要的觀點。西方聯軍對於空軍力量的高度重視，以及利用空中優勢與精準打擊摧毀龐大地面部隊的能力，再再顯示了光靠大規模的陸軍動員想要維護中國領土的安全，在能力上是相當有限的。而美國對制空權的極端依賴，也幾乎被認為是美國發動軍事行動的一切先決條件，這使得削弱或終結美國的制空霸權，成為中國在往後這些年的首要目標；中國對空中優勢看重的程度，甚至超越了韓戰時期 [97]。就像先前在北韓一樣，伊拉克失去對空中的控制所付出的代價是極其巨大的。在 44 天的敵對行動中，估計有 20 萬名伊拉克人員和數萬名平民喪生，並且由於基礎設施轟炸、嚴重營養不良以及經濟

制裁，導致在整個十年內有超過一百萬名平民死亡，阻礙了戰後的恢復。[98]

美國國家安全政策專家戴若·G·普瑞斯教授 2001 年在期刊《國際安全》撰寫的一篇著名論文中指出：「對美國的外交政策來說，波灣戰爭似乎表明了——而 1999 年的科索沃戰爭則是證實了——現在空軍的力量就是如此致命，而且美國的空軍就是如此強大。所以美國幾乎可以在不費吹灰之力的情況下戰勝敵人。至於對美國軍事採購上的辯論，結論也是同樣明顯：美國應該大幅調整軍事採購的優先順位，讓空軍需求凌駕於陸軍之上；並且在未來，決定性的戰役都是從空中取勝。[99]」許多領先智庫也在論文報告中廣泛提及了這股趨勢[100]。美軍在韓戰期間的戰術空軍實力事後被證明較為有限，而這個印象在波灣戰爭期間已被大幅扭轉。中國的軍事分析師特別強調，美軍戰鬥機所採用的新型感測器，使其在夜間仍能發揮所有戰力——這與韓戰時的情況形成鮮明對比。韓戰時，解放軍在夜戰的活躍，限制了美國空軍為地面部隊提供近距離空中支援的能力[101]。再加上精準武器技術的進展，更被廣泛認為掀起了軍事領域的一場革命——科技的進展為現代戰爭的模式，帶來了不可逆的變化[102]。中國人民解放軍從 1991 年開始積極展開的現代化工作，尤其是對先進防空能力的再次強調，就是對此做出的回應。

關於 1991 年，美國領導的西方聯軍打贏伊拉克戰爭所造成的影響，布魯金斯學會一篇著名的論文做出以下結論：「波灣戰爭標誌著美國力量投射下的一個新時代……波灣戰

爭中的沙漠風暴行動顯示，美軍有能力在敵人的家門口迅速集結，並將力量投射到對手的領土上。[103]」這讓北京有充分理由認為自己處於弱勢地位，而中國做為在 1992 年時，少數處於西方勢力範圍之外的幾個大國之一，同樣在美國主導下成為被攻擊目標的可能性，依舊非常地大。在執政的共產黨和解放軍中，越來越多的重要人物開始預測，中國或其條約盟友朝鮮可能成為美國進攻的後續目標[104]。尤其隨著華府傳出在 1994 年 6 月時，差一點就要授權對北韓發動空襲，這種威脅感更是與日俱增[105]。美國帶領的聯軍在 1990 年代針對南斯拉夫進行的軍事干預，尤其當 1999 年美國中情局的一架 B-2 匿蹤轟炸機，曾在衛星導引下對中國位於貝爾格勒的中國駐南斯拉夫大使館實施一次高度精準打擊，更進一步加劇了中方的疑慮[106]。

1991 年 1 月 11 日，身兼中共中央軍事委員會副主席和軍委會秘書長的楊尚昆強調，波灣戰爭開創了一個愈來愈多國際爭端是透過戰爭而非外交手段解決的時代。他特別指出，新時代的戰爭將會是三維的——需要現代化的空、陸、空要素——並敦促中國人民解放軍加快相應的研發工作步調[107]。軍方領導階層也發出了類似的呼籲，要求削減陸軍部隊的支出，讓中國人民解放軍空軍成為增加整體國防支出之下的最大受益者[108]。波灣戰爭不但強化了中國人民解放軍需要建立一支現代化空軍的想法，也讓解放軍和中國的國防工業業界，認知到他們有必要更廣泛地提升自己的科技水準。中共中央軍委會在 2 月和 3 月再次召開重要會議，決議

鬥機的國產戰鬥機。這一點從蘇愷 -27 位於瀋陽的生產線上就可以清楚觀察到。由於中國在製造及組裝上所使用的機具更加先進，所以瀋陽出產的蘇愷 -27 品質更勝俄羅斯。中國的相關部門甚至還有能力改進蘇愷 -27 的設計，開發出很大程度上可與俄羅斯頂級機型並駕齊驅的衍生型殲 -11B 戰鬥機。殲 -11B 在 2004 年首飛，最值得注意的改進部分包括使用中國自主研發的 1493 型多模式脈衝都卜勒雷達、結構改良後強度更高但重量減少 700 公斤的機體，以及更廣泛的複合材料運用 [115]。在往後的十年間，中國在戰鬥機航空領域逐漸取得主導地位的苗頭日益明顯。

從俄羅斯購買蘇愷 -27 的決策並非毫無配套，因為中國人民解放軍空軍的現代化進程是全面性的。當 1990 年代俄羅斯飛行員每年的平均飛行時數通常只有二十個小時，中國飛行員的飛行時數卻在穩定上升。到了 2003 年，蘇愷 -27 飛行員的飛行時數在十年間增加了約 50%，蘇愷 -30 飛行員的每年飛行時數更是達到約 180 個小時 [116]。中國飛行員的飛行時數在接下來的二十年中持續成長，到了 2010 年代中期，美國官員已經在感嘆中國飛行員每年的飛行時數，往往是美國空軍飛行員的兩倍，是放眼全世界都算數一數二的最高標準 [117]。中國在衛星通訊和衛星導航、半導體、複合材料、空對空飛彈引擎、顯示螢幕和其他眾多領域的進步，都相當有助於中國國防工業被系統性地推動發展。因此，中國所能生產的戰鬥機不但性能明顯提高，而且改良的進程也很快。

中國經濟的快速成長，與成長速度更快的國防預算和研

發規模，促使中國在 2000 年代中期，成為了戰鬥航空領域的領先大國。然而，與 1950 年代不同的是，當時中國是仰賴蘇聯提供的授權許可才得以生產，而 2000 年代的中國是靠著自己進行的研發工作在不斷開創技術上的進展。所以當 1960 年代蘇聯切斷對中國的援助，中國就迅速掉出了與蘇聯和美國等量齊觀的航空大國地位，但在 2000 年代，尤其是 2010 年代之後，隨著中國自己逐漸發展為科技和經濟上的強權，中國對外國技術投入的需求就迅速減少。

　　1991 年到 2004 年所採購的蘇愷 -27 和蘇愷 -30，確保了解放軍空軍相對於美國空軍 F-15 戰鬥機的性能優勢。然而隨著頂替 F-15 位置的 F-22 戰鬥機問世，蘇愷 -27 和蘇

蘇聯空軍位於波蘭的第 159 衛兵團蘇愷 -27 側衛戰鬥機。（羅伯・施列福特攝／取自維基共享資源）

愷 -30 能否繼續提供防禦性的空中優勢，開始受到嚴重質疑。加上蘇聯解體後，俄羅斯在第五代機的研發工作上也陷入困境，因此中國人民解放軍空軍的頂尖戰鬥機部隊若是想拿回空中優勢，就必須自己獨立研發出第五代的戰鬥機。而就中國利益的角度來說，中國人民解放軍很幸運地可以不必再等著俄羅斯研發出下一代戰鬥機，再向俄羅斯採購，而是可以獨立展開相關研發工作。中國的目標就是要研發出可以從 F-22 手中奪回空中優勢的下一代戰鬥機，就如同當年用來對抗 F-15 的蘇愷 -27，以及更早之前用來對付 F-86 的米格 -15 戰鬥機。

蘇愷 -27 側衛重型戰鬥機在中國服役。（取自中國軍網／劉航）

| 第二章 |

第五代戰鬥機

何謂第五代戰鬥機？

在全世界第一架第五代機，也就是美國的 F-22 於 2005 年 12 月開始服役的十五年後，截至 2020 年代初期，全球共只有另外三款同為第五代的戰鬥機：美國的 F-35、中國的殲 -20 和俄羅斯的蘇愷 -57。但這四款第五代機當中，只有 F-35 和殲 -20 目前還繼續在生產，並在滿編的戰鬥機中隊裡面服役。F-22 的生產早已終止，而第一支滿編的蘇愷 -57 部隊預計要到 2024 年才會正式啟用。研發這類型戰鬥機的技術要求非常高，這也就意味著儘管第五代機在性能上具有明顯優勢，但想要看到更多具有同等作戰能力戰鬥機的研發生產計畫，卻是不可能的事情。

根據美國政府的定義標準，一架戰鬥機要被稱為第五代機，先決條件是必須具備以下八個特徵：採用具備內載飛

彈彈艙並可大幅降低雷達截面積（RCS）和紅外線訊號的匿蹤機體、配備主動電子掃描陣列（AESA）雷達[1]、已進行感測器整合、具備連接先進數據資料鏈路與網路中心戰的能力、配備包含數位射頻記憶（DRFM）干擾器和電力光學（EO）防禦系統的先進電子戰裝備、配備遠程多頻電子光學瞄準系統、採用先進玻璃駕駛艙，和具備不需透過引擎後燃機輔助即可達到所謂「超音速巡航」的超音速飛行能力[2]。

上述許多特徵其實在比較新的第四代機上也可以看見，而且很多技術都是隨著冷戰時期設計技術的現代化改良而逐步導入。區分第五代和第四代戰機最顯著的一個關鍵特徵，就是雷達截面積的減少程度。雷達截面積指的就是飛機機體將雷達探測訊號反射回訊號源的能量多寡。截面積愈小，戰鬥機就愈難被雷達偵測、追蹤或鎖定。不過匿蹤戰機原本就很難被雷達發現，尤其波長較短的雷達基本上是無法感測到該種戰鬥機的存在。因此雖然距離較近時，雖然匿蹤戰鬥機對於雷達來說遠非隱形，尤其是那些波長較長的雷達，但它

---

[1] 主動掃描陣列雷達雖比較老舊的雷達具備更卓越的狀態意識及電子戰能力，但對於匿蹤機來說，主動電子掃描陣列雷達最重要的一項優點是它的雷達可檢測訊號發射少得多，所以在操作的時候會讓潛在敵機更難透過它們發送出去的雷達訊號定位到搭載該部雷達的戰鬥機本體在哪裡。將大幅降低的雷達訊號整合進感測器套裝裡面對於戰鬥機的整體匿蹤能力來說相當重要，也能高度配合機體已經大幅降低雷達截面積的設計。

[2] 蘇聯對於第五代機的定義大致相同，不過雷達部分認為只需採用被動電子掃描陣列（PESA）雷達即可，並要求極高標準的機動性。蘇聯第五代機的定義在機動性的強調，遠超過美國。

們可以在較短的距離內才被探測到，最重要的是雷達，特別是防空導彈上的小型高頻雷達，相當難以鎖定。所以在執行各種任務時，無論是空對空作戰、防空壓制、反艦作戰，甚至是從空中朝下方目標進行投彈任務時，匿蹤機都具有非常顯著的優勢。即使遇上專門為了對付匿蹤機而設計的雷達導引武器系統，要應付該型戰機的難度，還是會比它們面對其他雷達截面積高的目標要困難得多。

　　想減少雷達截面積，可以透過改變機體形狀以及改變機體各部位的結構來實現，尤其是機體外殼、機艙門閥、活動與固定零件之間的接觸位置。第三種減少雷達截面積的方法，就是在機體外殼使用可以吸收雷達訊號的材質或塗料加工。現代化的第四代機當中，已經有不少適度減少雷達截面積的案例，俄羅斯的蘇愷 -35S 就是一個例子。蘇愷 -35S 對機體進行了改裝，改裝後的正面雷達截面積比它的前身蘇愷 -27S 少了三分之一。多架第四代機也使用了匿蹤塗層和雷達訊號吸收材質，著名的例子就包括中國衍生自蘇愷 -27 的自製先進戰鬥機機型殲 -16，以及美國的 F-16C/D 和 F-18E/F 戰鬥機。不過，即便進行過這些匿蹤性能的優化，這些第四代機的雷達截面積和真正的第五代匿蹤機相比，依舊差了好幾個量級。

　　但話說回來，匿蹤戰機相較於第四代戰機，還是有許多不足之處，而且該戰機往往也需要更多維護，並更難保持在隨時可以出動的高度備戰狀態。尤其匿蹤戰機的匿蹤塗層，特別是在這項技術剛被研發出來的早期階段，維護起來相當

耗時。而且為了保持更低的雷達截面積，匿蹤機往往需要將彈藥裝載在機體內部。所以就火力上來說，往往也比不上非匿蹤機。就拿第五代機的 F-22 來說，F-22 的空對空飛彈最大載彈量是八枚，但 F-22 前身的第四代機型 F-15 在改良過後最多可以攜帶二十二枚的空對空飛彈——當然 F-22 和 F-15 之間的載彈量落差，是比較極端一點的案例。

雖然是否使用降低雷達截面積的匿蹤機體，是一個判斷戰鬥機是否屬於第五代機的通用標準，但上面提到的其他特徵是否同樣也屬於第五代機必須具備的功能，就有些見仁見智了。一個最明顯的例子就是美國的 F-35 和俄羅斯的蘇愷 -57，這兩架戰鬥機都不具備超音速巡航的能力，所以它們的超音速航程距離就受到很大的限制。如果以最嚴格的標準來看，F-35 和蘇愷 -57 就失去被看作合格第五代機的資格了。這也是中國在 2019 年前，生產殲 -20 的早期衍生型時會出現的一個問題。一台戰鬥機如果具備利用頭盔瞄準具發射高離軸空對空飛彈的攻擊能力，就可以讓一名飛行員以刁鑽的角度與敵機交戰，而這一點也常常被視為是第五代機必須具備的要求；甚至蘇聯從 1980 年代中期開始、西方世界則是從 2000 年代中期開始，就將這項能力列為第四代機的標準配備。然而美國的 F-22 卻不具備上述這項能力，和現代的感測器整合與網路中心戰能力。

有幾項因素，是造成成功推出第五代機的項目計畫，相較於前四代戰鬥機少很多的原因。其中一項原因，純粹就是因為第五代機的生產相當複雜，而且生產第五代機會需要各

種既深且廣的先進技術。能夠獨立成功生產第四代機的國家數量，遠遠少於能夠生產第二代或第一代戰鬥機的國家數量；而那些有能力生產第四代機的國家當中，也只有極少數才有能力生產第五代機。在第一批的第六代機問世之前，預計只有美國和中國，以及緊跟在後的俄羅斯的國防部門，能夠相對獨立地去支持真正意義上的第五代機的生產製造。然而就算是俄羅斯，他們在生產過程當中也高度依賴其他國家給予的協助，尤其像第五代機所需的電子設備。美國生產第五代機所需的電子設備，以及 F-22 與 F-35 機上的面板顯示器和電路板等其他關鍵零件，也需要從東亞或是歐洲進口（詳見第四章）。事實上，F-35 算是聯合了其他八個國家

位於羅德岱堡的美國空軍 F-22（右）和 F-35 第五代機。（中尉山姆·艾克霍姆攝／美國空軍提供）

貢獻的研發科技與製造技術，所共同展開的一個聯合計畫中的一部分。然而中國高科技製造業無人能及的集中度，以及遠勝其他國家的研發規模，讓中國國防部門得以減少對外國的依賴，且中國在生產第五代機所使用的零件幾乎百分之百自產自製的比例相當高。從中國工業相對於其他主要競爭對手的發展腳步來看，相信中國在戰鬥航空領域的地位只會不斷提高。

成都飛機工業集團的崛起：殲 -10 第四代戰鬥機

中國工業和高科技領域在 1990 年代及 2000 年代的迅速發展，讓中國得以在 2010 年代和 2020 年代，在愈來愈多製造和科技的關鍵領域領先全球。與此同時，中國的軍事航空部門也產生了巨大的轉變。中國第一架不是參考前蘇聯設計、成功自行研發製造的第四代噴射戰鬥機，殲 -10 的問世，更加速了這個轉變發生的進程。殲 -10 計畫項目的成功，同時也標誌著中國國防工業的水準，已經從冷戰時期的第三世界國家等級，轉變為反映得出中國廿一世紀國防支出投入、高科技產業進展與尖端研發能力的世界頂尖級水準。殲 -10 的研發，為中國後來生產的世界上第一架非美國製第五代機，殲 -20，打下了關鍵的基礎。在殲 -10 問世後的短短十三年，殲 -20 就正式開始服役。

殲 -10 被形容「在促進中國現代軍事航空研究、開發和

採購進程等方面的發展上，扮演了一個過渡性的角色。[118]」殲 -10 的研發工作挑戰了過去傳統的風險規避方式、導入設計競爭，並將使用者需求與現有設計及製造能力更緊密地連結在一起。最後這項改變標誌著在 1960 年代和 1970 年代，嚴重阻礙上一個殲 -9 戰鬥機計畫進展，並導致殲 -9 計畫最終以失敗告終的範圍蔓延問題的終結。當時殲 -9 計畫的研發，就是因為政治領導不斷提出不切實際的技術要求，所以遭遇許多嚴重的挫折。在為殲 -20 的成功鋪路的殲 -10 計畫當中，最重要的幾個發展包括：採用一個由上而下的決策過程、整個研發採購過程透過垂直管理階層執行，以及將不同設計單位之間互相競爭比稿的機制引入軍用飛行器的設計體系，在很大的程度上刺激了設計上的改進。

中國之所以研發殲 -10，是源於中國人民解放軍空軍第四任司令員張廷發在 1981 年提出的要求。當時中國的三大戰鬥機設計研究所，各自提出了相互競爭的設計方案，這就已經與中國過去的戰鬥機設計研發流程相當不一樣。瀋陽飛機設計研究所 601 所提出的，是類似 F-16 的邊條翼噴射機設計，洪都機械 320 廠提出的是類似米格 -23 的可變後掠翼設計，而成都飛機研究所 611 所則以其之前研發的殲 -9 為基礎，提出了非傳統的雙鴨翼設計。成都 611 所在殲 -9 方面的經驗，以及預期可以將已經獲得大量投資的過往設計精華融入新戰鬥機設計的能力，被認為是讓成都 611 所的設計提案，最終得以在方案評估和引擎提案都過關以後，脫穎而出獲得採納的重要因素。但成都 611 所方面堅持認為，他們

的方案之所以獲得肯定的關鍵，是因為他們採用非傳統設計
所創造的優異操作性能參數，以及瀋陽 601 所設計過於保守
所預期產生的限制。瀋陽 601 所在研發殲 -8 攔截機過程中
的多舛，也被認為是導致成都 611 所的設計受到青睞的另一
項因素。

2004 年，做為基本款第四代輕型戰鬥機加入中國人民
解放軍空軍的基礎版殲 -10A，根據一系列的西方評估，被
認為其能力「在技術上與美國空軍的主力戰機 F-15、F-16，
和美國海軍使用的 F-18 大致相等。[119]」中國在現代化工作
上進行的可觀投資，讓中國的國防工業發展在戰鬥機領域這
一塊的進化特別明顯。2018 年，配備了第五代機等級航電
設備與武器裝備的殲 -10C，正式開始服役。殲 -10 計畫促
使成都在中國軍事航空領域嶄露頭角，此前瀋陽一直佔據無
可動搖的主導地位。成都的崛起在 1990 年代得到進一步推

蘇愷 -27 側衛空中優勢戰鬥機。（維基共享資源／維他利・V・克茲敏攝）

動，因為瀋陽集中精力於授權生產並開發蘇聯蘇愷 -27 的新衍生型號，這讓成都與完全自主研製的戰鬥機更為緊密地聯繫在一起。開發殲 -10 的經驗也是讓成都飛機工業集團成為殲 -20 主要承包商的關鍵。

中國以外的第五代戰鬥機：美國與俄羅斯的第五代戰鬥機計畫

• 洛克希德・馬丁的 F-22「猛禽」

F-22 猛禽戰鬥機是根據美國空軍於 1981 年發布的「先進戰術戰鬥機計畫（ATF）」所進行的研發。該計畫的主要研發目的，是為了打造一台可以接班 F-15 鷹式戰鬥機，同時又能抗衡蘇聯蘇愷 -27 與米格 -31 所帶來的挑戰，讓美國重新奪回空中優勢的新式戰鬥機。F-22 當初一個很大的研發重點就是希望能壓制蘇愷 -27，所以 F-22 跟 F-15 一樣，是配備大型雷達的重型雙引擎飛行器，並在各種距離都具有高度的機動性。與老式戰鬥機相比，F-22 最大的升級是採用兩具 F119 發動機當作引擎，推力比 F-15 的 F100 引擎增加 48%，彌補了採用匿蹤機體而增加的飛機重量，並增加了戰鬥機的機動性和超音速巡航能力。

第一批第五代機的技術示範機，分別為諾斯洛普・格魯曼公司的 YF-23 和洛克希德・馬丁公司的 YF-22，各自於 1990 年 8 月和 9 月試飛 [120]。爾後 YF-22 被相中，成為先進

戰術戰鬥機計畫進一步發展的基礎原型機。然而隨著蘇聯解體後敵對競爭壓力的消失，再加上預算大幅縮減和 1990 年代美國工業界的急劇萎縮，讓 F-22 的好幾個關鍵系統設計被移除，性能嚴重縮水 [121]。與 F-15 相比，實際加入機隊服役的 F-22 航程變短、妥善率超低、可靠性降低、用途更狹隘、更難升級改良，而且還有很多性能表現上的狀況。F-22 在性能上，不但未能補足空軍原本評估 F-15 最不足的領域 [122]，而且每架機體的成本是當初預估的 276% —— 從原本的 1.49 億美元增加到 4.12 億美元 [123]。F-22 光是正式進入生產前的準備工作，就花了比原本計畫多了一倍以上的成本，而整個 F-22 的研發時間也從最初預計的九年，整整延長到十九年 [124]。研發工作的嚴重拖延，導致研發出來的 F-22 戰鬥機一直到 2005 年 12 月才具備初步的作戰能力 [125]，而儘管 F-22 採用的引擎和匿蹤功能都具有其革命性的意義，但整架飛機實際上是充滿了一堆問題。

先進戰術戰鬥機計畫當中有一項關鍵要求，就是規定新研發的戰鬥機必須比 F-15 更容易維護、維護成本也必須更低，而空軍遲至 1999 年時也曾獲得這項要求會被履行的承諾 [126]。但事實上，後來 F-22 的實際維護成本比 F-15 高多了。F-22 每年的操作成本是 F-15 的五倍以上，F-15 的操作成本是 607,072 美元，而 F-22 則需要花費 3,190,454 美元 [127]。就算是用比較保守的方式來估計，F-22 每小時的操作成本仍然是 F-15 的兩倍以上——是每小時 29,000 到 32,000 美元對上每小時 68,000 美元的差距 [128]。同樣地，F-22 升空後，每

飛行一個小時所需要的人力成本也比 F-15 多得多。這樣的差異讓 F-22 不僅從經濟考量來看，無法接替 F-15 戰鬥機的位置，而且跟一支同等規模的 F-15 機隊相比，F-22 機隊不管任何時候的妥善率，一定都會比 F-15 機隊低很多。

過高的操作成本和維護需求，導致 F-22 可以執行的任務比例非常低，遠遠低於冷戰時期的戰鬥機或廿一世紀的其他國家使用的競爭機型。這也是美國空軍最後決定取消超過 75% 已計畫生產 F-22 的主要原因 [129]。美國空軍的一份報告強調了 F-22 在「維修問題」和可維修性上「意料之外的缺陷」[130]，以及 F-22 因為需要大量地面設備支援導致在作戰地點及作戰方式存在的諸多限制。

故障問題、因為「『五花八門』的駕駛艙設備問題互相影響」導致飛行員產生所謂「猛禽咳」的肺部毒害問題 [131]，以及問題重重的航電設備與電腦結構等狀況 [132]，更讓 F-22 與其冷戰時期赫赫有名的成功戰鬥機前輩 F-15 和 F-4 形成鮮明對比。正如洛克希德・馬丁公司 F-22 計畫負責人謝爾曼・穆林在退休後，對於製造出一架事後被證明問題如此之多的戰鬥機採購系統所做出的評論，他說：「這個系統已經完全崩壞了，所有人都知道這件事。[133]」於是 F-22 戰鬥機，與 B-2 轟炸機以及隨後的 F-35 一樣，被認為象徵著更廣泛的趨勢，即在冷戰後，工業無法提供可靠的全新設計，尤其是在更頂尖的領域，也難以在分配的預算範圍內保持穩定。

由於戰鬥機的研發計畫未能提供可行的 F-15 後繼機型，

美國國會最終在 2009 年批准了終止 F-22 生產的決定。2011年，F-22 位於美國喬治亞州瑪麗埃塔的生產線，在首架 F-22 入伍服役不到六年後，正式關閉。相比之下，F-15 從 1975 年開始服役，與預期會一直延續到 2020 年代晚期的五十多年，產線一直都沒停過，美國空軍也持續在下訂。因為成本效益更佳，所以沒有停過的訂單，又回過頭來讓 F-15 隨著時間演進，一直不斷地現代化。這個結果就是 2020 年代生產出來的 F-15，配備的航空電子設備和感測器都遠比 F-22 先進。F-22 最終僅生產了 177 架，另外還有 18 架測試與研發用途的機體。當初一開始的計畫可是要為美國空軍生產 750 架 F-22，而且還預期海軍也會下單訂購[134]。F-15 的生產量超過 1,800 架，而原本是為了取代 F-15 所以才耗費鉅資研發的 F-22 與之相比，完成生產的機體數量還不到 F-15 的 10%。

2021 年 5 月，外界長久以來對於空軍有意讓 F-22 戰鬥機提前退役的猜測也獲得了證實，而且事實證明，問題少很多的 F-15 和其他冷戰時期的戰鬥機設計[135]，將延續他們本就已經比 F-22 多出幾十年的服役時光，繼續服役下去。主管美國空軍未來發展的空軍參謀次長山謬·柯林頓·海諾特中將當時解釋，F-22 存在著「我們無法以現代化做為解決方式的侷限」，畢竟 F-22 採用的設計根本就來自「1990 年代甚至可以說是 1980 年代晚期」。F-22 是因為研發上的耽誤，拖到將近 2010 年才完全投入運營，所以才會讓人忘記它最早被設計出來的年代其實已經是相當久遠以前。海諾

特還特別指出，F-22 所使用的零件日益老舊無法替換也是一個很棘手的問題——尤其 F-22 的生產線都已經關閉了十年以上，這個問題更難解決 [136]。首批退役的 F-22 只服役了不到機身壽命的三分之一，這還不討論如果可以維修翻新，它們機身使用年限可能可以再延長的情況；這表示美國空軍在正常汰換年限到期的好幾十年前，就決定把這些戰鬥機淘汰掉。F-22 的戰鬥機執行任務的可用率約為 50％，這是美國戰鬥機機隊中迄今為止最低的。這個情況預計有機會開始略為好轉，因為隨著部分老舊的 F-22 機體被汰換，部分拆解下來的零件就可以拿去給尚在服役中的 F-22 做必要的更新替換 [137]。在 F-22 退役的同時，美國空軍繼續以每架超過一億美元的價格，購入新的 F-15，顯見美國空軍對老牌戰鬥機的強烈偏好，或許也是象徵 F-22 計畫失敗的最明顯指標。

• 洛克希德・馬丁的 F-35「閃電 II」

　　當初研發 F-35 的目的，是想為 F-22 提供一種更輕、更便宜、數量可以更多的對等機型。這與美國空軍在 1970 年代，因為無力負擔大量 F-15，而啟用 F-16 做為機隊主力的做法如出一轍。不同於蘇聯同時研發重型和輕型戰鬥機的做法，美國 F-35 的研發工作比 F-22 晚開始。F-35 的第一架示範機首飛於 2000 年，比 F-22 首架示範機的首飛晚了 10 年。和 F-16 一樣，F-35 也只配備了一具引擎而非雙引擎的設計，其維護需求和操作成本雖然遠低於重型的 F-22，但它的速

度、高度和機動性也遠不如 F-22；可攜帶的武器酬載更小、雷達也更小。與 F-22 這類的重型戰鬥機相比，F-35 在飛行性能上的限制，大大降低了它的最大交戰距離。F-22 可以從更高的高度發射飛彈，發射時能提供的機推力也大得多 [138]。

　　跟在冷戰時期，為了抗衡蘇聯與華沙公約國家在取得空中優勢所帶來的真實威脅而研發的 F-16 不同，F-35 的研發背景，是美國空軍愈來愈專注在空對地任務與壓制敵方防空任務的時期③。正如研發 F-35 的計畫名稱全名叫做「聯合打擊戰鬥機計畫（JSF）」，F-35 在設計上具備先進的電子攻擊、網路中心戰與攻擊能力，但在空對空對戰的表現上就存在比較多限制。由於 F-35 比 F-22 晚十年入伍服役，沒意外的話在接下來的幾十年也都會繼續生產，因此 F-35 在航空電子設備方面的優勢愈來愈明顯。這些航電設備優勢包括感測器整合、使用分散式孔徑系統提高狀態意識，以及專為空對空近距離交戰所進行的紅外線感射器與頭盔瞄準具的整合優化。相較之下，1990 年代設計的 F-22 航空電子設備，在後續獲得的更新上只能說相對保守。

---

③ 早在 1999 年，布魯金斯學會的專家就稱 F-35「比 F-22 更經濟實惠，對美國也更重要。」這反映了冷戰後，因為美國空軍減少對空中優勢關注所形成的一種共識。俄羅斯在 1990 年代研發米格 -1.42 戰鬥機計畫的失敗，以及後繼機型蘇愷 -57 想在 2010 年代就實體化的計畫也泡湯，意味著只有中國的殲 -20 戰鬥機計畫，才有辦法再次喚醒各國對於空中優勢與 F-22 這類戰鬥機需求的重視。（O'Hanion, Michael, 'The Plane Truth: Fewer F-22s Mean a Stronger National Defense,' Brookings, September 1, 1999）

啟動 F-35 研發計畫的首要目標，可以被總結爲讓第五代機更負擔得起。當初洛克希德・馬丁公司原本預計要爲美國軍方和全球客戶，生產 3,000 多架的 F-35。F-35A 的售價低於 F-15 和歐洲第四代機，使其被普遍視爲西方世界成本效益最高的新式戰鬥機。主要原因是因爲 F-35A 比 F-15 輕，採用單引擎配置，生產線比歐洲的戰鬥機更大且更高效。[139] 到了 2020 年代中期，F-35 研發計畫已經成功地讓第五代機從只有極少數部隊裝備得起的小衆戰鬥機，轉變爲被廣泛使用的戰鬥機。F-35 不僅成爲美國機隊的主力戰鬥機，也成爲美國大多數主要軍事盟國的主力戰鬥機。F-35 研發計畫的施行方式，也反映了所謂「聯合打擊戰鬥機計畫」有意透過大規模軍事計畫，讓參與盟國配備龐大機隊的意圖。F-35 的研發只是更龐大國際聯合研發計畫中的一環，讓英國、澳洲、加拿大、義大利、挪威、丹麥、荷蘭及土耳其這八個在戰鬥機研發領域相較稚嫩的夥伴盟國，可以一同參與 F-35 的研發與製造。

　　在所有 F-35 戰鬥機中，除了爲美國空軍研發的標準版 F-35A 型戰鬥機外（F-35A 占總計畫產量中將近 75%），還有分別爲陸戰隊和海軍研發的 F-35B 型和 F-35C 型兩種機型。F-35B 具有短距起飛和垂直降落的能力，F-35C 則具備了折疊機翼、捕捉鉤，和其他因爲要從海軍超級航空母艦上起降所需的功能。當初讓 F-35 產出 F-35A、F-35B 和 F-35C 這三個子型號，是爲了最大化不同軍種所使用的第五代機的通用性，但隨著研發計畫的進展，這個目標幾乎沒有實現。

F-35 三種子型號之間的通用性大約只有 20% 到 25%，而且主要也只是在航電設備的部分具有通用性。於是這就讓 F-35 三個子型號差異甚大的機體「幾乎像是出自三條不同的生產線。[140]」

　　甚至在 F-35 戰鬥機開始入伍服役之前，F-35 的研發計畫就已經超支預算 1,630 億美元，而且進度落後了七年[141]。多達數百項的設計缺陷，也意味著 F-35 想要投入中、高強度的戰鬥任務，還會需要數年時間[142]。2020 年 1 月，F-35 已知的缺陷數量達到 873 項[143]。根據 3 月時的統計，因為更多缺陷持續被發現，所以缺陷的數量仍在增加，而且解決現有缺陷的進度始終停滯不前[144]。雖然 F-35 計畫的研發階段在 2018 年正式結束，但五角大廈的作戰測試與評估主任室在五年後的 2023 年證實，「公開已知的 F-35 缺陷總數並未明顯減少」，言下之意就是讓 F-35 具備作戰可行性方面的進展非常緩慢[145]。儘管 F-35 的研發很大程度受惠於在它之前就已經開創了許多嶄新技術的 F-117 與 F-22 匿蹤機的研發計畫，但 F-35 在正式服役前就會消耗掉的成本據估計會是 555 億美元[146]，相較之下 F-22 在入伍服役前的研發成本只有 263 億美元[147]，而中國殲 -20④的研發成本換算估計

④　做為中國有史以來第一架匿蹤機，殲 -20 在研發時期所要承受的壓力絕對更加沉重，也就使其如此低廉的研發成本顯得尤為驚人。雖然沒有太多關於殲 -20 在入伍服役前所耗費的研發成本資料可查，但一般估計都是落在 F-35 的十分之一左右。

大約是 44 億美元 [148]。預計到了 2020 年代初期，F-35 計畫的成本將會超過 1.7 兆美元，使其成為截至目前為止，世界上最昂貴的武器研發計畫。尤其是 F-35 過高的運營成本似乎越來越確定原計畫的訂單將被大量取消 [149]。

在 F-35 開始正式服役後，五角大廈多年來一直以能力不足為由，拒絕批准該戰鬥機的全面生產 [150]。2022 年初，五角大廈不但再次拒絕批准 F-35 的擴大生產，還將下一年度的訂單砍了 35%[151]。原本美國空軍一開始的規劃是預計每年採購 110 架 F-35，後來逐漸縮減到每年 80 架、每年 60 架，最後每年只剩 48 架 [152]。包括 NSN[153] 和蘭德公司 [154] 等軍事智庫、政府監督計畫（POGO）[155] 等組織，以及五角大廈首席武器測試員麥克‧吉勒摩 [156] 和陸戰隊上尉丹‧格雷澤 [157] 等個人，都證實了 F-35 的性能不佳。美國參議院軍事委員會主席約翰‧馬侃稱 F-35 是美國「國防採購系統崩壞」的「教科書等級案例」，也同時是「成本、進度和性能上的醜聞兼悲劇。[158]」美國國防部長克里斯多夫‧穆勒在 2020 年更加直白地表示：「F-35 就是一架沒用的廢物」，而前任國防部長派崔克‧夏納翰在 2019 年時則稱這款問題重重的戰鬥機「搞砸了。[159]」一份五角大廈總督察長室的調查發現，夏納翰對 F-35 的批評「與國防部其他資深官員針對 F-35 計畫中所存在問題發表的其他評論是一致的。[160]」

事實證明，F-35 戰鬥機採用的 F135 引擎問題特別嚴重。在 2020 年代初期，F135 引擎導致戰鬥機的不可用率是其他美國戰鬥機引擎的 600%[161]。這也成為了後來有聲浪要

求為 F-35 開發全新引擎的主要理論依據之一。在美國國會下轄的美國政府問責署提出一系列反映 F-35 計畫成效極差的最新報告後，美國眾議院軍事委員會戰備小組委員會主席約翰・加拉門迪眾議員強調，國防部門內部的主流趨勢都認為，就算替 F-35 換一具新引擎，F-35 的這些問題也一樣會存在。他說：「我們拿到一具用不了的引擎，它之前還能用一陣子，結果有一些灰塵跑進去它就報銷了。搞什麼啊？這是怎樣？……我現在就是要問那些承包商，你們到底在搞什麼？就不能好好給我們一台可以使用的設備嗎？」F-35 聯合計畫辦公室的艾瑞克・菲克中將深表贊同，也對 F-35 在後勤與維護上出現的嚴重問題感到遺憾。在 F-35 首飛的整整二十二年後，國會聽證會針對 F-35 在維護上「竟然要花比原先預期長兩倍的時間」提出批評，這還不是 F-35 計畫在聽證會上獲得的唯一一條類似批評 [162]。美國政府問責署審計員在 2023 年 6 月的一份報告中指出，F135 引擎讓五角大廈在維修成本上額外多花了預期外的 380 億美元，主要原因就是因為 F135 的冷卻能力完全無法滿足 F-35 感測器和電子設備的電力需求。而且這個問題其實洛克希德・馬丁公司早在 2008 年就已經發現，但五角大廈為了避免戰鬥機計畫進一步被延誤，所以拒絕正視這個問題 [163]。這個情況在影響 F-35 計畫最終成效的諸多問題中，絕非特例。

五角大廈將開始減少投資 F-35 計畫的跡象，在 2010 年代末期開始顯現。官員和專家們不斷強調，因為 F-35 和 F-22 一樣，飛行成本已經遠超最初的要求，所以要發展成規模更

大的機隊有困難[164]。在 2020 年代初期，F-35A 每年的維護成本仍比預算高出 190%，這就意味著可能必須將機隊規模削減至原本計畫的將近一半，空軍才有辦法承受[165]。隨著計畫發展逐漸成熟，要讓操作成本和維護需求的削減變得有意義的可能性似乎愈來愈渺茫。這很有可能是造成美國空軍在 2022 年，放棄長期以來堅持要將機隊規模擴大到 386 支中隊目標的一項主要因素[166]，因為聯合打擊戰鬥機計畫未能研發出一款使用年限成本，等同於造價不高的 F-16 戰鬥機的替代選項；讓美國空軍甚至連維持現有機隊的數量都產生嚴重困難。F-35 計畫的成本超支，特別是一支龐大 F-35 機隊在使用年限內可預期將耗費的超高成本，也被認為有可能嚴重影響空軍為其他重要武器計畫提供資金的能力。

根據一份 2020 年代初期的削減研擬方案，一部分原訂採購的 F-35 將以 F-16 戰鬥機或類似機型的強化衍生機型取代。首批交付的 F-16 新機型已經飛行五十多年，預計到這些戰鬥機退役之前，還可以再飛三十年[167]。連像考慮重新採購 F-16 同等機型這種選項都跑出來，你就知道美軍目前所面臨問題的程度與嚴重性，也呼應了空軍當初削減 F-22 產量、開始安排現存 F-22 的退役，然後回過頭去採購 F-15 的同一套做法。日益明顯的情況是，就算 F-35 在性能和可靠性上的問題得以解決，但過高的維護需求和操作成本，也讓 F-35 無法像 F-16 那樣成為機隊的主要戰鬥機和日常主力，去執行大部分的任務，而是需要部署更有限的數量，去執行更精挑細選的少數幾項任務[168]。這表示在可見的未來，第

四代機很有可能會繼續擔任美軍機隊的主力。

　　F-35 雖然有其缺陷，但仍比 F-22 用途更廣、造價更低，因此一旦克服了操作上的問題，就有機會革新美軍與盟軍的打擊能力，成為真正可以以中等數量投入實際戰場的第五代機。F-35 做為目前西方國家唯一尚在生產中的後第四代機，獨特的地位使其能夠不斷打敗美國和歐洲的其他戰鬥機競爭對手，取得那些需要北約規格戰鬥機國家的合約，並建立起超越西方其他所有戰鬥機加總起來的生產規模，每年產出近 150 架。雖說 F-35 計畫因為已經砸下數千億美元的資金，確實也已經「大到不能倒」，但讓它持續受到客戶青睞的主要原因，是因為同世代的戰鬥機當中沒有其他符合北約規格的替代選項，所以客戶也別無選擇，只能忽略它的諸多缺點。F-35 的生產週期預計還會延續很久，讓它得以持續接受現代化的改造。而第六世代戰鬥機所採用的航電設備、材料、塗層和武器裝備的陸續採用，也代表 F-35 比 F-22 更有機會獲得最新科技，並比 F-22 在科技尖端這一塊的領先地位，保持更長一段時間的優勢。F-35 和 F-22 兩款機型的最新型號在航電設備方面存在的巨大差異，意味著到了 2020 年代中期，儘管 F-35 在飛行表現等領域的先天設計本就比 F-22 存在更多侷限，但做為一款體型小很多的單引擎戰鬥機，F-35 的整體能力還是比 F-22 要強得多了。

澳洲皇家空軍的 F-35A。（約翰‧托爾卡西歐攝／澳洲皇家空軍提供）

- ● **蘇愷航空集團的蘇愷 -57「重刑犯」**

　　定位為蘇愷 -27 側衛戰鬥機直屬接班機型的蘇愷 -57 重刑犯第五代機，於 2002 年初開始進行研發。在 2004 年公布的時程表上，原本蘇愷 -57 表定要在 2006 年進行首飛，並於 2010 年開始量產。這架新型的雙引擎重型戰鬥機最後比原計畫晚了四年，在 2010 年 1 月才進行首飛[169]，且當時修訂過後的時程表將初始飛行測試的時期延到了 2013 年，預計在 2015 年到 2016 年左右開始入伍服役[170]。

　　俄羅斯國防部原本計畫在 2020 年前啟用五十架蘇愷 -57 戰鬥機，並打算將機隊規模在 2025 年前增加到兩百架。然而在蘇愷 -57 的首飛前，俄羅斯缺乏技術專家也沒有合適

的戰鬥機生產設施等因素，很明顯對蘇愷 -57 的生產製造帶來了巨大的挑戰 [171]。蘇愷 -57 到了 2018 年 6 月才開始進入極緩慢的量產階段，在 2023 年才開始大規模生產。首架蘇愷 -57 於 2020 年 12 月開始服役，比原定計畫晚了十年。儘管蘇愷 -57 的研發工作在極大程度上已經受惠於蘇聯時期大量的第五代機相關研發，但還是產生了延誤的情況 [172]。由於發動機開發進一步延誤，2025 年之前製造的蘇愷 -57 將使用蘇愷 -27 的 AL-31 發動機的衍生版本作為權宜之計，這嚴重限制了它們的飛行性能。

蘇聯解體後俄羅斯經濟和工業的衰退，造成俄羅斯空軍在截至 2010 年代初期的二十年間，幾乎沒有獲得任何新的戰術戰鬥機。蘇愷 -57 等於是這三十多年來，俄羅斯研發的第一架也是唯一一架新型戰鬥機或攔截機 [173]。因此，俄羅斯空軍和俄羅斯的航空工業界一致認為，蘇愷 -57 的研發計畫對於防止俄羅斯的技術專業和製造水準進一步落後於競爭對手，至關重要。相較於當初蘇聯是同時研發並量產四種完全不同型號的第四代機／攔截機，俄羅斯打算只用蘇愷 -57 一款第五代機，去取代已經比蘇聯時期規模小且機型種類也比較少的機隊中的其他幾款老式戰鬥機。

雖然蘇聯 1980 年代在國際戰術戰鬥航空領域可以說是佔盡風頭，比如蘇愷 -27 無與倫比的性能表現就是一個明顯的例子，但俄羅斯在蘇聯解體後的衰退，就意味著俄羅斯的戰術戰鬥航空領域崇高地位在世紀之交就已經跌落神壇 [174]。由於俄羅斯放棄了蘇聯更具野心的蘇愷 -27 繼任機

型米格 -1.42 的研發計畫，取而代之的蘇愷 -57 代表的是一個更加保守的戰鬥機研發計畫，更能符合俄羅斯在蘇聯解體後的技術和預算限制。按照蘇聯原本的計畫，下一代接替蘇愷 -27 的頂尖機型應該要和蘇愷 -27 一樣，在性能表現上勝過競爭對手並能單獨執行深入敵方領空的飛行任務，但蘇愷 -57 一開始的設計就是要和地對空防空系統配合，扮演一個從空中進行防空反擊的角色；在性能表現的要求上就沒有這麼高。俄羅斯的國內生產毛額（GDP）和國防研發經費遠低於蘇聯時期的水準，和蘇聯時期的國防預算比起來根本是小巫見大巫。也因此，俄羅斯更加仰賴成本效益更高的地對空飛彈，例如 S-400 防空系統，再加上數量少得多、性能要求也沒那麼高的噴射戰鬥機來進行輔助[5]。所以說，蘇愷 -57 所需的成本也遠低於米格 -1.42[175]。

　　蘇愷 -57 的許多特點讓它有別於同為第五代的另外兩款重型戰鬥機 F-22 和殲 -20。雖然蘇愷 -57 當初是被設計用來執行深入敵後、發動精準打擊的任務，但它主要是依靠匿蹤長程飛彈來實現這個目標，避免戰鬥機需要直接深入敵營。因此蘇愷 -57 設計了很深的內部彈艙，可攜帶巡弋飛彈這類大直徑武器。蘇愷 -57 是唯一使用防禦雷射系統的戰鬥機，

---

[5]　將研發焦點轉移到價格較低、性能較保守的戰鬥機的情況不只發生在俄羅斯，也同樣出現在美國。冷戰的落幕也被認為是影響美國決定轉投資更為保守的 F-22 戰鬥機，而非更具野心但成本相對高昂的 F-23 的一個理由。

可發射小型調變雷射光束，使接近中的紅外線導引飛彈上的尋標器失效。除了襟翼上的前緣縫翼 L 波段雷達，機身兩側朝外的 X 波段主動電子掃描陣列雷達還爲戰鬥機本身提供非常寬廣的感測器視野，使蘇愷 -57 能夠在保持狀態意識的同時，執行「橫越飛行（beaming）」戰術來躲避探測。原本 F-22 也有計畫要裝設這些雷達，但後來因爲要降低成本所以作罷 [176]。蘇愷 -57 的五部雷達可同時追蹤多達六十個目標並同時與十六個目標交戰，使其成爲這一領域的世界頂尖戰鬥機 [177]。

和蘇愷 -27 一樣，蘇愷 -57 的航程距離也遠遠超過所有西方對手。蘇愷 -57 所使用的三維向量噴嘴引擎爲其提供同樣強大的機動性，讓它具備舉世無雙的飛行性能。此外，蘇愷 -57 在設計時特別著重了電子戰的戰力，它可以部署更多超長程飛彈來執行空對空任務與打擊任務，這在一定程度上彌補了它較爲有限的匿蹤能力。2022 年初，由於俄羅斯與烏克蘭之間的敵對行動升級，蘇愷 -57 正好有機會被派上實際戰場，進行針對敵軍的密集實彈測試。據傳蘇愷 -57 被安排執行打擊、空對空、防空壓制等任務 [178]。目前還沒有其他第五代機具備和蘇愷 -57 類似的實戰經驗。

如果說蘇聯早在 1970 年代末期就開始進行第五代機的研發工作，並預計在要廿一世紀初組織好幾支由第五代機所組成的飛行中隊，俄羅斯空軍的蘇愷 -57 採購時間表卻顯得有些乏善可陳。根據時間表的安排，俄羅斯的第五代機研發計畫落後了約四分之一個世紀，在研發第五代機工作展開的

蘇愷 -57 第五代機原型
機。（維基共享資源／
取自蘇愷設計局）

四十五年後，才成立了第一支蘇愷 -57 中隊。冷戰結束後，
俄羅斯和美國的國防部門、採購預算和更廣泛的工業基礎都
在縮減，導致國防部門許多領域的情況都在衰退（見第四
章），在邁向下一世代戰鬥機的過程中，各自展現了形式不
同但同樣舉步維艱的窘迫跡象。

- 米格航空器集團的米格 -1.42：與殲 -20 之間有關
  係？

　　蘇聯在 1970 年代晚期，透過米高揚設計局開始進行蘇
愷 -27 戰鬥機直屬後繼機型的研發工作。在蘇愷 -27 之前，
米高揚設計局一直負責研發蘇聯最廣為人知的所有空中優勢
戰鬥機，設計提案總能在與蘇愷設計局和雅克列夫設計局的
競爭當中脫穎而出。1986 年，全面展開研發工作的指令獲
得批准，同年，預計用於這款新戰鬥機的第一具引擎原型機

完成首飛 [179]。這項研發計畫被命名為「Izdeliye 1-42」，也就是多數人所謂的「米格 -1.42」。米格 -1.42 獲得前所未有的大規模投資，得以在風洞時數、雷達截面積的縮小測試、非固定式機炮可行性評估等數百個問題上進行深入的研究。

　　蘇聯時期的研發部門在匿蹤技術上，比後來俄羅斯的接班團隊投入了更多心力，主要也是蘇聯時期的工業基礎和國防預算爲研發部門提供了更好的條件，支持他們去研發出一架具有世界領先匿蹤能力的高性能戰鬥機。有好幾個當時不存於世的匿蹤科技，都是爲了這架新的米格 -1.42 戰鬥機才研發出來的 [180]。最著名的一個例子就是凱爾迪什研究中心研發，利用飛機外殼電磁輻射所產生的電漿流，吸收無線電波的「隱身」系統。據報導，這項技術可以將戰鬥機的雷達截面積降到大約百分之一 [181]。如果米格 -1.42 機體的 30%已經使用複合材料加上大量雷達訊號吸收材質及塗層製造，再進一步透過上述技術將雷達截面積降到最低 [182]，據俄羅斯的消息人士指出，米格 -1.42 的匿蹤能力相信將會領先全球 [183]。米格 -1.42 也是世界上第一架機腹後翼後半部可以移動的戰鬥機，機內配備的航空電子設備也相當適合網路中心戰行動 [184]。米格 -1.42 在 1991 年以優異的成績通過蘇聯空軍的審查，當設計細節終於公開時，分析師們普遍預測它的性能將超越競爭對手，也就是美國的 F-22 ——就如同當年蘇愷 -27 超越美國的 F-15 一樣 [185]。米格 -1.42 原本計畫要在 1994 年前進行首飛，並在 2001 年正式入伍服役。

　　不過後來蘇聯的解體讓米高揚設計局無法完成任何一台

米格 -1.42 的原型機，只完成了一架編號 1.44 的單一技術示範機，用來展示米格 -1.42 的空氣動力學和控制系統。儘管在蘇聯解體後依舊遭逢多次延誤，但到了 1994 年，1.44 的機體還是被完成到幾乎可以進行首飛測試的程度。只是當時因爲米高揚公司無力支付飛行控制致動器和其他設備的費用，在國防部姍姍來遲地提供資金幾個月後，才終於在 2000 年 2 月完成首飛。在那段時間，類似的情況也扼殺了俄羅斯整個國防部門的其他戰術武器研發計畫。米格 -1.44 示範機在 2000 年 4 月進行了第二次的飛行。這兩次飛行都屬於低空飛行，不過這個時候的米格 -1.44 做爲示範機其實已經有些過時。1990 年初，高爾基「鷹」飛機製造廠開始生產製造米格 -1.42 原型機所需的機具 [186]。米格 -1.42 的原型機和米格 -1.44 示範機存在非常大的不同。米格 -1.42 採用匿蹤性更高的設計，尤其引擎進氣口和機翼的設計與配置更是有著天壤之別。不過當初已經開始生產的四架原型機最後都沒有獲得足夠的資金完工，並被國防部在 2002 年以未來應該也無力負擔一支具有實用性的米格 -1.42 部隊爲由 [187]，正式取消了米格 -1.42 的研發計畫。米格 -1.42 原本備受期待但造價高昂的 AL-41F 發動機，是採用全新先進複合材料與合金打造，其中利用新型葉片冷卻概念打造的單晶渦輪葉片，爲發動機提供無人能出其右的 0.09 推重比。做爲對照，F-22 所使用的 F119 發動機推重比是 0.11，而做爲 AL-41F 前代發動機的 AL-31F 推重比則是 0.125[188]。不過發動機相關技術的研發，也隨著米格 -1.42 戰鬥機研發計畫的終止而

跟著落幕。

假如米格 -1.42 計畫的研發進度在 1991 年前超前兩年，那麼在蘇聯解體後，米格 -1.42 還是有機會維持相當強勁的發展動能，並在 2000 年代初期開始入伍服役——至少在 2020 年代中後期之前，都可以成爲遠超俄羅斯其他任何戰鬥機的出色戰鬥機。在 2000 年代初期，俄羅斯空軍的發言人曾說，米格 -1.42「甚至不能說是明日科技下的戰鬥機，而要更超前一步，是眞正來自『後天』科技的產物，」因爲它在技術上確實取得卓越的進展 [189]。正如知名蘇聯飛航專家葉菲姆·戈登所說：「現在回過頭來看就很清楚，米格 -1.42 計畫的理念顯然比美國的先進戰術戰鬥機計畫更具野心……米格 -1.42 眞的有想要在空氣動力學、飛航控制系統的自動化、人體工學人工智慧（AI）等技術上做出突破。它確實也有辦到，只是蘇聯航空工業在 1990 年到 1991 年的政治動盪發生前，沒有足夠的時間將這些研發成果付諸實現。[190]」米格 -1.42 研發計畫的潰敗，預示了俄羅斯與美國從 1940 年代末期就一直在戰鬥機航空領域並駕齊驅的情景不再，而蘇聯解體後的俄羅斯也已經無力再與美國同等競爭。

米格 -1.42 研發計畫終止後，西方世界和俄羅斯的消息來源普遍猜測米格 -1.42 的相關技術被賣給了中國。美國的消息來源在 1990 年代末期指出，中國甚至繼續提供資金和支援讓他們完成研發計畫，以確保中國之後還能進口蘇愷 -27 的後繼機型 [191]。中國的殲 -20 第五代機後方整體的配置與米格 -1.42 略爲相似，在早期的研究論文中也計畫採用

後來有出現在殲 -10，但其實是與米格 -1.42 類似的機腹進氣口設計——不過殲 -20 後來採用的是兩個側向無分流超音速進氣口設計，以便進一步減少戰鬥機的雷達截面積 [192]。米格 -1.42 和殲 -20 兩款重型戰鬥機的目的都是爲了取得空中優勢，所以採用雙層鴨翼與雙引擎的設計。中國做爲頂尖戰鬥航空領域相對來說的後起之秀，以迅雷不及掩耳的速度研發出殲 -20，更加助長了外界對於中國已經取得米格 -1.42 相關技術的猜測。

儘管如此，中國在 1960 年代起就有在研發機腹進氣口配上雙層鴨翼的戰鬥機殲 -9，而殲 -9 後來又被殲 -10 取代。跟米格 -1.42 相比，殲 -20 其實更像在 1975 年被首次設計但未曾獲得實現的殲 -9-VI-II，殲 -20 和該戰鬥機都採用雙尾翼、側邊進氣和鴨翼加三角翼的設計。

儘管中國的戰鬥航空工業在 1990 年代從蘇聯的技術和專業知識轉移中獲益匪淺，但米格 -1.42 的技術是否也包含在這波技術轉移之內；以及如果包含在內，轉移的程度又是多少。這些問題外界目前都還沒有人知道答案。考量到後蘇聯時代，資金緊張的俄羅斯會願意向中國和印度出售武器技術，特別是俄羅斯總統鮑利斯・葉爾欽的政府指示武器製造商在危機時期可以「向任何人出售任何東西 [193]」，所以不能排除米格 -1.42 的技術也在被轉移之列。事實上，俄羅斯就連當前正在進行中的第五代機研發計畫的技術內容都願意大量轉移出去。2010 年代，俄羅斯就同意以六十七億美元的價格，向印度戰鬥航空業轉移蘇愷 -57 所用科技 [194]。

然而假使俄羅斯當初真的將米格 -1.42 的技術轉移給中國，當初的米格 -1.42 計畫的進度距離量產階段仍然非常遙遠，所以中國仍需獨立完成後續多年的研發工作。蘇聯噴射戰鬥機與殲 -20 之間存在的巨大差異，也表明了蘇聯戰鬥機技術對於殲 -20 可能產生的任何影響都相當有限。

另外一個降低俄羅斯有向中國轉移相關技術可能性的關鍵因素是，不像對印度，俄羅斯國防部其實一直試圖限制對中國的技術轉移，想要預防中國在軍武和戰鬥機出口市場上成為俄羅斯的競爭對手，並希望能確保中國繼續大規模地採購俄羅斯製造的武器裝備。中國進口蘇愷 -27 的數量，超過了其他所有向俄羅斯進口蘇愷 -27 國家的總和，而中國的採購預計也等於是在為蘇愷 -27 的後繼機型，無論是 1990 年代規劃的米格 -1.42 或是在後面十年所規劃的蘇愷 -57，提供關鍵的經濟援助。因此援助中國去發展出一款本土自製的第五代重型戰鬥機，將有可能嚴重傷害到俄羅斯未來的戰鬥機出口生意。結果到最後中國比俄羅斯早了整整七年就整備出第一支完整的第五代機中隊，完全斷送了俄羅斯想向中國出口蘇愷 -57 的希望，也恰好說明了俄羅斯有可能想要限制對中國技術轉移的原因。

第三章

成都飛機工業集團的殲 -20 計畫：從設計圖概念走向服役前線

後蘇聯時代與中國對一架本土自研戰鬥機的需求

　　1990 年，中國與蘇聯簽訂了向中國出口蘇愷 -27 戰鬥機，協助中國機隊進行現代化的協議。這項協議被視爲很有可能標誌了中國人民解放軍空軍跨入一個新時代的開端，因爲中國人民解放軍又再度恢復了取得蘇聯頂尖武器平台的管道，得以確保他們的頂尖戰鬥機部隊將可以再次與美軍空軍的戰鬥機部隊平起平坐，甚至能像 1950 年代那樣更勝一籌。但這樣的想望並不持久，因爲蘇聯解體後的莫斯科儘管非常樂意向其鄰國中國提供最先進的軍武設備與科技，但後蘇聯時代的俄羅斯在戰鬥航空領域的品質上，很快就被發現已經

無力與美國一較高下。俄羅斯的國防支出到了 1998 年，已經較十年前大幅銳減了 95.6%；再加上國內生產毛額急速縮減到只有蘇聯時期一半左右的水準，以及民間工業與研發部門面臨同樣劇烈的萎縮，意味著俄羅斯根本不可能維持在蘇聯時期那樣，光靠出口融資就推動戰鬥航空部門撐過整個 1990 年代的成長動能 [195]。光從支出數字的減少，還不足表示俄羅斯國防部門衰退的嚴重程度，因為研發和採購這些在國防預算當中彈性相對大的部分，被削減的情況更加嚴重。因此，從 1991 年到 1995 年，分配給研發的國防預算比例幾乎下降了一半 [196]。到了 1990 年代晚期，基本上外界都已經認為俄羅斯的米格 -1.42 第五代機研發計畫不可能完成，而且就連相對較基本的「第四代半」戰鬥機，也不可能在 2010 年代前加入俄羅斯的空軍機隊。

中國的國防開銷在 1994 年至 1995 年間超越了俄羅斯，且中國的國防預算在 1998 年時已經是俄羅斯的兩倍，在 2009 年時更將近俄羅斯的三倍。中國的國防預算到了 2018 年的時候已經超過俄羅斯的四倍 [197]。儘管俄羅斯經濟的軍事化程度遠高於中國，光是國防部門開銷佔國內生產毛額的比例，俄羅斯有時就超過中國的兩倍，更多時候甚至超過三倍，但中國在實際支出的金額上依舊遠勝俄羅斯。雖說中國的經濟規模比俄羅斯大了好幾倍，但雙方最主要的差距是在工業與高科技領域，因為俄羅斯經濟在發展上，幾乎已經進化成一個重度依賴化石燃料這類最初財貨出口的收租經濟體 [198]。所以從半導體產業到工具機技術，中國工業在更大

範圍的戰略科技領域都相當具有競爭力，而這些領域往往也在戰鬥航空技術上具有關鍵應用。反觀後蘇聯時代的俄羅斯在這些領域上幾乎沒有什麼建樹。第五代機的複雜性，以及該種戰鬥機對非常多種尖端科技技術的要求（許多技術具有雙重用途，所以會需要一個強健的民間科技部門與工業基礎做爲輔助），意味著就算是在 1990 年代晚期，中國若要發展這些尖端科技，尤其是要長期發展的話，看起來似乎都處於一個相當有利的發展位置。雖說俄羅斯從蘇聯那邊繼承了大量的下一代戰鬥機科技與強大的研發計畫，但按照中國經濟發展之迅速和高科技研發部門的擴張速度來看，中國與俄羅斯在往後十年間的差距，只會愈來愈大。

不過俄羅斯國防部門的不同領域，在衰退的程度上也有所不同。比如彈道飛彈與巡弋飛彈、潛艇及地面防空系統等被認爲還是具有較高價值的領域，仍能獲得較多投資；而像戰鬥機航空這種成本高又複雜的領域，衰退的幅度就最爲明顯。保守估計，俄羅斯在蘇聯解體後的頭三十年當中，用於購買地面防空系統的經費是用來採購戰鬥機的三倍以上——從這個懸殊的比例就不難看出，俄羅斯當局不重視戰鬥機的程度有多高。也因此，雖然中國人民解放軍在 1990 年的時候，看起來還可以繼續仰賴從俄羅斯進口蘇愷 -27 的各種後繼機型，並最終在 2000 年代中期獲得第一架第五代機，但才經過短短五年的時間中國就發現，如果他們繼續依靠從俄羅斯進口的戰鬥機，那麼中國人民解放軍空軍頂尖戰鬥機部隊的素質，保證會落後於美國及其盟國的頂尖戰

鬥機部隊，就像當年他們還沒買到蘇愷 -27 戰鬥機的時候一樣。1990 年代國際局勢所發生的各種變動，以及實際上並沒有頂尖戰鬥機替代品可供進口的窘境，使得北京當局在感受到主要來自美國及其空軍所帶來的國安威脅之下，對於催生一台中國本土自研自製第五代機的需求，變得更加迫在眉睫。

起源與殲 -XX 計畫

1997 年，美國海軍情報局發現中國正在進行下一代戰鬥機的研發工作，並在一本關於潛在威脅系統的小冊子中，將中國的戰鬥機計畫項目稱為「XXJ」[199]。在西方世界也有人將其稱為「殲 -XX」，而這個計畫在中國則被稱為「718 工程」。關於這項研發計畫早期目標的一些最佳見解，都被記錄在一份似乎是書寫於 1996 年至 2003 年間，但一直要到 2016 年才在網路上發表的《中國戰鬥機發展的戰略研究》報告中。這份報告的作者是瀋陽飛機設計研究所 601 所的前任副所長兼總設計師顧誦芬。顧誦芬在中國航太領域曾擔任過多個高層要職，是一位重要的中國科學院及中國工程院航太領域院士。這份報告是大眾早期可以取得關於殲 -20 研發計畫最具權威性的文件；這份報告是軍方與航空業界共同投入所誕生的產物，描述了中國追求重型第五代機的理由及其要求，與該種戰鬥機主要將扮演的角色。這份報告相當精準地預測了殲 -20 計畫在接下來二十五年的發展進程。

該報告被撰寫的當下，美國和蘇聯的第五代機研發工作都已經展開將近二十年，但雙方的計畫尤其是俄羅斯的研發計畫在 1990 年代時，都因為預算削減和工業部門的萎縮而嚴重停滯。美國方面當時正雙管齊下地同時在進行第五代機，也就是重型的 F-22，與造價較便宜的單引擎 F-35 的研發工作。F-22 主要被設計用來倚仗空中優勢執行任務，而 F-35 主要是用於執行打擊任務。中國第五代機的研發目標，是要與 F-22 在同一個水準上競爭，並在空對空作戰時輕鬆勝過 F-35。報告中明確指出，研發計畫最終將產出一台戰鬥機，既專注於空中優勢和遠距交戰，又可以使空中預警管制機等輔助機型失去效用，並同時具備執行資訊化戰鬥任務的能力，和向友軍提供目標相關數據資料的能力。這架新型戰鬥機將具備電子資訊戰的進攻能力，機上配備的強大感測器套裝使其得以充當輔助型的空中預警機——中國人民解放軍空軍不久前剛評估過的米格 -31 攔截機也具備這項功能[200]。

　　報告中強調，第五代機與前幾代相比，將具備更強大的匿蹤性能以及優異的通訊、火力和資訊中心戰能力等優勢。報告中還強調空軍力量在現代戰爭中日益重要的核心地位。報告中提到，研發這樣一台戰鬥機，除了可以進一步廣泛地推動中國已經正在快速進行的軍事航空領域現代化工作，還將為中國人民解放軍空軍在防禦及進攻能力上都帶來顯著的提升。報告中特別指出研發計畫中的幾項關鍵要求，包括這架戰鬥機的使用年限要能達到四十年至五十年、雷達截面積

必須低於 0.3 平方公尺、一次空中加油就必須可以覆蓋整個日本空域的超高續航距離，另外機上搭載的主動電子掃描陣列雷達追蹤距離必須超過兩百公里，且可以同時追蹤二十個目標。上述這些要求最後殲 -20 都輕鬆達成。而且當初對殲 -20 雷達性能的要求有些過於保守，大概是因為報告在被撰寫的當時，全世界部署主動電子掃描陣列雷達的戰鬥機還很少。

報告還預測，中國的航空工業在為殲 -20 研發像 F-119 或 AL-41F 這樣的第五代機發動機時，應該會經歷不少困難，並指出或許可以先用先進一點的第四代機發動機做為最初幾批殲 -20 的動力來源。報告中推算，研發工作的全面啟動應該會在 2006 年到 2007 年左右展開，2013 年左右進行飛行測試，2020 年左右開始入伍服役——第五代機發動則預計在 2021 年被投入使用。雖說這個時程表已經被認為過於理想，但事實上殲 -20 比預期早兩年就開始升空飛行，且比當初預定的時間早了三到四年就開始入伍服役。儘管為殲 -20 研發下一代發動機渦扇 -15 的耗時比預期更長，但它預期所能提供的效能應該會比原先的設計高更多，可以輕鬆為殲 -20 提供比世界上任何其他戰鬥機更大的推力。

到了 2000 年代初期，兩款分別來自成都飛機設計研究所 611 所，和瀋陽飛機設計研究所 601 所的第五代機設計，實際上正在互相競爭[201]。成都 611 所採用的是比較激進的鴨翼搭配三角翼設計，後方安裝兩扇 V 型尾翼並配置側向的 DSI 進氣道；而瀋陽 601 所的提案就採取比較正統的「三

翼機」設計加上鴨翼、水平尾翼和大角度傾斜的垂直尾翼[202]。瀋陽 601 所提案的戰鬥機設計，比後來成為殲 -20 的成都 611 所的設計提案更重且造價更昂貴，據說機上所配的雷達也小很多。而瀋陽 601 所拒絕保證會按照時程表達成研發目標的結果，更進一步確保了競爭對手成都 611 所的比較有機會成功[203]。然而一直遲至 2002 年 12 月，《詹氏防務週刊》[204] 和《新科學人》[205] 等西方主流刊物都還在報導，認為中國下一代戰鬥機的研發計畫將由瀋陽 601 所主導，而這項說法也要等到數年後才被徹底推翻。

- **外觀**

2009 年 11 月，中國人民解放軍空軍副司令何為榮中將表示，中國的下一代戰鬥機將「很快」升空，並於 2017 年至 2019 年間投入使用[206]。這架戰鬥機在 2010 年 12 月 21 至 22 日突然現蹤，網路上開始流傳一組該戰鬥機在中國西南方成都飛機設計研究所的機場裡，進行跑道測試的非官方照片。西方世界的軍事觀察家當時普遍指出，殲 -20 的出現「將會使美國削減同級 F-22 研發經費的決定遭到質疑。[207]」F-22 存在嚴重的問題，因此幾乎沒有推動政策逆轉的意願，到了 2011 年 1 月，銷毀 F-22 工裝設備的計畫已經定於數月內實施。中國殲 -20 巨大的雙引擎設計也清楚表明，它就像它所一貫承襲的殲 -11 和其他蘇愷側衛家族戰鬥機一樣，將具備更遠的航程距離與更大的酬載能力——後來也證實，殲 -20 的航程距離是 F-22 和 F-35 的兩倍。

殲 -20 流出的第一組照片不但在海外引起一片譁然，連在中國內部都引起了很大的反應。例如中國軍事專家理察・費雪就點出：「中國內部的迴響是全是正面的聲浪，極大程度地激起了中國國內的民族自豪。[208]」儘管中國官媒對於這組照片沒有做出評論，美國海軍情報局局長大衛・多賽特中將卻對外保證，中國距離實際做出可以派出去執行任務的第五代機，還有很長一段路要走[209]。五角大廈發言人大衛・拉潘上校以「並不值得擔心」做為評論，淡化了殲 -20 的計畫進展，並強調中國在軍事航空領域的技術上，依舊落後美國一大截[210]。時任美國國防部長的勞勃・蓋茲在五天後質疑殲 -20 實際上的「匿蹤性能究竟有多高？[211]」這樣的保證尤為重要，因為到年底，美國唯一的第五代機將不再生產——六月份見到的是最後一架 F-22 完成，並宣布了生產設備的封存。[212]

就在美國國防部長蓋茲將要出訪北京的數天前，又有一組殲 -20 的照片被流出。蓋茲此行原本的目的是為了緩和中美關係，因為中國一年前才為了抗議美國向台灣出售武器①，中止了中美兩國之間的軍事合作，致使中美關係陷入緊張。結果隨後在 1 月 11 日，國防部長蓋茲即將與中國國家主席胡錦濤在北京會面前的幾個小時，同時也是胡錦濤即將啟程前往華府進行國是訪問的一週前，殲 -20 戰鬥機在成都

---

① 就定義上來說，駐紮在台灣的中國民國軍隊並未正式解除其與中國大陸之間的戰爭狀態。

進行了首次飛行並在空中停留約十五分鐘。慶祝首飛的盛大招待會官方照片迅速發布，出席的人員包括試飛員李剛、611 研究所所長楊偉，以及空軍總政治部主任徐洪亮。4 月 17 日，殲 -20 又再次進行了八十分鐘的飛行測試，接著在 5 月 5 日進行了五十五分鐘的飛行測試，而且在該次飛行中，殲 -20 還首次完全收起了起落架。隔年 2 月 26 日，殲 -20 進行了低空飛行操演。

殲 -20 的飛行時機，廣泛引發了外界對其政治意義的猜想，以及是北京當局或者單純只是中國人民解放軍，是否試圖透過殲 -20 的飛行傳達怎樣的訊息。就如同 F-22 相比其他任何武器系統，更被視為美國軍事優勢的象徵，殲 -20 也象徵著中國自身軍事實力的崛起。《紐約時報》因此做出以下結論：「中國殲 -20 戰鬥機週二那次飛行的象徵意義，或許大於它當下所展現出來的直接意義。」《紐約時報》將殲 -20 進行試飛的時間點，解釋為解放軍將領與文官領導之間的協調失誤，導致他們在無意間傳遞了錯誤的訊息[213]。國家主席胡錦濤和其他文官領導給來訪外賓的印象是，他們自己似乎也對於該次試飛及試飛的時間點一無所知。蓋茲向記者表示：「文官體系的領導似乎對於試飛都感到很驚訝。」他還強調，胡錦濤告訴他那次試飛「跟我的來訪一點關係也沒有。」蓋茲說他相信胡錦濤說的是實話[214]。蓋茲後來在他的回憶錄中做出以下結論：「在房間裡的中國文官們對那次試飛毫無頭緒……中國人民解放軍是有可能在不知會胡錦濤的情況下，鬧出這麼一個具有政治寓意的噱頭。[215]」蓋

茲的說法獲得了如新美國安全中心的鄧志強（Abraham M. Denmark）等專家的支持，理由是中方的高級官員並不參與殲-20 研發的日常工作，不太可能得知試飛的訊息 [216]。

儘管西方軍事分析師普遍預測中國的第五代機還需要十年才能投入生產，而後來證明中國航空工業實際需要的時間其實只有不到五年，只不過國防部長蓋茲還是曾警告：「中國在殲-20 的研發進度，還是很有可能超前我們情報單位先前做出的預測。[217]」中國軍方官員當時就曾表示，新一代的殲-20 戰鬥機將會從 2018 年左右開始服役 [218]。當時《戰略評論》期刊中的一篇論文，就曾針對殲-20 亮相的意義發表看法：「然而殲-20 研發計畫彰顯了北京的目標，這個目標也同時反映在其陸軍及海軍的其他計畫，就是要發展出一個足以與中國做為一個崛起中強權相襯的武裝力量……所以殲-20 應該被放在這樣一個更龐大的脈絡底下考量，而非單純只將其看作中國想用來反制美國空軍 F-22 猛禽戰鬥機的工具，或是對付 F-35 聯合打擊戰鬥機的『殺手』。」論文的最後總結：「顯然西方世界國家近期對於下一代真人駕駛打擊戰鬥機的相對忽略，並沒有完全反映在其他大國所做的決策上。[219]」

● 研發過程

當初殲-20 計畫製造了兩架技術示範機，一架是用來進行首飛的「2001」，另一架是在「2001」首飛十六個月後的 2012 年 5 月亮相的「2002」。2012 年稍晚，這兩架飛機就

從成都被轉移到了位於西安閻良的中國飛行試驗研究院，並一直在那裡進行測試。後來編號「2002」那架示範機被重新編碼爲「2004」，被用來進行用於霹靂-10短程空對空飛彈的一款特殊側彈艙飛彈發射系統的初步測試。部分報導即宣稱該架示範機已經配備一具雷達。而報導則稱編號「2001」的示範機機體，被用來測試吸收雷達訊號的材質[220]。

第三架飛機，也是第一架示範機後的機型，於 2012 年

① 第二架殲 -20 技術示範機（編號 2002）。（微博用户「机外停车Rabbit」攝）
② 第一架殲 -20 技術示範機（編號 2001）進行首飛。（微博用户「酒色财气吕洞宾」攝）
③ 殲 -20 編號 2001 的第一架技術示範機。（取自微博「洋葱军事新闻」）

10 月亮相，與兩架技術演示機有顯著的差異，符合預期。這架殲 -20 也如外界預期，在外型上與前兩架技術示範機出現顯著差異。明顯的變化包括重新設計的進氣口、改變造型的座艙罩、新增的機身內部結構、類似於 F-35 的電子光學目標瞄準系統（EOTS），並加上了一層匿蹤塗層。其他值得注意的改變還有：配備可伸縮的空中加油受油管、調整過的垂直尾翼、較小型的翼下致動器、加大尾桁以容納更多電子戰／電子設備反制武器，以及干擾箔與熱焰彈發射器這類用於保護戰鬥機後半球的自我防衛系統。

　　2012 年 10 月，編號「2011」原型機的出現，標誌了殲 -20 的研發計畫進入了量產的新階段。在接下來一直到 2014 年底的兩年內，又有三架編號分別為「2012」、「2013」和「2015」的原型機進行了首飛，顯示計畫進展的速度非常迅速。2015 年 9 月 11 日，編號「2016」的第五架原型機出現於地面滑行測試，並在 9 月 18 日首飛，「2016」的進氣口設計出現很大的變化，據說還換裝了新的引擎。前幾台原型機引擎呈現的銀色金屬光澤變成了炭灰色，一些觀察家還注意到了側彈艙出現的明顯改變。第六架也是最後一架的原型機編號是「2017」，在隔一個月後的 2015 年 11 月 24 日進行首飛。「2017」延續「2016」已經出現了的設計更動，並為了提升飛行員視線的能見度，大幅調整了駕駛艙座艙罩的設計。因此在開始進入量產前，殲 -20 計畫共打造了八架示範機與原型機。相比之下，F-22 當初的示範機與原型機數量為十八架，F-35 為十六架，俄羅斯蘇愷 -57 為十架 [221]。

所有殲 -20 的示範機與原型機都在短短五年不到的時間內完成了首飛。

　　所有殲 -20 原型機最後都送到了位於西安的中國飛行試驗研究院，不過有些原型機會先在滄州的中國人民解放軍空軍飛行試驗訓練基地度過一段時間。例如「2013」和「2015」這兩台原型機在之後的原型機出現前不久，才在 2015 年 4 月被轉移到了西安。新的科技和子系統往往會利用與舊機體整合的方式進行測試，一個明顯的例子就是要測試匿蹤能力獲得改善的新型動力裝置時，他們回過頭啟用了原型機「2011」。據傳使用大型掛載油箱進行的負載測試和空射飛彈的發射測試，也是利用較早期的機型進行測試。

　　與殲 -20 示範機及原型機同時並進的，是中國飛行試驗研究院從 2013 年起，就將一台大幅改造過後的圖波列夫 Tu-204C，用作殲 -20 計畫專用的雷達測試機。如此一來不僅可以單獨測試不同系統，也可以測試這些系統的自動整合協作能力。這種大型飛機不像戰鬥機尺寸的飛行器，可能無法裝載足夠的感測器，圖波列夫 Tu-204C 內部的空間很大，可以讓研究人員直接在機上進行現場監測與診斷。圖波列夫 Tu-204C 採用殲 -20 前半部分機體與雷達罩的設計，並在機身處裝設了幾套電子戰設備與通訊系統。其他幾套子系統的測試，也是在透過類似方式改造的運 -8C 型運輸機上進行。

　　這架獨一無二的圖波列夫 Tu-204C 的用途，與美國從 1999 年開始，將一架波音 757-200 的原型機改造，並將之用作美國研發其第一架第五代機 F-22 時的測試機的想法如

出一轍。第五代機因為開創了下一階段的感測器整合，因此
這樣的測試有其實施的必要。據說有了這種測試機的輔助，
大概可以省去測試航電系統所需的一半時間。波音 757 被用
來測試 F-22 的 APG-77 主動電子掃描陣列雷達、ALR-94 電
子輔助措施套裝、AAR-56 紅外線飛彈接近警示系統、加密
通訊系統、資料鏈路和其他子系統，並設計了一個重製版的
F-22 駕駛艙。波音 757 的測試機隨後被用於支援 F-22 航電
設備的升級開發[222]。至於中國在殲 -20 研發階段所使用的
測試機圖波列夫 Tu-204C，後來在殲 -20 開始正式服役後，
是否仍在後續的殲 -20 系統升級測試中扮演同樣重要的角
色，就不得而知了。

- 開始服役

殲 -20 的系列生產始於 2015 年，同年 12 月，官方公布
了首批編號「2101」的量產殲 -20 機體照片[223]。與之前的
原型機一樣，這些量產機在正式塗裝前，經常是以帶著黃色
出廠底漆在跑道上滑行或飛行的樣子被拍下照片。第一批
量產的殲 -20 在 2016 年 1 月 18 日開始首飛，這時距離最終
版本原型機的首飛還不到兩個月。就在美國空軍首架 F-35A
戰鬥機開始服役後不久[224]，於 2016 年 8 月前的年中左右，
中國人民解放軍空軍開始被交付殲 -20[225]。成都 611 所的初
始生產率比較低，所以第一支正式的殲 -20 部隊是在首架
殲 -20 被交付的六個月後，於 2017 年 3 月才正式在中國人
民解放軍空軍成立[226]。

① 殲 -20A 與部署在射擊位置的霹靂 -10。（微博用户「B747SPNKG」）
② 滑行中的殲 -20。（微博用户「万全＆Ｔ汪汪Ｔ」攝）

儘管殲-20是中國研發出來的第一架第五代機，但在首飛後的短短六年就開始服役，顯示了中國在第五代機研發領域，令人難以望其項背的研發速度。殲-20計畫的成功，代表了中國國防部門第一次在沒有高度依賴外國技術的情況下，自行研發出下一代戰鬥機的能力。相較之下，美國的F-22是在首架示範機升空的十五年後才開始服役，F-35也是花了十五年時間，而蘇愷-57則花了十一年，而且距離俄羅斯第一架第五代技術示範機機於2001年1月升空飛行，也已經過了二十年。事實上，即便中國第一架完全本土自研自製的第四代輕型戰鬥機殲-10，在1998年3月的首飛後也是花了六年時間就開始正式服役，但考量到第五代機研發製造的複雜程度遠遠超過第四代機，同樣六年時間就可以取得一樣的成果，顯示中國戰鬥航空工業在短短十多年間取得了多麼長足的進展。隨著工業的迅速發展，對殲-20連續批次的升級影響了子系統和隱身能力，使得新一批次的飛機比前一批次明顯更具能力。對整個機群的飛機軟體也進行了持續升級，新出廠的戰鬥機與早些出廠的戰鬥機在性能表現上依舊具有明顯的落差。正如首席設計師楊偉在首批飛機交付前線部隊一個月後所預測的，殲-20服役後該專案的一個重點將是：「進行系列化發展，不斷地提升飛機的作戰能力」[227]。

　　第一支獲得交付殲-20戰鬥機的中國人民解放軍空軍單位，是位於甘肅省戈壁沙漠鼎新試驗訓練基地的空軍第176旅。第176旅從2016年中下旬開始啟用殲-20匿蹤噴射戰

鬥機。第 176 旅被指派測試殲 -20 的戰術應用，在差不多時間他們也開始啟用殲 -16 和殲 -10C，這兩架機型與殲 -20 共同組成了解放軍空軍的「新一代」戰鬥機組合。殲 -16 和殲 -10C 是第四代機的改良版機型，配備的航電設備和武器裝備已經達到與殲 -20 相似的第五代水準，所以可以輕易結成網路，採取許多相同戰術並交換飛行員使用。除了第 176 旅，另一支也駐紮在鼎新試驗訓練基地的空軍部隊是解放軍空軍第 175 旅。第 175 旅主要負責戰術訓練。

長久以來，鼎新試驗訓練基地一直被當成武器整合測試中心。它相對偏遠卻又靠近雙城子飛彈試射場的地理位置，使其成為中國唯一一座全面性的大型飛機與防空系統試驗訓練基地。鼎新基地之於中國，就好比內華達州南部的內利斯空軍基地之於美國，可以經常性地容納一百架以上的軍機。極度開闊的空域、佔地極廣的綜合訓練場，以及幾乎一整年都很適合飛行的晴朗天氣，讓鼎新基地成為尤其適合殲 -20 這類高續航距離重型戰鬥機的新型戰鬥機磨合訓練場所。鼎新基地也因此成為最適合舉辦中國人民解放軍空軍內部最負盛名的「金頭盔」與「金飛鏢」兩項競賽的大本營。儘管第 176 旅並不屬於作戰部隊，但鼎新基地依舊受到中國人民解放軍西部戰區司令部的指揮管轄。

第二支獲得交付殲 -20 的解放軍單位是位於河北省天津市附近，滄洲飛行試驗訓練基地的空軍第 172 旅。第 172 旅既是一支高階訓練部隊，也是一支戰鬥預備部隊。殲 -20 戰鬥機於 2018 年 2 月交付給第 172 旅，開始服役。儘管殲 -20

在 2016 年就已經首度交付給中國人民解放軍的空軍單位，並在 2017 年初就加入中國人民解放軍空軍的部隊開始服役，但一直要到 2018 年 2 月被交付給第 172 旅，才正式代表殲-20 加入了中國人民解放軍空軍的「戰鬥部隊」，國防部於 2 月 9 日發表聲明稱，這次交付標誌著新型戰鬥機「向全面形成作戰能力邁出重要一步，」強調其納入作戰部隊將進一步增強空軍的綜合作戰能力，並「有助於空軍更好肩負起維護國家主權、安全和領土完整的神聖使命。[228]」在殲-20 被交付的前幾個月，第 172 旅才剛被交付殲-16，這兩種同樣都具備高航程距離的戰鬥機具有高度的互補性。

　　滄州基地所在的位置靠近中國大陸東部海岸，是最靠近朝鮮半島的空軍基地之一。當初決定將空軍基地設置在此的時空背景，就是白宮鄭重考慮要用多達八十枚核武彈頭，向北韓發動攻擊的消息傳出後不久，國際局勢正在高度緊張的時候[229]。在中國官媒向美國提出警告，表示如果美國對北韓發動攻擊，中國人民解放軍必定會出手干預後[230]，北京與莫斯科就決定要劃下一條紅線，除了將中國的防空資源都部署到了中韓邊境，而且還派出軍艦開始實施海上軍演，向美國強調任何以武力進犯其條約盟國的舉動都不會被容忍[231]。在滄洲基地開始被部署殲-20 戰鬥機後，曾有未經證實的報導指出，殲-20 為了展示武力並嚇阻敵國可能採取的軍事行動，曾一度飛近或飛進南韓領空——不過這個消息被認為不可信，因為殲-20 計畫在當時還處於一個蹣跚學步的起步階段[232]。除了朝鮮半島，滄洲基地的殲-20 也能有效涵蓋位

於日本與台灣的作戰目標，並處在一個需要保衛首都北京時也相當有利的戰略位置。在獲得交付首批殲 -20 的大約三年後，第 172 旅在 2021 年 1 月開始獲得更先進的殲 -20A 戰鬥機，使其成為中國人民解放軍空軍當中，唯一一支同時具有兩款殲 -20 戰鬥機機型的航空旅。

隸屬於中國人民解放軍東部戰區司令部蕪湖空軍基地的第 9 航空旅，於 2019 年 1 月成為中國人民解放軍空軍第三支獲得交付殲 -20 的部隊，同時也是第一支獲得殲 -20 戰鬥機的前線部隊。在更先進的殲 -20A 於 2019 年第二季取代殲 -20 的生產製造之前，第 9 旅是唯一一支被交付標準版殲 -20 的一線部隊。也被稱為「王海大隊」的第 9 旅，因為曾經在 1950 年代韓戰期間，靠著王牌飛行員王海帶領的一眾米格 -15 與米格 -17 戰鬥機，在朝鮮半島上空擊落包含二十九架美軍噴射戰鬥機在內的五十九架敵機，而被稱為解放軍空軍的「王牌部隊」。隊名暱稱來源的韓戰王牌飛行員王海，有著獨自一人擊落過九架美軍戰鬥機的紀錄，並在第 9 旅還是第 9 團的時候，擔任過當時的團長[233]。在第 9 旅被交付了殲 -20 後，大量的報導又將殲 -20 計畫與解放軍空軍在韓戰時的歷史記憶，再度聯繫了起來。

長久以來，第 9 航空旅一直被視為一支精英部隊，駐紮在距離上海不到三百公里的空軍基地。當 1991 年解放軍空軍被交付蘇愷 -27 戰鬥機的時候，第 9 旅也是第一支接收到蘇愷 -27 的部隊。值得注意的是，第 9 旅做為第一支在試驗和訓練部隊之外，第一支獲得交付殲 -20 的部隊，也就

證明了殲-20做為蘇愷-27的直接繼任機型，同樣將會帶領解放軍空軍跨入戰鬥機新世代的象徵地位。在蘇愷-27之後，第9旅也是從2000年起，同樣被優先考慮可以率先使用新型蘇愷-30MKK的第一支部隊。蘇愷-30MKK是當時世界上所有服役中俄羅斯製戰鬥機裡面，性能最強的一款機型，並在最關鍵的部署地點逐步取代蘇愷-27的地位。蘇愷-30MKK是最後一款被採購用來配備給多支中國人民解放軍空軍中隊的俄羅斯戰鬥機。儘管在十年前它或許還被認為是一款精英戰鬥機，但到了2019年時，蘇愷-30MKK的性能已經遠遠落後於中國自產自製的頂尖戰鬥機。因此當解放軍空軍開始在接收殲-20時，這些蘇愷-30MKK就被重新分配給了重要性沒有那麼高的次級單位。

解放軍簽署第一份蘇愷-30MKK採購合約的時空背景，正是1996年台灣海峽局勢正高度緊張的時候。當時蕪湖空軍基地被認為是兩岸一旦交戰，最適合用來派遣遠距戰鬥機的戰略地點。用殲-20來取代蘇愷-30MKK也同樣被認為可以增加解放軍在兩岸一旦交戰時的優勢。新加坡拉惹勒南國際關係學院研究員許瑞麟等分析師，就對解放軍這樣的部署做出了以下推測：「第9旅在東部戰區司令部一旦開始行動，就可以精確地將矛頭對準台灣……也可以挑戰美國在台灣海峽的軍事行動，並對台灣空軍所巡邏的兩岸海峽中線構成威脅。[234]」台灣媒體普遍強調，第9旅的戰鬥機起飛後只要七分鐘就能抵達台灣海峽[235]。

2021年1月，位於鞍山的空軍第1航空旅成為第四支

① 2022 年 1 月 8 日，航空一旅長李凌（左）在完成飛行訓練後與戰友分享經驗。（中國軍網／楊盼）

② 2022 年 1 月 7 日，第一航空旅殲 -20A 在飛行訓練演習中以密集編隊滑行。（中國軍網／楊盼）

配備殲 -20 的部隊，也是第一支配備搭載了中國本土自研自製渦扇 -10C 渦輪風扇引擎的新型殲 -20A 的前線部隊。這是兩年來首支新配備殲 -20 的部隊，此時的殲 -20 生產線，已經從暫時使用俄羅斯製引擎進行的低速生產，過渡到使用本土自製引擎殲 -20A 的高速生產。第 1 旅與滄洲飛行試驗訓練基地第 172 航空旅幾乎同時獲得交付這些戰鬥機，第 172 旅的殲 -20A 也是在 2021 年 1 月獲得交付，用來補充當時已在部隊中服役，但使用較舊型俄羅斯製引擎的殲 -20。隨著殲 -20A 所使用的新型渦扇 -10C 引擎突破生產瓶頸，其他新接收到殲 -20 的部隊從 2021 年起，開始以更快的速度接收到殲 -20。

美國的空軍智庫中國航空航天研究所的一份評估報告認為，向解放軍空軍的第二支前線部隊交付殲 -20，表明了「解放軍空軍對殲 -20 的能力感到滿意並充滿信心，未來可能會有更多戰鬥部隊接收到殲 -20 戰鬥機。[236]」第 1 航空旅因為是韓戰期間中國人民解放軍空軍第一支在朝鮮半島作戰的航空戰鬥部隊，所以也被稱為「強軍先鋒飛行大隊」。第 1 旅是北部戰區司令部下，第一支接收到殲 -20 戰鬥機的部隊。第 1 旅所在的鞍山基地也是優先採用殲 -20 去取代相對現代化的殲 -11B 和雙座型殲 -11BS 的空軍基地。不過有些殲 -11 還是跟殲 -20 一起被留在鞍山基地。鞍山基地所在的位置相當適合殲 -20 執行中國東海岸沿線的防空任務，也很適合執行進入朝鮮半島或橫跨東海的行動。

一些分析師認為，在台海局勢高度緊張之際，向鞍山基

地部署殲 -20 的用意就是想要影響台海的安全局勢。北京海軍專家李傑就做出以下結論：「在 2021 年 7 月 1 日的中國共產黨建黨一百周年之前，宣布殲 -20 的新部署，目的是爲了告訴南韓和日本，中國正在強化其沿海地區的防空力量，警告他們不要加入華府的行列，試圖干預台灣問題。」他還解釋：「殲 -20 其實沒有必要部署在沿岸地區，因爲殲 -20 的航程距離（作戰半徑）超過兩千公里，行動範圍足以覆蓋中國大陸的沿海省份和台灣。[237]」還有其他分析師強調，這些殲 -20 戰鬥機所在的鞍山基地位於遼寧省，與北韓接壤。如果之後華府再次像 2017 年那樣考慮對北韓發動攻擊，中國就可以從一個最理想的位置出動殲 -20，爲北韓這個條約盟國提供空中掩護，並向華府發出警告。隸屬第 1 航空旅的殲 -20，也很有可能是首次遭遇外國第五代機的殲 -20。2022 年 3 月，一架殲 -20 被證實在中國東海上空與美國 F-35 相遇，外界普遍認爲最有可能在該處派出殲 -20 的部隊就是鞍山部隊.

駐紮在廣西省桂林市東南部的第 5 航空旅在 2021 年 6 月成爲第五支接收殲 -20 的部隊。第 5 旅也是第三支被交付殲 -20A 的部隊，他們用殲 -20A 取代了較舊的殲 -10B 和殲 -10AS 輕型戰鬥機 [238]。第 5 旅所用的殲 -10B 本身就是在 2015 年 11 月時用來取代更舊的殲 -10A 戰鬥機，最後也還是要被分配到其他地點。第 5 旅是第一支用殲 -20 取代蘇愷側衛家族戰鬥機級別以外戰鬥機的前線部隊。殲 -10 的尺寸不到殲 -20 的一半，操作成本也低很多，但解放軍決定用

殲 -10AS 雙座型戰鬥機。（微博用户「太湖軍 I 名」提供）

殲 -20 去取代殲 -10 就表示他們願意讓更多部隊使用的戰鬥機從輕型戰鬥機過渡到重型戰鬥機，以配合殲 -20 戰鬥機機隊規模的擴充。解放軍空軍三支被交付殲 -20 的前線部隊之中，如今有兩支緊鄰著台灣海峽的情況引起了關注。中國軍事專家強調，一旦兩岸之間發生衝突，這些戰鬥機駐紮基地很有可能會成為台灣飛彈打擊的首要目標[239]。

　　第六支接收殲 -20 的部隊是位於鄭州空軍基地的第 56 航空旅。隸屬於中部戰區司令部的第 56 旅，於 2022 年 3 月確定會以殲 -20A 取代部隊中的殲 -10B 和殲 -10AS。儘管鄭州空軍基地不靠海且距離主要城市也遠，但殲 -20 極高的航程距離和新機型具備的超音速巡航能力，意味著這些戰鬥機從鄭州機場出發，依舊可以應對遠至北京、上海、韓國和台灣海峽的威脅。這讓中國人民解放軍空軍具備更大的戰略深

度，並確保就算東部海岸線區域的空軍基地都被敵方癱瘓，殲 -20 也可以從別處前往關鍵區域展開行動。

2022 年 3 月，未經證實的報導宣稱，西部戰區司令部下轄的第一支前線部隊被交付了殲 -20，成為中國人民解放軍空軍第七支獲得殲 -20 的部隊。除去訓練部隊，西部戰區司令部在現代戰鬥機的配給優先順位上，一直以來都是最低。因為該地區附近並沒有大規模的美軍或美國盟軍在從事軍事活動。西部戰區司令部是解放軍中管轄面積最大的司令部，要面對印度、巴基斯坦、阿富汗及中亞地區的多個前蘇聯成員國。4 月 19 日流出的照片隨後證實，駐紮在中國最西部新疆省的第 111 航空旅，也被交付了殲 -20A，用來取代正在逐步退役的殲 -11A 和蘇愷 -27[240]。第 111 航空旅的機隊構成曾發生過多次變化：2011 年時，輕型的殲 -7E 被尺寸大上三倍且較先進的殲 -11B 取代。2016 年，殲 -11B 又被重新分配給其他部隊，而第 111 旅轉而接收較舊的殲 -11A 和蘇愷 -27，並隨後使用了六年之久。

向新疆部署殲 -20 最重要的理由，或許是要在地理上讓第五代機部隊可以廣泛分布，以備未來所有戰區司令部的戰鬥機部隊可能會共同進行如何對抗敵軍的匿蹤機及如何並肩作戰的聯合訓練。在原先曾配給過殲 -20 戰鬥機的部隊完全轉化為全第五代機的機隊前，就先向其他部隊交付新的殲 -20 ——例如第 5 旅就在第 1 旅的機隊完全被殲 -20 取代前就開始接收到新型戰鬥機——代表解放軍的首要目標是盡可能地先讓多一些部隊熟悉新型戰鬥機。西部戰區司令部也

是中國不斷擴大的陸基戰略核子武器庫的所在地。一旦爆發全面戰爭，中國的陸基戰略核武庫預計就會成為美軍轟炸機的主要目標。因此，隨著美軍 B-21 匿蹤轟炸機機隊從 2030 年左右會開始壯大，中國預計也會隨之強化其防空能力。B-21 當初被設計出來一個很重要的目的，就是要用來對付位於新疆的這座核武設施[241]。儘管如此，西部戰區司令部是唯一一個殲 -20 戰鬥機倘若沒有中途補充燃油，航程距離不適合前往中國東部海岸區最關鍵潛在軍事熱點進行作戰的戰鬥機部署地點，所以西部戰區司令部之後的殲 -20 部署應該也會有所侷限。

2022 年 8 月，駐紮在中國東北長興的空軍第 8 旅，成為解放軍空軍第八支獲得交付殲 -20 的部隊。這是繼鞍山第 1 航空旅於前一年 1 月接收殲 -20 以來，北部戰區司令部下第二支獲得部署該型戰機的航空旅。在此之前的五個月，殲 -20 與 F-35 在中國東海上空的首次遭遇獲得證實，該架殲 -20 很可能就是出自第 1 航空旅，所以對於該地區大量且日益增加的 F-35 行動，很可能導致解放軍高層決定優先加強處於戰略要地的北部戰區司令部的下轄部隊。

消息指出，2023 年 3 月，駐紮在東部海岸中心地帶附近濟寧基地的第 55 航空旅被交付了殲 -20，用以替換老舊的俄羅斯進口蘇愷 -27SK 戰鬥機。第 55 旅是北部戰區司令部轄下第三支配備第五代機的航空旅，也是解放軍空軍第九支過渡到第五代機的部隊。第 55 旅的基地位於山東省西南方，位處東部沿海中心位置的地理條件，讓第 55 旅的殲 -20

適合執行從台灣到韓國一帶多個重要戰區的任務，並可執行中國大多數一線城市的防空任務。

有報導稱，駐紮在曲靖、隸屬於南部戰區司令部的第131航空旅於2023年6月，成為第十支獲得交付殲-20戰鬥機的部隊，用以取代當時被重新分配到次級駐地的殲-10C戰鬥機。殲-10C從2016年初開始駐紮該地已經過了七年，主要是用來頂替更老舊的殲-10A。曲靖位於中國大陸最南端的雲南省，部署於該地的殲-20戰鬥機非常適合執行防衛上海和南京等南方城市上空，以及防衛龍坡海軍基地等重要海軍設施的任務。龍坡海軍基地是位於海南的核潛艇作戰中心，距離曲靖非常相近。曲靖的殲-20也相當便於參與台灣海峽的作戰行動。在2023年中，未經證實的報導宣

2016年9月國慶日活動的黃色底漆殲-20。（微博用戶「机外停车Rabbit」攝）

稱重慶的第 98 航空旅也獲得交付殲 -20A，而東部戰區司令部下轄的連雲港第 95 航空旅則接收了殲 -20A 或殲 -16，取代原本的殲 -11B。另外，大足的第 97 航空旅已經開始準備接收殲 -20A。儘管殲 -20 的交付量在 2022 年後大幅增加，但可以證實這些部署傳聞是否為真的確切資訊，卻愈來愈難取得。

- **機體設計**

殲 -20 機體的表面相當光滑，沒有突起的進氣口或空速管。切齊的六邊形燃料空氣熱交換器進一步減少了機體的雷達截面積[2]，並使用無隔框座艙罩、尖頭設計機頭、混合機身、流線型前機身與導電塗層座艙罩、平坦的機身底部、鋸齒狀艙門蓋，以及雷達訊號吸波塗層和 DSI 進氣道，全都有助於提高殲 -20 戰鬥機的匿蹤能力。2018 年 11 月，殲 -20

---

[2] 2001 年，殲 -20 總設計師楊偉的導師宋文驄博士發表了一篇關於下一代戰鬥機空氣動力學配置的論文，對殲 -20 獨特的機體設計研發提供了深入的見解。這篇論文顯示當時中國的戰鬥航空工業，正專注於解決機體的匿蹤性、高機動性、超音速巡航能力、跨音速飛行性能和高攻角飛行性能之間的平衡衝突。論文認為如果採用舉升體翼根延伸加上鴨翼配置的設計，在橫向和偏航操縱時都不穩定。文中建議採用尺寸小於同尺寸戰鬥機非常多的全動式垂直尾翼，搭配 S 形進氣口以減少雷達截面積的機體設計。此外，該篇論文還提議採用中等後掠角的小展弦比後掠翼，搭配相對較大的上反鴨翼設計。這些特徵與最終版本的殲 -20 非常相似，被認為可為殲 -20 戰鬥機提供出色的匿蹤能力並降低超音速阻力，同時實現高攻角飛行所需的升力特性、穩定性和可控性。

被證實在機身下方嵌入了一個可伸縮的機內受油管，以確保它可以在不犧牲空中加油能力的情況下，依舊保持機體的匿蹤性 [242]。

殲 -20 的機體使用大量的複合材料製造，複合材料佔機體總重量的 29%，另外鈦和鈦合金佔了 20%，其餘 51% 則是鋁和鋼合金。複合材料的使用對於減少飛機結構中的緊固件數量，以提供符合第五代機要求的熱物理和無線電技術特性至關重要。複合材料即便是在 1990 年代剛剛開始被廣泛應用於戰鬥機的生產製造時，就已經可以有效提升機體重量效率大約 25%。中國戰鬥航空工業自 1990 年代起，已經在用於戰鬥機複合材料的開發上取得長足進展。與較少使用複合材料的俄羅斯原版蘇愷 -27 相比，高比例的複合材料使用已經是中國本土自製蘇愷 -27 衍生機型的一項明顯特徵。殲 -20 高複合材料比例機體的設計發展，主要是建立在當時大量利用更多複合材料、大規模改良第四代機的經驗基礎之上。同時民用航空器製造領域的同步發展，包括民用客機零組件製造技術的快速成長，也在複合材料製造專業技術的培養上發揮了重要的作用。

成熟的雷達截面積測試技術在殲 -20 匿蹤外殼的研發上發揮了重要作用。而且為了保持較低的雷達截面積，殲 -20 的武器裝備是放置在內置彈艙 [243]。機身底部的中央彈艙可容納四枚長程霹靂 -15 空對空飛彈，兩側進氣口後方有兩個較小的側彈艙則各可再容納一枚較小的霹靂 -10 短程飛彈。在最晚不超過 2013 年第一季的極早期研發階段，成都也開

始了一套專爲霹靂 -10 飛彈設計的收納式側向發射裝置的武器整合測試工作。與美軍同級競爭的戰鬥機相比，殲 -20 所採用的新型武器發射系統匿蹤性更高，也是早期多項指標當中，可以顯示殲 -20 的技術不但已經可以趕上海外競爭對手，甚至還能將現有設計加以改良的指標之一 [244]。

如果殲 -20 在某些情況下不需要維持匿蹤狀態，機身外部的四個硬點可以掛載油箱或額外的飛彈。外部掛架也可以在飛行途中拋卸，切換成匿蹤模式。目前還不確定殲 -20 的外部可以掛載哪些種類的飛彈，也不確定它是否可以從外部攜帶射程極遠的霹靂 -XX 飛彈，因爲這系列飛彈的體積對殲 -20 的內部彈艙來說太過龐大，而且主要是爲了攻擊敵方支援機和轟炸機所研發的飛彈。

機翼前緣延伸和結合鴨翼設計產生出比純三角翼設計戰鬥機多出 180% 的機身升力，讓殲 -20 的機體性能更具優勢。這樣的設計讓殲 -20 得以透過使用較小的機翼來減少超音速阻力，同時藉由避免跨音速飛行下的升阻比特性改變，以確保大 G 轉彎下的戰鬥機性能。殲 -20 的總設計師楊偉在 2018 年 3 月的一次採訪中詳細闡述了這款戰鬥機獨特鴨翼設計的好處：「我們在世界上獨創了殲 20 的『升力體、邊條翼、鴨翼』布局，使得飛機既有很好的隱身性能，又有很強的超音速和機動飛行能力，使它既能飛得遠，又能承載武器多。」他補充說，「在態勢感知、資訊對抗、機載武器和協同作戰等多個方面，我們取得了很多的突破，有很多絕招。這也是中國航空工業實現從跟跑到並跑最後到領跑的必

經之路。[245]」

　　殲-20 的鴨翼三角翼加上兩片向外傾斜的全動式垂直尾翼的設計，在同代戰鬥機中獨一無二，且鴨式佈局的機翼設計提高了低速敏捷性和超音速機動性在內的兩項飛行性能。對於追求空中優勢的戰鬥機來說，提高對攻角的掌握能力相當重要。殲-20 也增加了在跑道更短機場上起降操作的靈活性。殲-20 戰鬥機機體前半尤其是鴨翼的部分，似乎針對匿蹤性的提升特別進行過優化。成都 611 所早在 2001 年的研究報告就已經在討論鴨翼搭配三角翼設計的好處。鴨翼搭配三角翼的設計最早在 1960 年代就已經出現，當時曾考慮用於過度理想化的殲-9 單引擎戰鬥機研發計畫，殲-9 計畫被取消後，這種佈局設計就被應用在後繼的殲-10 機型之上。

　　自殲-20 亮相以來，關於鴨翼混合機身並不利於匿蹤的說法屢見不鮮[246]，而且中國和美國關於這項說法進行的研究結果也互相矛盾。比方說，成都 611 所在 2019 年發表的一篇論文中，專門論述了鴨翼對雷達截面積的影響，認為這樣的佈局配置並不會對戰鬥機的匿蹤性造成重大影響[247]；而洛克希德・馬丁公司在最終拍板採納 F-35 的設計方案之前，也曾考慮過要使用鴨翼搭配三角翼的設計為聯合打擊戰鬥機計畫研發新型的匿蹤機；諾斯洛普・格魯曼公司也曾考慮過要用曾與 YF-22 競爭過的 YF-23 技術示範機，研發一款鴨式佈局的戰鬥機。所以顯然鴨翼設計在物理上確實可以達成匿蹤能力[248]。麥道公司和美國國家航空暨太空總署共同開發的 X-36 戰鬥機敏捷性研究機也採用鴨式佈局，而

攜帶副油箱的黃色底漆殲-20。（微博用户「机外停车」
攝）

X-36 也被認為是有史以來匿蹤性最高的真人駕駛噴射機之
一。

- **航電系統**

殲-20 飛行員可以透過語音指令，以駕駛艙內一塊 610
乘 230 公厘的觸控全景顯示螢幕、飛行員兩腿之間一塊較小
型的液晶顯示螢幕，以及頭頂一塊顯眼的獨特綠光廣角全像
顯示螢幕，與現代化的玻璃駕駛艙進行互動。殲-20 戰鬥機
的飛行動作則是透過側桿和油門操控。2018 年 5 月證實飛
行員將會穿戴支援頭盔瞄準系統的飛行頭盔。

機上的 1475 型（KLJ-5）主動電子掃描陣列射控雷達、
EORD-31 紅外線搜索追蹤系統和一套光電分散式孔徑系統
組合，將提供殲-20 飛行所需之狀態意識。駕駛艙設計和頭
盔瞄準具的輔助讓飛行員可以更容易處理機載和機外感測器

所提供的訊息，並從「資訊融合」中獲益。KLJ-5 射控雷達是殲 -20 整體作戰能力中的一大助力。KLJ-5 射控雷達很有可能是目前世界上仍在服役中，具備最強空對空作戰能力的單一雷達。據稱 KLJ-5 射控雷達擁有 2,000 到 2,200 個訊號發射／接收模組，F-22 的 APG-77 只有 1,900 個，F-35 的 APG-81 也只有 1,600 個，而法國飆風戰鬥機所用的 RBE-2AA 雷達更只具備 836 個訊號模組。相較於 APG-77 介於 16.4 千瓦到 20 千瓦的訊號發射功率，KLJ-5 射控雷達 24 千瓦的發射功率使其性能水準很有可能超越世界上任何其他戰鬥機上的雷達[249]。這反映了中國電子工業在雷達尺寸、功率和製作工藝上的高超水準。不過也有一些酸民宣稱，美國電子工業在尖端領域的豐富經驗，還是可以想辦法用其他方式彌補回來。

中國第一批配備主動電子掃描陣列雷達的戰鬥機殲 -16，於 2015 年左右開始服役。相較於機械掃描陣列雷達，電子掃描陣列雷達不僅更可靠、較不易受到干擾，並具備使用範圍更廣的電子戰技術；功用和效率明顯更高，掃描速度也更快。機械掃描陣列雷達仰賴的是單一連續無線電訊號射束，而電子掃描陣列雷達則是從可以精準鎖定多個物體並同時追縱多個目標、搜索其他潛在目標、追縱友軍飛彈、向多枚飛彈傳送攔截多個目標指令的數百個離散式電子操控發射器，發射多道間歇性的射束。與被動電子掃描陣列雷達相比，主動電子掃描陣列雷達的另一項優勢是可以更精準地進行掃描，並在不移動任何天線的情況下，同時向多個方向

發射不同頻率的無線電波。這項能力在電子戰中尤為重要。

蘇聯是研發戰鬥機／攔截機載電子掃描陣列雷達的先驅。蘇聯為米格 -31 開發的閃舞被動電子掃描陣列雷達於 1981 年開始服役。隨後蘇聯又開發了大幅改良的第二代被動電子掃描陣列雷達，包括在 1994 年準備投入量產的閃舞 -M 和在同一個時期已經完成開發工作的 N011M Bars 雷達，原本都計畫要裝載在蘇愷側衛家族戰鬥機的衍生機型上。在蘇聯研發出機載雷達的十九年後，美國於 2000 年在一支現代化的 F-15 中隊上裝載了主動電子陣列掃描雷達。後來法國於 2001 年也在飆風戰鬥機上安裝了被動電子陣列掃描雷達。2002 年，日本的 F-2 成為世界上第一架將主動電子掃描陣列雷達列為標準感測器的戰鬥機。電子掃描陣列雷達的優勢比機械掃描陣列雷達多太多，最後一個採用機械掃描陣列雷達的戰鬥機研發計畫，是由德國、英國、西班牙和義大利共同生產的颱風戰鬥機。颱風一直到 2019 年出產的機體，都還在使用早就已經被認為是過時科技的機械掃描陣列雷達。

殲 -20 搭載的 EOTS-86 光學感測器相當於 F-35 的光電瞄準系統，可以優化其與隱形目標交戰的作戰能力，並對潛在威脅進行遠距離的目視識別。EOTS-86 與殲 -20 的紅外線搜索追蹤系統具有很強的互補性，後者可以探測目標，而前者則能在超過可視距離的目標失效前將其識別出來。它可以在不發射任何雷達訊號的情況下被動識別目標，從而使戰鬥機更能維持其匿蹤性。

① 罕見的殲 -20 駕駛艙清晰俯視圖。（微博用戶「夜航大叔」攝）
② 罕見的殲 -20 駕駛艙清晰俯視圖。（微博用戶「夜航大叔」攝）

關於殲-20 感測器套裝最亮眼的特點，大概是機身外殼上放置這些感測器的六個菱形窗口；其中兩個位於機頭兩側，另外兩個位於機身後半部分的下方位置，最後兩個位於前半部機身駕駛艙下方的位置。這些電子光學感測器涵蓋了機身周圍的所有方位，組成可讓飛行員透過頭盔 360 度觀察機體四周環境及飛機下方情況的分散式孔徑系統的一部分。分散式孔徑系統可用於探測和追蹤敵方飛彈，提供包括發射點探測和反制措施提示等資訊。系統還可用於敵機的探測和追蹤，提示空對空飛彈和紅外線追蹤系統，同時將影像顯示於駕駛艙顯示器和飛行員的夜視鏡上。系統的另一項功能是盲點消除，這在目視距離的作戰上尤為重要。殲-20 搭載的孔徑系統名稱目前仍不得而知，唯一已知的同類產品是 F-35 的 AN/AAQ-37。孔徑系統的使用是讓殲-20 和 F-35 不同於其他第五代機的多項實際關鍵尖端技術之一。

針對殲-20 和 F-35 孔徑系統的優點，俄羅斯國防分析師弗拉基米爾‧圖奇科夫的總結如下：「飛行員頭上的頭盔讓飛機變『透明』。也就是說，駕駛的視線能見度現在不受駕駛艙的窗戶影響。飛行員從頭盔的面罩上就可以看到戰鬥機周圍區域的全景，還包括可見光和紅外線光譜。電腦透過監測飛行員的頭部和眼部運動，提供必要的全景視角和提示，協助他們瞄準目標。」他點出缺乏此類系統的輔助是蘇愷-57 最主要的劣勢，較老舊的 F-22 也同樣具有這點不利之處[250]。

- ### 發動機

　　正如中國航空工業專家大概在殲-20首飛前二十五年所做的預測，引擎技術是整個研發計畫當中最具挑戰性的研發領域。因爲重型第五代空中優勢戰鬥機的引擎需要非常大的功率，同時還要符合合理的維護要求並具備近乎完美的可靠性[251]。雖然在1990年代就已經開始了這具合適引擎的研發工作，後來也將這具引擎命名爲「渦扇-15」，但相較於殲-20計畫其他部分的研發工作幾乎都按照當初規劃的進度時間完成，甚至提早完成，引擎部分的研發工作在準備進入量產階段前所花費的時間，就比預期長了許多。因此，殲-20戰鬥機早期就用過兩具甚至有可能是三具，以第四代機引擎爲基礎去做設計的臨時引擎做爲動力裝置。

　　大多數殲-20原型機和示範機使用的是俄羅斯AL-31未知確切型號的衍生型發動機。某些消息來源宣稱首批殲-20用的是渦扇-10B或相差不多的衍生型號——當時第四代的殲-11系列戰鬥機就是使用這個型號的發動機[252]。渦扇-10B是中國第一具後燃式渦輪扇發動機，其推重比和整體性能可與俄羅斯和美國第四代機所使用的引擎，也就是蘇愷-27／蘇愷-30所使用的AL-31以及F-15使用的F-110相媲美。不過這個消息後來被認爲屬實的可能性很低，因爲原型機或示範機用的幾乎都是AL-31。

　　渦扇-10B於2009年開始服役，是中國發動機發展史上的一塊重要里程碑。因爲在過去數十年來，中國一直在生產和出口戰鬥機，但這些戰鬥機所使用的引擎，都是從1950

2016 年珠海航展上搭載 AL-31 發動機的殲 -20 戰鬥機。（微博用户「Jacksonbobo」攝）

年代起對蘇聯渦輪噴射引擎進行逆向工程，再有限度地在中國本土進行改良的產物。最明顯的例子就是渦噴 -13 渦輪噴射發動機。渦噴 -13 是改良自蘇聯 R-13 的中國製引擎，被用於大量出口的殲 -7 戰鬥機。不過由於渦輪扇發動機的燃油效率更高而且被認為未來進行現代化改良的潛力更大，所以渦輪噴射發動機從 1970 年代起在海外就已經逐漸被渦輪扇發動機所取代。而就算已經是經過改良，但中國設計的渦噴 -13 在當時其他戰鬥機使用的渦輪噴射機引擎當中，也被認為已經相當過時。渦輪扇發動機顧名思義，是利用一個涵道風扇來增加推進噴射氣流的質量並降低推進噴射氣流速度，從而達到更優越的性能的一種發動機設計。

雖然中國從 1960 年代起，就開始在研發可與蘇聯和美國設計相媲美的第四代機渦輪扇引擎，但這個野心最終卻以失敗告終。而原定要使用該款引擎的殲 -9 研發計畫也在 1984 年被終止。然而殲 -9 戰鬥機的直屬繼任機型殲 -10 的研發工作，推動了渦扇 -10 發動機的發展。隨著中國工業在

1990 年代迅速展開現代化，並在蘇聯解體後的 1991 年獲得蘇聯技術和專業知識轉移，中國自行研發先進渦輪扇發動機的可行性又增加了。2009 年，渦扇 -10 開始大規模應用在於前線服役的殲 -11。殲 -11 的雙引擎配置降低了風險，因為卽使其中一個引擎出現問題，戰鬥機也可以使用第二個引擎著陸。該發動機的可靠性在 2010 年代顯著提高，並於 2020 年首次為前線 殲 -10 提供動力。單引擎、缺乏引擎冗餘的殲 -10 採用渦扇 -10 引擎，也表示解放軍對渦扇 -10 的可靠性具有相當高的信心。

　　雖然 AL-31F 和渦扇 -10B 做為第四代機的動力裝置可以提供很強的功率，但放在殲 -20 上的動力卻遠遠不足。因此，解放軍空軍從 2015 年起在量產型的殲 -20 上安裝了功率更強的發動機，外界普遍認為他們用的是改造過的俄羅斯 AL-31FM2 衍生型引擎。這種改良過的 AL-31 引擎使用了全新的三段速風扇、新型高壓渦輪組件和燃燒室，渦輪前溫度提高了攝氏 75 度，並採用搭配液壓機械後備系統的新型全權數位發動機控制系統——與之前使用的 AL-31 相比，在尖端程度上有了非常大的提升。據傳中國曾參與蘇聯某一款 AL-31FM2 新型號引擎的細節改造工作，而搭載這款經過些微改造 AL-31FM2 引擎的殲 -20，估計可以獲得 142 千牛頓的推力，只比 F-22 使用的 F119 少了 7%。為中國開發的改良引擎很有可能整合了多項 AL-31FM3 動力裝置所使用的技術。在 2007 年 AL-31FM3 進行首次測試，而其所提供的性能明顯優於前幾代的機型，尤其在渦輪扇和燃燒室的設計上

都進行了重大的改良。因為當時他們研發出來的 AL-31FM3 從來沒有收到過俄羅斯國防部發過來的任何訂單，所以將該引擎的技術提供給殲 -20 所需的客製化動力裝置應該可以讓俄羅斯研發團隊回收一些當初在研發 AL-31FM3 時所投入的成本。因為當時他們研發出來的引擎，從來沒有收到過俄羅斯國防部發過來的任何訂單 [253]。根據斯德哥爾摩國際和平研究所的資料，2014 年中國購買了四十組 AL-31FM2 衍生型渦輪扇發動機。這已經是最後幾筆中國向俄羅斯訂購戰鬥機引擎訂單的其中一筆了 [254]。

俄羅斯為了滿足中國人民解放軍空軍要求，而與中國共同開發客製化 AL-31 新型號發動機並非沒有前例。1992 年 3 月簽訂合約後，殲 -10 所用的引擎就是專門為其設計的高度客製化 AL-31FN 發動機。專為殲 -20 設計的 AL-31FM2 衍生型發動機也是如此。事實上根據一些消息來源指出，俄羅斯早期為殲 -20 提供的臨時動力裝置並非 AL-31FM2 的衍生型號，而是殲 -10 所用的 AL-31FN 的改良型號—— AL-31FN Series 3 [255]。原本的 AL-31FM2 是做為功率更大的 AL-31 的改良型而被開發，對於它所服務的世界最重戰鬥機，也就是俄羅斯蘇愷 -34 戰鬥轟炸機來說，大約增加了不可或缺的 16% 推力。引擎的效率足以為殲 -20 提供卓越的飛行性能和極其寬廣的 2000 公里作戰半徑 ，僅使用內部燃料即可實現。這一範圍是 F-22 或 F-35 的兩倍多，使得這架戰鬥機能夠覆蓋比其美國對手大四倍以上的廣闊區域。一旦殲 -20 不再使用暫且將就的改良版第四代引擎，隨著渦扇 -15

引擎的整合，飛行性能和航程預計將顯著提高。

　　當首批殲-20 在 2017 年 3 月初開始服役，中國航空發動機集團公司北京航空材料研究院副院長陳祥寶預測：「我國第五代機配備國產發動機已為期不遠……發動機研發過程進展順利。中國已開始研發下一代航空發動機，其推重比『將遠優於現有發動機。』」他闡述中國航空工業正面臨的其他問題：「比如說，先進引擎中最重要的兩個零件——單晶高溫合金的渦輪葉片和粉末冶金高溫合金的渦輪轉盤——已經被我們研發出來了，但量產時的產品品質卻不盡如人意。」他補充：「通往成功的道路上充滿了挫折和失敗。但世界上每一個發動機強國都是這樣走過來的。」據推測，他的這番言論應該就是在說尚未正式問世的渦扇-15 發動機。當時預測渦扇-15 將在五年內，頂替中俄共同研發的 AL-

打造編號 2021 原型機進行渦扇-10C 發動機的整合測試。
（微博用戶「机外停车」攝）

31FM2 衍生型發動機（下簡稱 AL-31FM2）[256]。

　　隨著渦扇 -15 引擎的研發工作遭遇延遲，研發單位就研發了另一款未證實是否有另取名稱的新型改良版渦扇 -10 引擎，外界猜測這款引擎或許就是渦扇 -10C（未經證實但下稱渦扇 -10C）。研發渦扇 -10C 的目的是要將其做為取代 AL-31FM2 的替代品。2017 年渦扇 -10C 引擎首次證實被用於飛行測試。當時安裝渦扇 -10C 進行測試的飛機是編號為「2021」的殲 -20 新原型機，打造新原型機除了要用來測試新機體設計與新引擎之間的整合程度，可能也要順便測試改版殲 -20A 的其他新功能。「2021」戰鬥機首見於 2017 年 9 月，隨後從 2019 年年中起，所有出廠的殲 -20 就都開始使用渦扇 -10C 做為新的動力裝置。這批安裝了新引擎，同時也進行過一些小幅度改良的殲 -20 戰鬥機，後來被命名為殲 -20A，從 2021 年 1 月起開始服役。

　　據報導，渦扇 -10C 提高了燃油效率、改善加速性能並提供更大推力，尤其在燃燒室部分的設計與俄羅斯製 AL-31FM2 渦輪扇發動機相比，更是獲得顯著提升。此外，渦扇 -10C 的鋸齒狀後燃器噴口也能提供更強大的匿蹤能力，是渦扇 -10C 與解放軍空軍其他現役軍機引擎之間最關鍵的差異。具備這類匿蹤特色的引擎早在 2014 年就已經被目擊正在進行測試，當時這類引擎還被搭載在編號「2011」的首款殲 -20 原型機上。「2011」一開始使用的是另一款發動機，在其首飛的十八個月後才因為要協助進行測試，被重新安裝上新引擎並充當起了新引擎的試驗機。據傳渦扇 -10C 可讓

殲 -20 在不使用後燃燒器的情況下，以低超音速飛行——也就是所謂的低速超音速巡航——有利於飛機維持更長時間的超音速飛行 [257]。因此殲 -20 成爲了目前世界上還在生產中的第五代機中，唯一具備超音速巡航能力的。

截至 2022 年初，搭載渦扇 -10C 引擎的殲 -20 已實際在極端的海拔、濕度和溫度下飛行過，被認爲是證明有能力在全中國境內執行任務的證據。據稱殲 -20 曾短暫被部署在中國西南山區，應該也是爲了要測試機體在該環境下的性能表現。極高海拔地區由於空氣稀薄，起飛時尤其具有挑戰性，會需要發動機提供更強的功率。此前印度空軍在印度北部邊境地區使用來自歐洲的戰鬥機時，就曾遇到過起飛問題。殲 -20 的副總設計師龔峰在 2022 年 1 月時強調，渦扇 -10C 的整合大幅提升了該戰鬥機的能力，而且還能再針對殲 -20 進行客製化的更動，不像 AL-31FM2 反而會限制殲 -20 的性能。龔峰當時負責測試殲 -20 在極端狀況下的可靠性，他的結論是：「現在我們可以驕傲地告訴大家，擁有中國『心』（引擎）的殲 -20，身心合一、內外兼修、神形兼備，必將擔任起維護國家主權，守衛領土安全和領土完整的使命。[258]」

澳洲格里菲斯亞洲研究所的客座研究員彼得‧雷頓在 2022 年 4 月時，點出了殲 -20 換裝上渦扇 -10C 的意義。他聲稱，渦扇 -10C 比任何俄羅斯製發動機都更可靠：「這不僅僅說明了中國在戰鬥航空工業領域將不再需要俄羅斯的協助，也說明了中國製造的戰鬥機性能現在甚至比俄羅斯戰鬥機更加優異。」他補充，渦扇 -10C 與 AL-31FM2 發動機相

比，性能更加優越、可靠性更高，讓殲 -20 被安排執行遠距離海上巡邏任務變成一個「合理多了的選項。[259]」

殲 -20 預計最終將會使用的動力裝置渦扇 -15 發動機，屆時會由瀋陽發動機設計研究所 606 所設計並交由西安航空發動機集團負責生產。與 AL-31FM2 和渦扇 -10C 相比，渦扇 -15 發動機不僅在引擎推力上預估會增加 21% 到 36%（估計值的落差頗大），而且推重比也會提高到大約 10：1 或 11：1；維護上的需求更少、熱管理特性更佳，使用年限也被顯著地拉長。渦扇 -15 發動機所使用的尖端科技單晶渦輪扇葉，儘管被證明難以大規模量產，但與渦扇 -10B 相比，卻預計可讓引擎的使用年限延長一倍。

雖說渦扇 -15 在 2023 年 6 月以雙引擎配置的形式在殲 -20 上進行了首飛，但關於渦扇 -15 性能的部分卻幾乎沒有得到證實——報導的篇幅很多，但獲得證實的資訊很少。殲 -20 所使用的渦扇 -15 新型動力裝置被認為可以與美國 F-22 所使用的 F119 發動機等量齊觀，但渦扇 -15 在技術規格上想要提供 18.4 噸最大推力的設定卻更具野心 [260]，相較之下 F119 設定提供的最大推力是 17.5 噸、渦扇 -10C 和 AL-31FM2 則是 16.3 噸，至於俄羅斯當時正在為蘇愷 -57 研發的 AL-51F-1 發動機的最大推力是設定在 18.7 噸 [261]。渦扇 -15 預計的推重比是介於 0.09 到 0.1 之間，而 AL-31F 是 0.125、F119 是 0.11，所以渦扇 -15 比之前其他雙引擎戰鬥機所使用的任何一種型號引擎，都具有更高的效率。部分報導甚至認為渦扇 -15 的推力可以達到 20 噸 [262]。曾有報導說蘇聯之前

爲米格 -1.42 研發的 AL-41F 引擎在測試時，達到以極低的 0.09 推重比提供 19.5 噸到 20 噸推力的能力，但在蘇聯解體以至於米格 -1.42 的研發計畫取消後，就再也沒有可以達到這種性能水準的其他雙引擎配置戰鬥機發動機了 [263]。

第五代機發動機的前期研發和示範機工作始於 1990 年代，而渦扇 -15 則是從 2006 年發起的新研發計畫。有報導指出，2009 年的渦扇 -15 原型機已經可以達到與 F119 差不多的推重比。以中國各項軍武計畫的研發速度來看，渦扇 -15 算是相當曠日廢時的一個研發項目，但相較於美國和俄羅斯在下一代發動機研發計畫耗費的時間，渦扇 -15 會花這麼多時間一點也不奇怪。美國的普惠公司和奇異公司光是 F119 原型機的研發就耗費超過十二年的時間，之後又花了十四年進行測試，才確定設計完善可以投入使用。中國在 1990 年代開始進行渦扇 -15 預研時，相對較差的技術基礎不可避免地減緩了這一進程。即使是該國第四代水準的渦扇 -10B 引擎，也直到 2010 年左右才達到成熟階段，渦扇 -15 在 2016 年開始飛行測試，並且最遲於 2022 年 1 月開始在殲 -20 上進行測試飛行，這實際上展示了一種驚人的發展速度。相較於渦扇 -10，中國航空發動機工業在 2000 年代中期計畫啟動時，已經達到了更爲成熟的階段，因此研發時間線更爲平穩。渦扇 -10 的研發需要更大的技術飛躍，因爲在計畫開始時，該行業在 1980 年代中期的地位較差。

2016 年 10 月有報導宣稱，渦扇 -15 已經完成地面測試，將開始被安裝在大幅改造過後的蘇聯運輸噴射機伊留

申 -76LL 上進行飛行測試。接下來五年又多次傳出試驗成功的報導 [264]，最後終於在 2022 年 1 月，首次出現了一架搭載全新渦扇 -15 引擎殲 -20 戰鬥機的飛行照片 [265]。殲 -20 使用了一具渦扇 -15 發動機和一具渦扇 -10 發動機，較舊的發動機是爲了渦扇 -15 原型機出現問題時，能提供足夠的動力降落。兩個月後有進一步的報導指稱渦扇 -15 的測試性能已經有所改善 [266]。許多分析師認爲中國國家官媒在 2022 年後續進行的廣泛相關報導，以及隨後證實殲 -20 確實在進行渦扇 -15 引擎的飛行測試，就是顯示渦扇 -15 將在不久後的將來開始服役的重要跡象 [267]。

2022 年 3 月，國有企業中國航空工業集團下轄的中國航空製造技術研究院院長，兼中國人民政治協商會議全國委員會委員李志強在中國中央電視台的一篇報導中表示，有信心解決戰鬥機發動機研發所面臨的複雜問題。本身就是鈦合金熱加工與超塑成型領域方面專家的李志強指出，中國正在拉近與世界領先技術水準的差距，中國發動機領域的研發進展將讓中國自治發動機具備更高的推重比、推力向量控制和可變循環。他強調壯大中國國內工業與減少依賴進口發動機的重要性，而他這段緊跟在中國人民解放軍空軍第 5 航空旅獲得交付搭載渦扇 -10C 引擎殲 -20A 戰鬥機的聲明，也顯示了中國在航空工業高階領域的自立自強 [268]。幾天後，又有專家認爲單晶渦輪扇葉片等關鍵材料技術的突破、二十年來加速發展的航空工業科技與理論的累積，以及中國航空發動機集團的成立，都是中國噴射機引擎工業發展背後的推手 [269]。

2022 年 12 月，北京航空航天大學能源與動力工程學院教授，同時也是軍用航空研發計畫高級顧問的劉大響，在一場重要的主題演講中篤定表示，渦扇 -15 的研發工作已經快要完成，並證實推重比至少達到 0.1[270]。三個月後，中國航空發動機集團的一名官員證實，渦扇 -15 已進入系列生產，同時指出因為初始生產率較低，所以大概會在 2024 年年底開始服役[271]。2023 年 6 月，渦扇 -15 在編號為「2052」的殲 -20B 原型機上以雙引擎配置進行首次試飛，顯示官方對渦扇 -15 的可靠程度已經是絲毫不感到擔心[272]。

不只在中國，放眼全世界，部署同一級別飛機的戰鬥機機隊，使用完全不同發動機類型是非常罕見的──尤其這些不同型號的發動機還是來自不同國家、沒有共通性，這就讓維護和後勤工作變得更加複雜。也因此，將兩支半航空旅原本配備的 AL-31FM2 發動機殲 -20，用安裝了渦扇 -15 發動機的殲 -20 去取代，或許之後也會用渦扇 -15 的殲 -20 去取代裝備渦扇 -10C 的殲 -20，被認為可以有解決上述採用不同型號發動機會遇到的問題。而且因為據說渦扇 -15 的維修要求比較低，所以全面改用渦扇 -15 的殲 -20，可能還可以降低該戰鬥機部隊的操作成本。渦扇 -15 發動機預計可以為殲 -20 帶來的好處包括因為效率更佳所以延長的續航距離、較低維修要求帶來更高的可靠性，以及戰鬥機在後方、上方和下方的熱信號都變得更低。渦扇 -15 為殲 -20 提供的更大功率，也是殲 -20 得以善用更強大的新世代感測器，或是未來還有可能可以使用一系列定向能量武器的關鍵。渦扇 -15

① 殲 -20 首飛時的技術示範機。（外流且未知來源的中國網路圖片／取自觀
　察者網）

② 搭載兩部渦扇 -15 發動機的 2052 原型機首飛。（微博用戶「飞扬军事铁
　背心」攝）

③ 殲 -20B 原型機的第一組照片。（取自網友「我是痞子好吧」）

明顯提升的推重比也確保殲 -20 具備更高的爬升率、在各個
飛行速度下更強的機動性、更快的加速度與可能更高的升限
海拔高度。尤其渦扇 -15 更強的推力向量控制能力，更確保
了殲 -20 在低速飛行時的機動性可以獲得進一步的強化。就
如中國官媒《環球時報》在 2022 年 3 月就殲 -20 未來將以

渦扇 -15 做爲動力裝置所做的報導所述：「殲 -20 終於將進化爲最終型態。[273]」

- 武器裝備

就像美國的 F-22，殲 -20 也需要開發可以配合內置武器艙設計的新型專用空對空飛彈。美國是改造既有的 AIM-120 先進中程空對空飛彈和同級的短程 AIM-9 響尾蛇飛彈，配合 F-22 內置武器艙縮短飛彈彈翼，並改良飛彈的整體性能，而殲 -20 則是直接研發新型的專用飛彈。AIM-9 響尾蛇飛彈自 1956 年開始服役，而 AIM-120 先進中程空對空飛彈則是從 1991 年開始服役。可是截至 2020 年代初期，這兩款飛彈都沒有推出其他後繼型號——主要是因爲冷戰結束後美國國防部門需要縮減開銷，所以將軍武研發重心從新式武器的開發，轉移到既有武器的改良。所以說中國人民解放軍空軍就有機會透過採用全新開發出來的新型飛彈獲得明顯優勢。所謂的新型飛彈也就是專爲殲 -20 開發，且普遍被認爲優於美軍同級飛彈的霹靂 -10 和霹靂 -15 飛彈。

做爲美國 AIM-120D 和歐洲製流星飛彈挑戰者的霹靂 -15，具有估計介於 200 公里到 300 公里的更長射程距離[274]。霹靂 -15 從一開始就是專爲匿蹤機設計，因此縮短彈翼方便內置裝載。霹靂 -15 所採用的雙脈衝火箭發動機是爲它帶來射程優勢的關鍵。飛彈上的雙向資料鏈路可同時爲飛彈和戰鬥機提供最新導引資訊。值得注意的是，霹靂 -15 使用主動電子掃描陣列雷達協助進行慣性導航，這樣的搭配如英

國智庫國際戰略研究所 2018 年的一份著名報告中指出，確保了「針對低可偵測目標的性能獲得改善，並可以更好地抵禦目標敵機所發動的無線電頻率干擾器等反制措施。[275]」儘管最初有人猜測，2014 年推出的美國 AIM-120D 預估射程介於 160 公里 [276] 到 180 公里 [277]，也可能會使用主動電子掃描陣列雷達，但最後並沒有配備主動電子掃描陣列雷達 [278]。霹靂 -15 引起西方分析師 [279] 和美軍官員 [280] 的極大關注，出色的性能普遍也被認為是美國之所以要在 2017 年啟動 AIM-260 聯合先進戰術飛彈研發計畫的主要原因 [281]。正如美國著名軍事網站《動力》分析師在 2022 年年末指出，霹靂 -15 的性能讓美國想藉由開發新型的 AIM-120 後繼型號「努力縮小差距。[282]」

採用推力向量控制和平衡環架成像紅外線尋標器的霹靂 -10 短程飛彈能夠進行高離軸交戰，並能以超過 90 度的大角度與敵機交戰，因此與絕大多數的外國戰鬥機對手相比，具有更顯著的性能優勢。霹靂 -10 使用的先進尋標器提供了一系列的顯著優勢，包括更強的抗反制能力和更遠的偵查距離。根據國際戰略研究所的一份報告所述，霹靂 -10 的問世「使中國躋身少數幾個擁有國防工業基礎又能夠生產此類武器的國家之列 [283]，」《動力》的分析師強調，「據判斷，霹靂 -10 至少與西方同級的武器性能旗鼓相當。[284]」英國皇家聯合研究所國防智庫的報告指出，霹靂 -10 的「飛彈運動性能優於美國的 AIM-9 響尾蛇飛彈。」AIM-9 響尾蛇飛彈是美國空軍最先進的短程空對空飛彈 [285]。霹靂 -10 是世界

上同級的飛彈當中，少數幾個具備近距離超視距作戰能力的飛彈之一，一些報告還指出，霹靂-10 可以發射後鎖定，還可以在飛行途中透過資料鏈路接收目標資料，以便從更遠的距離瞄準目標。

霹靂-10 的高性能增添了殲-20 獨特側邊發射軌設計所提供的優勢。在側邊武器艙艙門關閉的情況下，將飛彈部署在殲-20 的側邊武器艙外，可以維持機體的匿蹤性，並在短距離交戰時以更快的速度發射飛彈。相比之下，美國和俄羅斯的第五代機沒有這種發射系統，因此無法在不大幅增加雷達截面積和周圍氣流干擾的情況下發射導彈。這不可避免地影響了美國和俄羅斯第五代機的飛行性能，尤其在會使用到這類導彈的近距離交戰中，可說對其性能特別不利。由於無需在交戰時打開武器艙，再加上霹靂-10 飛彈的射程相較同類飛彈更遠，霹靂-10 飛彈為殲-20 部隊創造了使用獨特新戰術的機會，包括在較短的超視距下關閉雷達，改用被動感測器和第三方感測器所提供的目標資料展開攻擊。

許多分析師認為霹靂-15 和霹靂-10 是在 2015 年左右開始服役，並首先被搭載於殲-16 戰鬥機。殲-16 是中國第一架配備主動電子掃描陣列雷達和下一代頭盔瞄準具的戰鬥機。殲-20、殲-10C 和中國與巴基斯坦聯合研發的出口導向戰鬥機 JF-17 Block 3，是下一批將搭載該新型飛彈的戰鬥機。此外還有殲-11B 的現代化改良版殲-11BG 戰鬥機，以及殲-11 的航母型殲-15 的現代化改型。

特別是從 1980 年代以來，遠距離空對空飛彈愈來愈被視為決定戰鬥機空對空作戰能力最重要的因素之一。解放軍空軍新一代空對空導彈取得優勢代表著數十年努力的頂峰。特別是從 1980 年代以來，遠距離空對空飛彈愈來愈被視為決定戰鬥機空對空作戰能力最重要的因素之一。然而，到冷戰最後十年，中國戰鬥機的超視距防空能力根本微不足道。這種情況一直持續到 1990 年代分別從烏克蘭和俄羅斯採購了蘇聯 R-27ER 飛彈和 R-77 飛彈為止。R-77 是中國獲得的第一款配備主動雷達導引功能的飛彈。可以「射後不理」的自主導引功能，讓解放軍空軍得以將這款飛彈應用在一系列全新的戰術操作，並允許每一架戰鬥機可以同時攻擊更多目標。在俄羅斯國防部終於有資金撥給俄羅斯空軍採購 R-77 飛彈前，中國已經採購並將該型飛彈配備在解放軍空軍的戰鬥機上將近二十年之久。事實上，由於當時俄羅斯幾乎完全沒有任何可以用來資助軍方進行現代化的資金，所以中國還必須出資協助蘇愷 -27 的整體升級套裝研發計畫，讓蘇愷 -27 可以裝備新型飛彈 [286]。在蘇聯的 R-77 飛彈之後，在俄羅斯的協助下進行研發、具有 100 公里射程的霹靂 -12 國產飛彈在 2005 年左右開始服役。霹靂 -12 和 R-77 一樣具有主動雷達導引功能，可與西方最先進的 AIM-120C 相媲美。霹靂 -12 與 AIM-120C 各自的後繼型號，霹靂 -15 緊接在 AIM-120D 開始服役後的幾個月內也開始服役，讓原本在超視距空對空飛彈領域只是與美軍分庭抗禮的中國，開始取得了領先優勢。而隨著美國開始準備引進自 1991 年開始研發的第一款

全新遠距飛彈 AIM-260，中國目前也還沒有對外透露太多關於霹靂 -15 的後繼型號或未來改良型號的資訊，中國在超視距空對空飛彈領域的領先優勢能否繼續維持，還有待觀察。

有強烈的跡象顯示，霹靂 -15 的後繼型號目前正在研發中。有人猜測新型號的體積可能更小，以便讓匿蹤機可以在內部攜帶更多飛彈。這與美國雷神公司正在研發中的另一個「遊隼」飛彈想法如出一轍，都想要設計生產更小巧的空對空飛彈，以便在不影響性能的情況下，讓匿蹤機可從內部攜帶更多飛彈。不過可以肯定的是，雖然霹靂 -15 是以中國航空工業在 2000 年代末的技術基礎進行研發，但中國航空工業自那時起就一路取得的進展，絕對可以提供這款新型飛彈更精密的技術基礎支持。

殲 -20 的角色

自從殲 -20 於 2011 年首飛以來，許多分析師都在猜測解放軍空軍到底要讓它扮演的主要角色是什麼。殲 -20 戰鬥機的尺寸、雙引擎配置、匿蹤外形、氣泡座艙罩以及多樣化的飛行操縱裝置等機體設計，都強烈顯示了它類似於 F-22 猛禽戰鬥機要取得空中優勢的用途。不過也有其他與上述不同的殲 -20 定位理論出現。雖然殲 -20 的機體大、推力也大、作戰高度和速度高、航程距離長、飛彈的酬載量也大，這些都是空中優勢戰鬥機很重要的性能要求，但其他一些要用來專門負責執行作戰任務的軍用飛機也會具備這些特點。

西方分析師最初普遍認為殲 -20 是被設計用作一種類似俄羅斯米格 -31 獵狐犬攔截機型的戰鬥機，所以認為殲 -20 特別擅長遠距離空對空攻擊轟炸機，多種類型的支援機，例如空中預警管制機和空中加油機。會出現這種結論部分是出於西方世界最初對殲 -20 機體尺寸的錯誤估算，認為殲 -20 的機體會長達二十二公尺到二十三公尺，重量也會比 F-22 重大約 30% ——這個尺寸比較適合容納類似米格 -31 所用的 R-37 超遠距大體積空對空飛彈。米格 -31 是目前世界上最大的空對空戰鬥機／攔截機，可以部署重量遠遠超過 F-22 尺寸戰鬥機所能容納的超大型飛彈和超大型感測器套裝[287]。

　　兩架殲 -20 的示範機在 2012 年被轉移到西安閻良的中國飛行試驗研究院，為外界提供了一探殲 -20 機體實際尺寸的重要線索，因為從衛星影像上可以將之與一旁停放的蘇愷側衛戰鬥機互相比較。殲 -20 的機體長度大約 20.8 公尺，重量與 F-22 差不多——以戰鬥機的標準來說算重，但比一架裝載了超大體積飛彈的匿蹤攔截機輕多了。此外，由於攔截機被設計出來的目的多是為了進行極遠距離的作戰任務，而且是所有空對空作戰飛機當中機動性最差的一種軍機設計，所以隨著更多殲 -20 的訊息披露，殲 -20 應是做為一架戰鬥機的定位變得愈來愈清晰。而且隨著裝載渦扇 -15 發動機後有望大幅提升的超高機動性，與推力向量科技的進一步整合，這些跡象都強烈表明殲 -20 要為解放軍空軍獲得空中優勢的作用。殲 -20 內部攜帶武器裝備的種類細節，最終證實了它的角色定位。

美國空軍大學下轄智庫中國航空航天研究所的研究主任羅德·李等人幾乎可以肯定，殲-20 扮演類似攔截機的作用，主要會用來消除空中預警管制機等目標。李說：「解放軍不再強調消耗戰的重要性，而是提倡「摧毀系統」的手段；與其逐一消滅敵方的戰鬥機（即使最後累積的消滅數量很高），還不如直接摧毀敵軍高價值的機載設備和關鍵地面目標來得有用。」他認為這反映了殲-20 的研發初衷與應用方式 [288]。然而殲-20 的武器艙無法攜帶霹靂-XX 系列等對支援機型最具威脅性的中國人民解放軍空軍超遠距超大型空對空飛彈，而霹靂-XX 系列飛彈只能部署在距離非匿蹤殲-16 的這一項事實，大大削弱了殲-20 的前述用途。如果把殲-20 和殲-16 放在一起考慮，殲-20 似乎是一架空中優勢戰鬥機，而殲-16 比殲-20 更適合執行類似攔截機的任務，更適合執行類似攔截機的任務，如「空中預警管制機殲滅者」或「空中加油機殲滅者」的任務。

　　早期西方分析師普遍持有的另一種觀點認為，殲-20 的優化目的是為了對高度防禦目標實施空對地攻擊——相當於中國版美國空軍 F-111「土豚」戰鬥轟炸機的第五代機機型，也類似於 F-22 的轟炸機衍生機型 FB-22 的概念。這個觀點很大程度上也是受到當初對殲-20 尺寸的錯誤估計所影響。舉例來說，《國際國防科技》期刊編輯比爾·斯威特曼就將殲-20 稱為「匿蹤版 F-111」，其他類似的說法也比比皆是 [289]。將殲-20 想像成「一架可能可以穿透美軍防禦系統，摧毀任何在飛彈攻擊下倖存機場基礎設施的快速、遠距、匿

蹤、精準轟炸機」的部分原因，是因為解放軍普遍重視打擊能力[290]。所以解放軍會需要一架航程距離比空中優勢戰鬥機更遠的作戰機，讓它主要去扮演一個類似攔截機摧毀敵方基礎設施和物資，或做為打擊戰鬥機瞄準敵方地面目標，甚至可能是海軍軍艦的角色。然而愈來愈明朗的情況是，殲-20的機體更貼切地反映了預期中的空中優勢作用。而且事實上，除了空對空飛彈之外，從未見過殲-20攜帶其他類型的武器。

一直到 2020 年代，殲-20 仍被西方大眾媒體和經驗不足的分析師描述為專用攔截機或專用打擊戰鬥機。出於某種認知失調和不甘願的情緒，他們拒絕承認西方世界的頂級戰鬥機 F-22 出現了一個來自東亞競爭國家直接、對稱和同級別的競爭對手，而且這個競爭對手可能會造成一定程度的衝擊。正如分析師瑞克·喬在《外交家雜誌》中撰文所述：「很難評估外國對於殲-20 所扮演角色的評論，是出於對相關證據顯示的真實考量，還是源於某種潛在的不安，抑或是不相信一架解放軍匿蹤機可能有意與 F-22 和 F-35 在大體對稱的條件下相互競爭；尤其殲-20 已經在國防觀察圈當中獲得了某種神話般的地位。」喬進一步強調，殲-20 當初「有意識地設計成無法攜帶霹靂-XX 系列飛彈（也就是中國專為遠距攔截而設計相當於米格-31 所用 R-37M 的改良飛彈）這種尺寸大小飛彈的戰鬥機，應該進一步看作解放軍對殲-20所要扮演角色的規劃」──殲-20 就是一架空中優勢戰鬥機而非攔截機[291]。

雖然殲 -20 主要是做爲空中優勢戰鬥機而被研發，但該機很有可能具備二次打擊，甚至是海上打擊的能力。早在 1980 年代，蘇聯第五代空中優勢戰鬥機研發計畫中的米格 -1.42，就有意想要使其成爲能夠部署多種空對地飛彈，執行空對地打擊的次要角色。卽使是專門做爲空優戰鬥機而被開發的 F-22 猛禽戰鬥機，後來經過改裝也能夠執行空對地任務——雖然改造後的 F-22 因爲武器武器艙無法容納巡弋飛彈或更重彈藥，只能攜帶相對較輕的重力炸彈。所以一直到 2020 年代，殲 -20 是否會展示其打擊能力，以及其打擊能力會是哪種類型，依舊受到各界猜測。

　　2018 年 3 月，殲 -20 的總設計師、中國航空工業集團科技委副主任楊偉就殲 -20 未來扮演的角色表示：「當然，

殲 -20A 與部署在射擊位置的霹靂 -10。（微博用户「B747SPNKG」）

殲 -20 將承擔穿透防空網的任務，但這不會是它唯一的使命。它肯定具備多種功能。我們將依據其生產與部署的規模，決定如何使用它。[292]」他重申，隨著戰鬥機數量的增加，殲 -20 將開始扮演更多樣化的角色[293]。在 11 月舉辦的 2018 年中國國際航空航天博覽會（即珠海航展）上，楊偉曾表示：「第一，殲 -20 具備出色的匿蹤能力。第二，殲 -20 具備出色的遠程打擊能力。第三，殲 -20 具備出色的資訊戰能力。[294]」在珠海航展的宣傳單上描述殲 -20 為「以其在中長程空戰中的主導作用和出色的對地、對海精準打擊能力而著稱」，並稱「主要作戰任務包括：取得和保持空中優勢、中長程快速攔截、護航和縱深打擊。[295]」然而，殲 -20 會用什麼武器來完成這些任務仍是個很大的未知數，目前還沒有實際看到任何殲 -20 的空對地或反艦武器裝備。

2018 年 1 月，殲 -20 首次被確認為參加演習。中國國家官媒當時援引負責監督戰鬥機飛行測試的中國人民解放軍空軍軍官張昊所述報導：「殲 -20 將像一根能夠穿透和瓦解敵人防空網的針。[296]」2020 年 1 月有報導宣稱，除了空中優勢外，中國人民解放軍空軍還在模擬殲 -20 的對陸攻擊和海上打擊功能[297]。在 2021 年 8 月代號「西部・聯合 -2021」的中俄戰略軍事演習中，殲 -20 率先對敵方前線指揮中心和防空觀察哨進行的模擬空襲，進一步表明了殲 -20 的多樣化作用。中國官媒《環球時報》報導稱：「殲 -20 戰機踢開敵方大門，透過精準攻擊地面高戰略價值目標，奪取空中優勢。這是殲 -20 做為匿蹤機在演習中所發揮的主導作用……這可

使地面部隊和其他非匿蹤機以更小的風險執行任務。」緊跟在殲-20之後的是非匿蹤的俄羅斯蘇愷-30SM戰鬥機，和中國的殲轟-7、殲-11、殲-16和轟-6軍用飛機——殲-20都起到了為它們增強戰鬥力的作用[298]。這強烈顯示了殲-20不僅具有打擊能力，而且被視為可以首先突破敵方地面防禦系統，為非匿蹤機執行更安全的作戰行動鋪路。這與美軍戰爭計畫中分配給F-35的角色如出一轍[299]。在此之前，F-117夜鷹打擊戰鬥機在波灣戰爭中的行動，也同樣被形容是「踹門」[300]。

在2022年1月的後續演習中，殲-20同樣模擬了對地面目標的打擊和電子攻擊。《環球時報》所引用的專家敘述點出了殲-20的功能：「殲-20可用於穿透敵方防線，奪取空中優勢，而其他類型的非匿蹤飛機則可用於向目標投放大量彈藥」——就與殲-20在2021年中俄聯合軍演中所扮演「踢開敵方大門」的角色十分相似[301]。即使在殲-20首次交付給前線部隊之前，該戰鬥機的首席設計師楊偉就對隱形噴氣機最優先考慮的任務發表了以下看法：「『踹門』肯定是關鍵的一個方面，但僅用『踹門』來說還有一定局限，它還會發揮其他作用。這和批量也有關係，當批量少的時候是一種應用，裝備數量多的時候又會是一種應用。[302]」2022年至2023年間，殲-20的交付量快速增加，證實了殲-20將成為中國人民解放軍空軍的機隊主力，而不像F-22那樣只成立少數幾個小單位。這進一步顯示了殲-20必須是一架具備多功能、多用途的飛行器。

殲 -20 缺乏已知的空對地彈藥武器，可能是因為殲 -20 研發計畫最初的主要研發目標，是先打造出一台具備空中優勢的戰鬥機，所以這類武器的研發及大規模部署就被放在比較後面的研發優先順位。東亞安全形勢的發展以及可能要與敵軍龐大的第五代機機隊交鋒的威脅，意味著殲 -20 戰鬥機最一開始就必須先專注於空對空作戰的能力，讓殲 -20 獨特的能力儘可能產生最大的效果。再考量到解放軍擁有大量其他類型的打擊軍備，殲 -20 的這個定位就更加合理了。不過一旦有龐大數量的殲 -20 可以專注在空中優勢任務，解放軍就會有更多資源可以分配給防空壓制或反艦作戰等任務的訓練及裝備。而當殲 -20 的數量足以在中國人民解放軍空軍機隊佔據更大的比例，它們就非常有可能被派去執行類型更廣泛的任務。

　　在預期會為殲 -20 配備的武器當中，有一種反輻射飛彈是以霹靂 -15 的彈體為基礎進行研發，就像另一款雷電 -10 反輻射飛彈是以霹靂 -15 上一代的霹靂 -12 飛彈彈體為基礎進行研發一樣。反輻射飛彈是消除防空系統與地面雷達的理想手段，在前面提到過的「端門」行動中尤其好用。另一個很有可能會讓殲 -20 裝備的武器，是像蘇愷 -57 的 Kh-59MK2 和 F-35 的聯合打擊飛彈那樣體型較小的巡弋飛彈。殲 -20 也有可能配備反艦飛彈，特別是如果之後中國人民解放軍海軍也開始被部署殲 -20 戰鬥機的話。不過以殲 -20 尤其從 2021 年開始在海上巡邏任務上的廣泛使用，反艦飛彈的配備應該也會讓空軍的殲 -20 具備重要的輔助能力。

紀事：殲-20 在服役中茁壯成熟

2016 年 11 月 01 日　一對殲-20 在珠海航展的開幕式上進行了簡短的飛行表演，這是中國人民解放軍空軍殲-20 的首次公開亮相。這兩架戰鬥機在幾個月前交付給解放軍空軍，但並未被視為已開始服役或已投入使用。

2017 年 11 月　在正式服役的八個月後，殲-20 與轟-6K 轟炸機、空警-2000 和空警-500 空中預警管制機、殲轟-7 飛豹打擊戰鬥機以及殲-10 和殲-11 戰鬥機，一起參加了當年在鼎新基地舉行的「紅劍」軍事演習。三個月後，它的參演才獲得確認。當時中國官媒稱殲-20「在紅劍 2017 的紅、藍體系對抗軍演中發揮了重要作用，為空軍新型作戰能力的提升奠定了基礎。[303]」

2018 年 1 月　中國人民解放軍空軍進行了一系列大規模的實彈演習，用來測試殲-20 和殲-16 的能力。這項消息的宣布是中國官方對於殲-20 有參與任何一種類型軍事演習的首次公開確認。殲-20 飛行員陳瀏將過去幾個月參與駕駛新型匿蹤機殲-20 的飛行員任務，比喻成「白帽駭客」和電玩遊戲測試員，因為這些飛行員的主要工作就是要在下一次任務或演練之前，揪出機械或軟體上的錯誤並進行修正或偵錯，讓飛機之後可以被正常使用。這些飛行員還要負責為解放軍的其他部隊編寫殲-20 的駕駛手冊。殲-20 在協同演習時，就被同時部署在中國全國各地的空軍基地。出身自知名空軍世家的陳瀏，外公就是大名鼎鼎的空軍中將劉玉堤。

① 殲 -20 在 2016 年的珠海航展上左轉彎。（Alert5 攝／取自 Openverse）
② 殲 -20 在 2018 年珠海航展亮相。（取自中國軍網／王衛東）

劉玉堤是一名米格-15的駕駛飛行員,在韓戰期間擊落了八架美軍戰鬥機。劉玉堤的戰績也象徵著解放軍空軍憑藉著新型空中優勢戰鬥機,光榮捍衛著北韓領土上空的歷史記憶片段[304]。

2018年2月9日 中國人民解放軍空軍宣布殲-20已經達到戰備狀態,解放軍空軍新聞發言人申進科強調,殲-20將提升解放軍空軍的綜合作戰能力,強化解放軍空軍維護國家主權、安全和領土完整性的能力[305]。中國人民解放軍空軍指揮學院資深研究員王明志指出,解放軍空軍在殲-20開始服役僅十一個月後就達成這樣的成果,顯示中國空軍「可以用比世界上其他大國空軍更快的速度,將先進的技術轉化為戰鬥力。」當時中國國防專家普遍認為,殲-20「現在已經比美國預期的時間提早好幾年準備就緒」,將可以起到「震懾美國」的作用[306]。

2018年5月9日 中國人民解放軍空軍新聞發言人申進科宣布,殲-20部隊開始進行海上訓練,並表示:「殲-20首次在海域上執行作戰訓練任務,將可以進一步強化解放軍空軍的綜合作戰能力……有助於空軍更好地肩負起維護國家主權、安全和領土完整的神聖使命。」他補充,殲-20的飛行員訓練進展順利[307]。申進科隨後於5月12日宣布,殲-20自服役以來,已與殲-16和殲-10C等其他戰鬥機一起參加了實戰空戰訓練,並在對抗演習中扮演了重要角色[308]。

殲-20開始進行海上訓練的消息,宣布於解放軍在南海有主權爭議的南沙群島三個島礁,永暑礁、渚碧礁和美濟礁

上，部署鷹擊 12 反艦飛彈、紅旗 -9B 防空飛彈系統和先進電子戰系統的幾天後，凸顯了殲 -20 在支持中國更大範圍的海上反介入／區域拒止能力方面，可以發揮的重要作用 [309]。解放軍海軍的殲 -11BH 戰鬥機是殲 -20 的直屬前代機型，自 2015 年以來就一直被部署在南沙群島上 [310]。

2018 年 5 月的第三週 在台海局勢高度緊張之際，中央電視台一檔關於台海衝突的節目強調，殲 -20 可能在不久的將來部署到海峽作戰當中。中國人民解放軍國防大學的軍事學者王明亮指出，位於台灣的北京敵對勢力將難以對付中國的匿蹤機。他補充，台北當局會擔心殲 -20「對其領導人或關鍵目標實施精準打擊，」因為殲 -20「可以在台灣上空來去自如。[311]」

然而，許多軍事分析師就懷疑殲 -20 是否會被部署在台灣附近，點明殲 -20 很有可能會被安置在不那麼顯眼的位置，以防止潛在對手有機會對其進行研究。美國空軍 F-22 猛禽戰鬥機在敘利亞上空的行動，就被認為是先進軍機因此被外界獲取寶貴資訊的先例。美國空軍中將維拉琳・傑米生就證實，由於長時間在敘利亞附近行動，對手幾乎是獲得了「滿滿一寶箱」關於 F-22 操作模式的寶貴資訊 [312]。

2018 年 6 月 2 日 中國官媒《人民日報》對殲 -20 在夜間聯合演習中，與解放軍空軍另外兩架新型戰鬥機殲 -16 和殲 -10C 並肩作戰時所扮演的的角色進行了深入報導。「在演習中，殲 -20 飛行員利用殲 -20 在狀態意識和匿蹤方面的優勢取得空中優勢，而殲 -16 和殲 -10C 戰鬥機則負責對地

面目標實施精準打擊。這次演練的目的,是希望充分利用各飛機的不同能力。」報導中詳細記載了飛行員何星也有提到,關於演習中三種機型互補性的應用 [313]。這次演習中分配給殲 -20 的任務,進一步證實了它確實是一款空中優勢戰鬥機。

2018 年 11 月 11 日 珠海航展上一架殲 -20 打開艙門飛行,讓外界得以確認其空對空飛彈的酬載 [314]。與 2016 年的珠海航展相比,這次殲 -20 所進行的飛行表演時間明顯更長,也更具侵略性。

2020 年 1 月 中國人民解放軍空軍出動殲 -10C、殲 -16 和殲 -20 進行聯合演習。中國媒體在這三種機型共同出動時,常喜歡稱它們為「藍天三劍客」。這次出動的殲 -20 來自第 9 航空旅。三種機型在空中組成一種被稱為「戰鬥方陣」的隊形,由兩架殲 -20、兩架殲 -16 搭配一架殲 -10C 協同作戰,由殲 -20 負責對敵機發動突襲,而殲 -10C 則在近距離提供掩護。這樣的隊形排列充分利用了殲 -20 的匿蹤能力和殲 -10C 高超的機動性,而殲 -16 則負責誘敵。另一個情境是派殲 -20 負責尋找並摧毀「敵方防禦系統的戰略節點」,特別是對手的空中預警管制機,而殲 -16 負責打擊移動式的雷達設施,殲 -10C 負責取得壓制敵方戰鬥機的空中優勢。演習中展示了三種戰鬥機之間日益強化的協同作用,而這三種機型的服役數量同時也在增加。除了 F-35,這三種戰鬥機的年產量均遠高於世界上任何其他的戰鬥機。

2020 年 7 月 中國大陸和香港媒體大幅報導,宣稱

殲-20 的改良型殲-20B 已進入批量生產。7 月 8 日，殲-20B 在中央軍事委員會副主席張又俠上將等高級軍事領導出席的典禮上亮相。但除了新增推力向量發動機外，並沒有披露新戰機的任何新功能。一些最大膽的猜測認為，新功能可能包括用來增加內部有效酬載的飛彈架、更強大的感測器和電子戰系統，以及進一步縮小的戰鬥機雷達截面積。

2020 年 8 月　在距離印度邊境與中國存在領土爭議的拉達克地區約 320 公里處的和田空軍基地，據報導出現了兩架殲-20。具備高續航能力的殲-20 可以涵蓋印度大部分空域[315]。在目擊報告的前兩個月，中印兩國在邊境才剛發生過衝突。除卻被部署在戈壁沙漠鼎新試驗訓練基地第 176 航空旅的殲-20（該基地距離印度更遠，而且主要目的是進行測試），這是西部戰區司令部首次已知的殲-20 部署行動。

2020 年 9 月　一架由新手飛行員駕駛的殲-20 在模擬空對空作戰中，面對來自各個方向接近的目標，毫髮無傷地擊落了十七架戰鬥機的消息被廣泛地報導。消息來源是出自軍方媒體《解放軍報》的一篇報導，當時在報導中雖然沒有特別點出達成這項成績的戰鬥機是不是就是殲-20 戰鬥機，但有證實是出自第 9 航空旅的戰鬥機——而第 9 航空旅並沒有殲-20 之外的戰鬥機[316]。以殲-20 來說，這樣的擊落比是非常合理的，尤其如果它的對手是比較老舊的解放軍空軍戰鬥機，例如尤其像武器裝備和航電系統還是三十年前科技的殲-11A 戰鬥機。比較值得注意的反而是一名只有一百小時飛行經驗的菜鳥駕駛，就能達成這樣的成績，表示硬體科技

可以彌補飛行員技能可能不足的程度正在不斷增加。這個情況與美國空軍報告所提出的發現有異曲同工之妙。美國空軍也發現，一名只有在訓練期間飛過七、八次 F-35A 的菜鳥飛行員，在駕駛 F-35A 時的表現，一樣可以輕鬆超越駕駛老式第四代機的資深飛行員[317]。這樣的測驗結果深深影響了中美兩國空軍對於未來戰鬥機採購優先順位的排序方式。

2021 年 4 月 4 日 在清明節這個中國傳統上要祭祖掃墓的節日，中央電視台大力宣傳殲 -20 飛行員對參與韓戰中國飛行員致敬的新聞。他們主要強調英雄飛行員孫生祿所在的王海大隊王牌部隊（第 9 航空旅）已經配備殲 -20，再次將中國戰鬥航空最輝煌的歷史記憶與殲 -20 計畫緊密地聯繫在一起。殲 -20 的飛行員孫騰當時就說：「新時代的空軍飛行員要繼承『空中拼刺刀』的精神，練兵備戰、隨時待戰、隨時能戰，堅決捍衛國家主權和民族尊嚴。[318]」殲 -20 被發現在「匿蹤模式」下進行演練時，並沒有使用龍柏反射透鏡，而中國國家官媒對此所下的註解就是殲 -20 已經達到了更高一層的戰備狀態[319]。

2022 年 1 月 《環球時報》報導稱，北部戰區司令部下轄的殲 -20 部隊，很有可能就是第 1 航空旅的「王牌部隊」，「在新的一年裡開始了密集的模擬實戰訓練」，要與殲 -11B、殲 -16 和中國人民解放軍空軍的其他戰鬥機進行對抗。據報導，殲 -20 在模擬戰鬥中刻意使用龍柏透鏡使其匿蹤能力失效，因此這是一場比較勢均力敵的戰鬥。最終，第五代的殲 -20 還是以其除了匿蹤能力之外的優異性能戰勝

了對手。殲-20 與其對手在模擬訓練中曾一度同時向對方開火，但都可以藉由高 G 機動躲避對手發射的多枚模擬飛彈。部分二對二的模擬戰鬥長達一小時以上，而其他演練則包含針對群體目標進行的實彈攻擊。

殲-20 在一些夜間演練時會不使用龍柏透鏡，旅長李凌大校解釋：「在夜間空戰時，殲-20 會利用匿蹤能力優勢執行超視距作戰任務，扮演空中指揮官的角色，在戰鬥中主動出擊。」在某次模擬交戰中，殲-20 與被認為是中國人民解放軍空軍整體能力第二強的殲-16 進行了二對二交戰。《環球時報》援引專家說明指出，這些演習將為第五代之前的戰鬥機部隊提供如何應對第五代機目標的經驗，從與殲-20 交戰中汲取到的教訓，很可能可以被應用於對付 F-35 戰鬥機和其他匿蹤目標 [320]。

根據中國官媒的報導，殲-20 在對陣殲-16 時，會「利

夜間的殲-20。（取自微博「央广军事」）

用其匿蹤和攻擊能力優勢，實現先發現敵人、先發射飛彈、先脫離戰鬥、先摧毀目標的戰術目標。」不過，殲-20 至少有一次以上被對手在攻擊範圍內發現並瞄準，只不過它們設法躲開。這些演習結果和參與演習飛行員的回饋意見，有可能影響中國人民解放軍空軍未來對殲-20 的採購投資。原本殲-16 已經被廣泛認為是世界上最先進的改良版側衛家族戰鬥機，也就是最強大的非匿蹤機之一，所以如果殲-20 被證明在性能上可以壓倒性地勝過殲-16，就有可能加快殲-16 停產的決定。然而如果殲-16 仍有能力挑戰具有完全匿蹤能力的殲-20，那麼殲-16 就可能會繼續生產更長一段時間[321]。

在 2000 年代，美國空軍曾試圖用第五代的 F-22 與第四代機進行過類似測試，結果匿蹤機在與使用機械式掃描陣列雷達的 F-16 和 F-15 進行模擬交戰時，取得了壓倒性的勝利。當時駕駛 F-15 與 F-22 進行模擬對抗的戰鬥機飛行員約翰·泰克特上尉，在談到對手的優勢時表示：「這就像棒打小海豹一樣容易。」同樣參加了模擬對抗的飛行員傑瑞米·杜爾許上尉也把 F-22 的優勢稱為「棒打小海豹。[322]」然而中國先進的第四代機，如殲-16 和殲-10C 配備了比美軍第四代機與 F-22 進行演練時所使用的機械掃描陣列雷達，強上好幾倍的主動電子掃描陣列雷達以及紅外線追蹤系統、現代資料鏈路和反匿蹤戰術訓練，所以成功挑戰殲-20 和 F-22 等第五代機的機會要大得多。殲-16 和殲-10C 本身也具備一些有限的匿蹤能力，而且配備更強大、使用慣性主動電子

① 渦扇 -10C。（微博用户「飞扬军事铁背心」攝）
② 裝載於殲 -20 戰鬥機的渦扇 -10C 發動機。（微博用户「飞扬军事铁背心」攝）

掃描陣列雷達導引系統的霹靂 -15 飛彈，這些都是殲 -16 和殲 -10C 所具備的其他重要能力，不過先進的雷達技術和資料共享能力可能是拉近它們與第五代機之間差距的最重要因素。雖然第五代機的確具有優勢，但與其他更基礎的第四代機在面對第五代機時面臨的「小海豹」地位相比，這些非常高端的第四代機對第五代機來說仍然具有挑戰性。

2022 年 3 月　美國太平洋空軍司令、空軍上將肯尼斯·維巴赫證實，殲 -20 和 F-35 在中國東海上空發生了首次遭遇[323]。這是中美雙方第五代機的首次交鋒，而中國是世界上唯一一個在西方勢力範圍之外，有能力以中隊規模出動第五代機的國家。前美國太平洋空軍副司令大衛·德普圖拉中將（已退役）當時在與維巴赫進行對談時強調：「顯然第五代機在太平洋地區將變得愈來愈重要。[324]」

2022 年 4 月的第二週　中國人民解放軍空軍被證實首次

部署殲 -20A 戰鬥機在東海和南海上空進行例行巡邏。《環球時報》指出，此舉要歸功於殲 -20A 裝備的新型渦扇 -10C 發動機。稍早前的一個星期，美國的航空母艦群才剛被部署至該區域——這是美國航母群在這十年來首次部署於此——而解放軍空軍此舉也被認為是反映了他們對殲 -20 的能力愈來愈有信心。《環球時報》稱此次部署旨在「更好地維護中國領空安全和海上利益。」成都飛機工業集團發言人任玉琨強調，兩海巡邏現在已被視為殲 -20 部隊的「例行訓練」[325]。

澳洲格里菲斯亞洲研究所客座研究員彼得・雷頓當時就向美國有線電視新聞網 CNN 表示，中國透過在東海與南海展開新巡邏任務要向世界傳遞的訊息是：「任何侵入中國東海和南海領空的外國軍機，現在都有可能遭到殲 -20 戰機的攔截。」中國人民解放軍空軍「現在擁有一支與美國不相上下的先進匿蹤機機隊，而美國目前依舊代表全球戰鬥機水準的標竿。」雷頓強調，殲 -20 的高續航能力將使其能比其他戰鬥機前往更遠的海域巡邏，並在中國聲稱擁有主權的海域巡邏更長的時間。他補充，美國和日本將對出巡的殲 -20「密切收集電子情報資料」，以瞭解其匿蹤特性和通訊情況[326]。

2022 年 6 月　殲 -20 戰鬥機首次確認備部署用於識別進入中國防空識別區的外國軍機。事件發生在東海上空，兩個月後才被報導出來。國家官媒強調殲 -20 的光電瞄準系

統、光電分散式孔徑系統及其主雷達，在針對尤其是駐紮在該區美國匿蹤機的識別任務中的價值 [327]。

2022 年 8 月 3 日 做為對美國眾議院議長南西・裴洛西訪問台北的直接回應，北京當局宣布在台灣海峽周圍舉行史無前例的實彈軍事演習。在這些演習中，殲 -20 戰鬥機扮演非常重要的角色。演習目的既是在為以武力手段解決海峽兩岸技術上仍在進行中的內戰做好準備，也是為了遏止台灣執政的民進黨政府可能激起的分裂主義聲浪。據報導，在演習結束後，殲 -20 被更頻繁地部署到台灣附近巡邏。

2022 年 9 月 殲 -20 被指派護送運 -20 運輸機從南韓運回在韓戰中陣亡的中國士兵遺骸。官媒《環球時報》將此次新型匿蹤機的部署描述為「不僅是向 ...... 烈士致敬，也展示了現役殲 -20 的數量正不斷增加。[328]」殲 -11B 此前也曾被指派前往南韓執行這個具有高度象徵意義的解放軍戰士遺骸遣返護航任務，而中方評論員廣泛地將殲 -20 的使用，進一步評論為是韓戰歷史記憶中，戰鬥機重要性的展現。殲 -20 將繼續部署執行此類護航任務。第十批士兵遺骸已於當年 11 月交付。[329]

2022 年 10 月 有報導稱，在東海上空進行戰鬥巡邏的殲 -20，被部署用於攔截和驅趕外國戰鬥機。依照任務執行地點推算，這些飛機很可能來自美國或日本。美國和日本都是主要有在操作 F-35 的國家，而報導中將目標戰鬥機被稱為「類似殲 -20 或其他的先進戰鬥機」，可能就是在暗示此次事件是殲 -20 與 F-35 這兩種匿蹤機的再次相遇 [330]。

2023 年 1 月 中央電視台播出的畫面顯示，殲 -20 戰鬥機「出色地完成了東海防空識別區的例行巡邏和控制任務」，並緊急起飛攔截入侵識別區的外國戰鬥機。畫面上王海大隊（第 9 航空旅）的飛行員楊俊成和魏鑫緊急起飛，攔截兩架來歷不明的外國飛機。魏鑫駕駛的殲 -20 用英語告訴對方：「這裡是中國空軍。你們進入了中國的防空識別區。請報告你們的國籍身份和飛行目的。」隨後，中國社群媒體上出現了大量猜測，認為畫面中顯示的攔截對象為美國 F-35 戰鬥機——這是最常出現在該區空域的外國戰鬥機之一。身為中隊指揮官的楊俊成在談到自己肩負的職責時表示：「不論空中出現什麼情況，哪怕是犧牲，我們所站的位置絕對不會後退。[331]」飛行員魏鑫在談到南至靠近台灣海峽區域的巡邏任務時認為，這凸顯了殲 -20 做為遠距匿蹤機的作戰範圍非常廣闊，從蕪湖基地出發也可以覆蓋多個作戰熱點 [332]。從 2023 年 1 月開始，殲 -20 所參與的軍事演習日益複雜，也被分析師認為是其作戰能力正在提高的徵兆 [333]。

2023 年 7 月 27 日 中國人民解放軍空軍舉行「抗美

王海大隊大隊長楊俊成。

援朝戰爭勝利七十周年」的韓戰紀念活動，來自王海大隊的張弘上校在觀摩一架米格-15展示機時說：「可以想像當年我們的前輩用它們（米格-15）跟世界頭號空軍強國對抗，而且還能取得輝煌的戰績，是多麼的不容易。」他還說，王海大隊是從朝鮮半島的血與火中嶄露頭角，王海大隊隊員會繼續發揚這種精神。中國官媒藉由王海大隊及其隊名背後所代表的韓戰英雄，再一次將韓戰記憶與殲-20的地位連在一起，強調王海大隊是中國人民解放軍空軍當中，第一支配備了米格-15直屬後繼機型殲-20戰鬥機的作戰部隊[334]。殲-20已經在前一天的長春航展開幕式上盛大亮相，而且表演了特技飛行，以紀念中國在韓戰所取得的軍事成就[335]。

- ## 服役數量

2017年10月，中央電視台第四頻道報導稱，殲-20已進入「穩定」的大規模生產階段，這被解讀為以固定的定期速度進行系列生產[336]。當年有報導稱，到2020年底將生產多達100架殲-20戰鬥機[337]，考慮到這些戰機將以快速的頻率開始服役，這一數字並不被認為是不切實際的。在殲-20進行首飛的十年，也就是投入生產的五年後，到了2021年初，中國人民解放軍空軍已有四支部隊部署了殲-20戰鬥機，再加上其他已經製造完成但尚未加入中國人民解放軍空軍的殲-20數量，他們確實很可能在2020年底前就生產了一百架甚至更多的殲-20。與其他新型戰鬥機一樣，殲-20一開始的生產率相對比較低，之後就開始不斷攀升。

想要追蹤現役殲-20數量的方式主要有兩種，其中一種是透過觀察新機體照片上的序號來推算殲-20的總數量。不過從2011年到2016年殲-20正式服役之前這段時間，殲-20在成都飛機工業集團被拍到的照片相對比較多，但後來這類照片就少了很多，也就意味著在航空展或其他活動中看到新的殲-20以後，觀察者往往會大幅修改他們統計到的殲-20數量。

第二種統計方式則是考察新航空旅接收殲-20的速度。因為隨著向新部隊獲得交付殲-20的時間間隔愈來愈短，代表殲-20的生產速度也正迅速提高。這個結果並不令人意外，2017年10月、2021年10月以及後來在2022年11月，都曾出現過殲-20生產規模擴大的相關報導[338]。2021年12月，成都飛機工業集團宣布已於2021年第四季擴大了殲-20的生產規模，且殲-20計畫取得了包括研發出採用國產發動機、性能更強的殲-20A改良機型的進展，也是促成成都飛機工業集團決定擴大產量的原因之一[339]。外界將成都飛機工業集團的這項決定稱為進入「全面量產」[340]。中國官媒《環球時報》當時就援引了軍事航空專家傅前哨所言報導：「我們在很短的時間內，就能看到殲-20被整個東部、南部、西部、北部和中部戰區司令部投入使用，成為維護中國主權和領土領空安全的主力。[341]」

2021年10月8日，《空軍雜誌》指出中國人民解放軍空軍可能已經有一百五十多架殲-20戰鬥機正在服役中，而且他們還在擴大生產規模[342]。該雜誌由總部位於維吉尼亞

州、與美國空軍關係密切的專業軍事和航太教育協會「空軍協會」負責出版。在 2021 年珠海航展上，十五架殲 -20 戰鬥機進行了編隊飛行，另有一組殲 -20 停在跑道上。就算以現役該戰鬥機是一百架去計算，珠海航展上其出現的數量就將近整個機隊總量的五分之一，顯示解放軍空軍確實擁有相當數量的殲 -20。當《環球時報》詢問殲 -20 副總設計師王海濤，中國航空工業「現有產能能否滿足空軍需求」時，王海濤回答：「只要空軍有需要，航空工業能滿足任何需求」，而在研發生產週期方面，「尤其是殲 -20 這種裝備，在設計、製造、實驗、工藝等等各個方面都要加速。[343]」中國專家當時稱，殲 -20 高頻率的演習顯示殲 -20 機隊的規模確實很大 [344]。11 月時，殲 -20 總設計師兼中航工業副總經理楊偉暗指殲 -20 的機隊規模比之前估計的還要大 [345]。

2017 年 10 月，成都飛機工業集團專家預測殲 -20 機隊的規模在 2020 年底前將超過一百架 [346]。也就是說，殲 -20 預計在未來三年內的年產量將超過 30 架。這就意味著殲 -20 的生產率是其他任何雙引擎戰鬥機的兩倍多，僅次於單引擎的 F-35 和殲 -10C。有報導指出，殲 -20 戰鬥已於 2021 年 12 月進入全面量產階段 [347]，表明殲 -20 將開始實現更高的交付率。根據 2022 年 11 月珠海航展上看到的殲 -20 新序號顯示，機隊數量至少已經達到約一百八十架。以此估計，2022 年殲 -20 的年交付量約為七十架。從這個角度來看，F-22 平均每年生產 19.4 架，2009 年達到產量巔峰的二十四架 [348]；而蘇愷 -57 預計在 2025 年前，每年生產約十四架。

第四代主要的重型戰鬥機 F-15QA/EX 和蘇愷 -35 的年產量分別為十二架和十四架左右。

　　儘管美國分析師在 2022 年初估計有「約兩百架殲 -20」在服役中的說法，受到許多分析師的嚴重質疑[349]，但 11 月觀察到的新序號卻堅定了外界對於殲 -20 機隊規模確實大得多，交付量也大幅增加的共識。在成都飛機製造基地拍攝到的衛星影像顯示，殲 -20 的生產線還有可能更進一步地大幅擴張。而一些未經證實的報導則稱，殲 -10C 的生產甚至可能轉移到其他地方，以便更加集中生產更多的殲 -20。產量的增加促使解放軍投入更多資源讓新一代飛行員接受更好、更快的培訓計畫，以便跟上時代的腳步。位於河北省的中國人民解放軍空軍石家莊飛行學院打響了諸多訓練改革的第一炮[350]。由於這些生產增加，中國人民解放軍空軍在 2020 年代初被估計每年接收的新型戰鬥機數量超過任何其他空軍，大約比美國空軍多出 14 至 20％。這符合中國在 2020 年以後超越美國在軍事裝備支出方面的趨勢[351]。

　　從殲 -20 的生產數量來看，其直屬前代機型蘇聯蘇愷 -27 戰鬥機，雖然多年來同樣只備生產用來供自己國家內部使用，但每年仍保持近一百架的交付量。F-22 也曾預計每年生產量達到約六十架，但後來大部分的生產計畫都被取消[352]。依照機體顯示的序號，殲 -20 的交付量在 2022 年達到約七十架[353]，2023 年交付量將進一步增加至八十架的殲 -20 戰鬥機。無論是西方或中國的消息來源都表示，殲 -20 的年交付量將增至一百架以上；在 2025 年時可能達到每年

一百二十架左右[354]。

殲 -20 從 2021 年年底開始，就成為世界上唯一一架可以被說是「全面量產中」的第五代機，也是第五代機中，第一架達到這種生產規模的戰鬥機機型[355]。相較之下，F-35 已經被五角大廈拒絕授權進行全面量產，蘇愷 -57 的生產量也非常有限。當時，廣泛的性能問題和生產瓶頸引起了對擴大 F-35 生產可能性的嚴重疑慮。[356]。而訂單量減少了 75% 的 F-22 產量，則從未超過原先計畫全面量產產量的 40%[357]。

第四章

戰鬥機研發的工業基礎、
高科技應用與輔助

美國軍工產業收縮與中國產業優勢

縱觀歷史，一個國家軍事研發及工業基礎的規模和複雜程度，一直是決定其所能生產武器裝備複精密程度和品質的關鍵因素，對於像戰鬥機這類更高端、更複雜的軍事資產，這一點尤爲明顯。進入廿一世紀後，隨著愈來愈多關鍵國防科技的進展都仰賴民用經濟部門的創新，而不像過往多是由國防科技帶領民用科技成長，民用高科技產業對於國防部門的重要性與日俱增。就如同其他最複雜、最科技密集產品的研發與製造，要具備得以順利研發與製造第五代機的能力、效率和成本效益，自然就與一個國家的工業和科技部門水準息息相關。所以如果想要了解殲-20 所造成的現象，以及殲-20 相對於其美國對手戰鬥機之間的定位，在沒有對形塑

中美兩國國防部門與更廣大科技部門及工業基礎主流趨勢進行簡短評估的狀況下，就無法對整體情況有更全面的了解。

　　冷戰結束後，中國許多領域的工業與高科技水準在規模或是精密程度上都領先全球。這一點也直接表現在中國有能力在第一個第五代機計畫，就以相對順利的進程與相較其他競爭對手更短的時間推展研發工作。美國第五代機研發計畫遇到的許多困難與推延，以及俄羅斯第五代機計畫所遭遇更嚴重的推延和侷限，同樣反映了在同一個時期，美俄兩國工業部門皆面臨的衰退情況，而且俄羅斯還要加上研發部門急劇萎縮的問題。殲 -20 的總設計師楊偉將殲 -20 稱為「改革開放四十年，中國航空工業發展成就的代名詞。[358]」殲 -20 強大的國際地位因此可以視為中國及其對手在科技部門、國防部門和範圍更大的經濟領域上，各種趨勢廣泛交流之下的產物。

　　比較中國與其他國家的工業基礎狀況，讓中國工業水準相對強大的一項關鍵指標與催化劑，就是中國擁有人口數龐大的高科技製造業所需技術勞動力。正如《紐約時報》早在 2012 年就曾經報導，中國「所能提供的工程師規模讓美國完全無法望其項背，」並且中國可以用二十倍快的速度召集到所需技術人員，這些技術人員「靈活、勤奮」而且具備的「產業技能水準遠超過他們的美國同行。[359]」就拿美國最大的資訊科技公司蘋果來說，蘋果公司執行長提姆‧庫克在 2017 年就觀察到，蘋果的中國員工普遍具備最先進產品生產設施所需要的科技技能水準：「他們的技能水準簡直令人

難以置信⋯⋯在美國，你如果想跟模具工程師開會，出席人數可能一間會議室都坐不滿。但是在中國，開一次會出席的工程師人數，大概可以坐滿好幾座足球場。[360]」庫克還說：「單一廠區就可以提供的技能數量⋯⋯以及技能類型也很驚人。我們所生產的產品需要非常先進的模具，而模具本身需要具備的精準度與材料加工方面的要求都是最高規格。這裡的模具技術非常精湛。[361]」他指出，中國的教育體系讓勞動力得以培養出「非常深厚」的職業專業技能，且中國對職業教育方面的重視遙遙領先其他國家，爲中國的工業發展帶來顯著的優勢[362]。庫克前一任的蘋果執行長史蒂夫・賈伯斯也曾多次發表類似言論[363]。

遙想第二次世界大戰期間，活塞引擎戰鬥機的組裝工作，還可以在相對較少的轉換培訓後，交由來自普通汽車裝配線上的工人負責。但隨著戰鬥機製造領域進入噴射機時代，製造每一代新戰鬥機所要求的技能水準門檻都在急劇上升。所以中國製造業與工程技術人才的普及，在殲-20這樣的國防產品製造上就是一項極大優勢。一個明顯的例子就是，美國想要擴大 F-35 規模所碰上的一大困難，就是哪怕他們已經有長達十年的後續訂單可以支持現階段工作所需之經費，但跟中國殲-20 預計只需要相對來說很小一筆的費用，就能達到的生產速度與流暢性相比，讓分析師一直認爲美國工廠主要面臨的瓶頸就是缺乏技術性勞工，而這也是 F-35 與其他先進軍事資產無法加快交付速度的關鍵因素[364]。

除了享有豐沛技術性勞動力帶來的顯著優勢，供應鏈的

集中也是進一步讓中國高科技工業基礎可以比美國高科技產業更具優勢的一項因素[365]。正如《紐約時報》曾引述蘋果公司一位前高階主管說的：「現在整個供應鏈都在中國。需要一千個橡膠墊圈？隔壁工廠就有。需要一百萬顆螺絲？兩條街外的那家工廠也有。需要稍微特別一點的螺絲？車程距離三小時外的工廠就可以解決。[366]」東北亞市場的供應鏈集中程度，是蘋果這類公司試圖在美國生產高科技產品時會面臨到的一項嚴重阻礙，所需物料或零件都必須從很遠的地方運來生產線。這樣的趨勢也讓美國公司愈來愈依賴中國，即便是在電信通訊這類具有關鍵戰略意義的民用科技領域，西方國家往往也找不出其他可以取代已經高度參與生產過程的亞洲上游的替代選項[367]。

如果只看美國的國防部門，工業衰退幅度雖然因為受到政府某種程度保護的緣故，並沒有像民間工業部門這麼嚴重，但從 1990 年代開始，美國國防部門就因為沒有穩健的民間工業基礎支持，而無法在維持同樣效率的情況下順利運行。2018 年一項由白宮下令、五角大廈負責調查的審查報告發現，軍方已經開始嚴重依賴外國產品，尤其是來自中國的產品。一位不願具名的美國官員針對這項發現向路透社記者透露：「人們過去認為將製造基地外包給別的國家，不會（對國家安全）造成任何影響。但現在我們知道，情況並非如此。[368]」審查報告中指出，「目前美國國內製造業和國防工業基礎的所有面向都面臨威脅」，並強調數十年的衰退使美國整個「國內工業瀕臨滅絕——逼得五角大廈不得不往海

外尋求其他供應來源。[369]」

《華盛頓郵報》針對該份審查報告的發現做出以下結論：「為美軍服務的龐大供應鏈已經開始依賴低成本的外國零組件……官員們說，工具機、紅外線探測器和夜視系統這些東西主要由外國供應商提供，這就讓人懷疑一旦遇上持久戰，美軍是否還能獲得這些裝備。」這在一定程度上也是「採購系統崩壞」所造成的結果[370]。審查報告還指出，隨著 2008 年後國防預算進一步被削減，特別是從 2010 年代初期到中期這段時間工業規模的急劇萎縮，造成多家壟斷性企業因此誕生，導致市場力量無法像過去那樣支撐多家供應商進行合約競標，從而降低最終產品的性能並增加國內生產產品的採購成本。幾乎就與所有其他關於美國國防部門現狀的報告一樣，這份審查報告同樣點出了美國工程師和軟體開發人員等技術性勞動力的嚴重短缺[371]。

美國依賴中國的領域主要包含微電子產品、積體電路和電晶體，它們皆被廣泛應用在衛星、導引飛彈、戰鬥機和通訊系統等軍事硬體中。美國國防記者布雷特・廷格利是眾多因此做出以下總結的記者之一：「目前，大多數的美國科技幾乎完全依賴外國製造的電子產品，無論是在國防部門或是民生消費領域。」他強調，這對美國民間高科技部門和國防部門的競爭力造成非常嚴重的影響[372]。對中國製造的依賴程度之廣泛，還不只是電子產品，另一個更廣為人知的例子，就是用於生產地獄火飛彈的化學品丁三醇。

外交期刊《國家利益》的分析師們強調，美國武器庫中

的「一大塊」是中國製造的，顯見高科技的供應鏈正集中在中國以及更廣大的東北亞地區。《國家利益》還指出，美國想要逐步脫離中國製造的做法因為可行性非常有限，所以大概會是「只聞雷聲響，未見雨點來。」他們的結論是：

「因為美國缺乏國有化的國防承包商，所以就只好依靠民間私有的國防軍火商來滿足軍事生產的需求。而這些私人企業……會堅持要將成本最小化、利益最大化。這其實就是全球化的本質，也是美國製造業之所以會不斷將業務外包出去的原因。中國製造的產品也因此才會佔據份額這麼大的美國市場……從國家安全的角度來說，美國製造才是最合理的選項，可是這樣一來美國納稅人就必須願意為『西雅圖製造』，而非『上海製造』的產品支付額外費用。」

評估報告中還補充：「五角大廈試圖透過購買現有產品而非客製化裝備的方式節省開銷，但民間商業部門還是仰賴中國製造的零組件，尤其是中國製造的電子產品……所以想要轉型成『美國製造』既不便宜也不容易。」這項論點主要也是在強調，當全球供應鏈已經大規模轉移到了東亞地區，「還有沒有可能做出純粹『美國製造』的武器？[373]」特別是當國防生產的產品愈來愈複雜、中間需要投入的資源愈來愈精細，這個情況就愈來愈難被忽視，於是在戰鬥航空工業就更是造成令人難以忽視的問題。

冷戰結束前的幾年，雷根和老布希時期政府高額的國防

支出水準，讓美國國防部門在早期得以不受國內工業衰退的影響。但隨著國防開支在 1990 年代大幅削減、生產基地開始萎縮，美國對海外國防供應商的依賴程度就開始日漸增加 [374]。德裔美國科技億萬富翁彼得·提爾 2021 年在與美國前國務卿麥克·龐培歐交談時總結，冷戰結束後「軍事預算縮減，但國防工業也出現了令人難以置信的整併。這種整併實際上意味著資金的使用效率降低——尤其是在研發方面。所以我們花的錢愈來愈少、效率也愈來愈低，於是國防系統的效益在 1990 年代出現了大規模的衰退。[375]」從 1992 年至 1996 年間，情況惡化得更加迅速。一開始是冷戰結束所帶來的震盪，但這個影響在之後又延續了很長一段時間。在廿世紀末、廿一世紀初的世紀之交，部分對於軍事採購來說至關重要的工業基礎遭到削弱的情況變得愈來愈明顯。美國在飛機零組件和發動機等關鍵系統的國內生產都急劇衰退，而製造商在預算減少又必須提高效率的壓力之下，往往就將業務外包給海外。

五角大廈的年度工業能力報告證實，雖然國防工業持續創造可觀的利潤，但美國國內無法自行供應的關鍵零組件數量卻愈來愈多。利基型製造商的倒閉和技術技能的缺乏是主要原因，同時也代表了更廣泛工業衰退趨勢的冰山一角。光是在 2018 年，白宮下令對國防部門進行五角大樓主導的審查的那一年，發現的問題範圍涵蓋了從一家生產導彈零件的關鍵廠商已經倒閉超過兩年，到許多飛機零組件的關鍵供應商都面臨「長期財務風險和破產危機」等狀況。2018 年的

報告只不過是眾多指出美國正面臨「一整個世代的工程師和科學家都缺乏構思、設計及建造新型且具備先進科技戰車經驗」問題報告中的最新一份資料 [376]。這些問題報告點出了美國國防製造的過程中，有大量的關鍵零組件都是由缺乏競爭力的利基型製造商所生產。政府補貼只能暫時緩解工業衰退的腳步，但這絕對不是真正可以解決問題、一勞永逸的辦法 [377]。

供應商多樣性的萎縮，造成成本上升、效率降低和冗餘產能減少。工業能力報告中指出，「依賴單一和唯一的供應商來源、產能不足、缺乏市場競爭、缺乏勞動力技能和需求不穩定」將帶來巨大風險 [378]。他們還引用美國勞工部的統計資料，預測技術性勞工的數量將以更快的速度急劇減少，進一步影響業界滿足市場需求的能力 [379]。美國國防部採購、技術和後勤副部長艾希頓・卡特早在 2009 年就曾警告，「這些勞工掌握的技能非常罕見，在商業界也很難被複製，如果任其流失，未來會很難重建」，並就這些技能短缺的潛在後果強調，「想要擁有世界上最好的國防工業和科技基礎不是天上會自己掉下來的禮物。[380]」

美國國防工業協會的報告指出許多與五角大廈報告和白宮審查報告相同的趨勢。美國國防工業協會主席兼執行長、退役空軍四星上將赫伯特・「老鷹」・卡萊爾強調，現在美國國防工業面臨的很多嚴重問題都是來自「依賴供應鏈中的單一製造商、依賴不穩定或不友好的外國供應商提供關鍵零組件……報告中也點出了讓這些問題更加雪上加霜的情況，

就是現在有許多頂尖人才都流向矽谷的新創企業，而不是加入著重國防發展的產業。」他認為現在存在一種「對於美國軍事優勢地位會一直繼續保持領先地位的偏差想像」，而美國國防部門現行的發展趨勢，只會讓美國離這個偏差想像被實現的距離愈來愈遙遠[381]。

美國國防工業協會的報告點出企業在工業安全惡化、材料和技術性勞動力稀缺且成本高昂情況下所面臨的困境，並顯示供應鏈安全是國防部門目前為止面臨的最大問題[382]。這其中又被普遍強調的是好幾家原本有能力可以投標關鍵國防合約的業者正急劇萎縮的問題。美國國防工業協會副主席韋斯·霍爾曼指出波音公司和洛克希德·馬丁公司這兩家業者在戰鬥機航空市場的雙頭壟斷，表示雖然在冷戰時期「有能力生產戰鬥機的國防業者數量要用兩隻手才數得完，但現在我們基本上只剩下兩家公司了。這件事情非同小可，而戰鬥機航空之外的國防工業部門也出現了類似情況。[383]」美國戰略司令部的 C·羅伯特·凱勒上將同樣表示：「自從進入太空時代至今，我們幾乎不曾如此依賴數量這麼少的業界供應商。[384]」類似的趨勢也出現在西方世界以及俄羅斯。冷戰後俄羅斯的工業衰退情況更嚴重，迫使原本在自由競爭市場上生產競爭性產品的各家業者逐漸合併成雙頭壟斷或壟斷企業[385]。中國國防部門卻呈現相反趨勢。

早在 2009 年 8 月，美國傳統基金會國家安全政策高級研究員詹姆斯·傑伊·卡拉法諾就曾警告，美國在 2008 年金融危機後的大幅軍費削減，令人對於美國要如何「維持國

防工業基礎」毫無頭緒——注意到這個情況的人也不只他一個。他們的擔憂從後續十年的發展來看，證明並非是杞人憂天 386。當時還有人開始擔心，「美國的工具機產業是否還有能力提供足以取代現有工具的超高精度工具，並在未來持續滿足市場需求。」也有人開始擔心業界都心照不宣的「美國因為缺乏足夠強大的商業化工業基礎，可能將無法提供維持強大國防工業基礎所需的諸多重要產品。」於是就出現了一種惡性循環，即「五角大廈對國防採購全球化的支持，不僅反映出美國工業基礎愈來愈無法滿足國家安全需求的處境，同時也助長了國家整體工業能力的不斷瓦解。」五角大廈向國外外包得愈多，美國國內的工業衰退就愈嚴重；而國內工業衰退愈嚴重，就愈有理由將業務繼續發包海外 387。

國防部門的萎縮不僅限制了可製造產品的範圍，也同時降低了生產效率和產品性能、增加現有可製造產品的製造成本，並對產品創新產生極為負面的影響。作為產業鏈頂端國防承包商的航空業巨擘波音公司和洛克希德‧馬丁公司等大企業，更專注於系統整合而非產品創新。所以「創新研發的重責大任就會被轉移給供應鏈下游的廠商」，由供應鏈下游規模較小，但也是最無力抵抗整體產業衰退衝擊的小公司來負責進行研發。如此一來，國防部門的創新能力就被不成比例地嚴重傷害。蘭德公司的前分析師麥克‧韋伯在觀察到這項趨勢後指出：「如果製造業的支援基礎無法再充分服務創新公司，那麼創新公司競爭力的培養就會受到阻礙，創新研發也就無法向產業鏈上游頂端的整合商轉移。因此，整個創

新食物鏈的健康，乃至整個國家創新體系和國防工業基礎的健康，都有賴於整個體系的基礎——也就是製造業支援基礎——的健康。[388]」產業政策專家從 2010 年代後期開始愈來愈認識到，負責生產產品的那些製造商往往才最有能力創新[389]。

到了 2020 年代初期，美國國防部門的問題已經嚴重到美國政府開始有人考慮，要採取國有化這類激進措施的地步。美國空軍採購執行官威廉・羅柏在 2020 年 7 月表示，國有化將為美國空軍免去現有國防體系在所有權、維護和現代化成本方面嚴重低下的效率問題。他說：「如果美國的國防工業基礎再潰散下去，」國有化就是必要措施。他的結論是：「一切都必須改變，」並說明美國既有人才正從國防部門外流到其他產業的問題[390]。航太顧問諮詢公司蒂爾集團的分析副總裁理查・阿布拉菲亞指出，當美國軍航空部門已經出現希望能被國有化的聲浪，就等於是「承認他們已經一敗塗地。[391]」愈來愈多人，包括美國陸軍參謀長馬克・麥利都說，中國國有化後的國防工業在軍備生產上遠比美國更能符合成本效益原則[392]。

美國國防部門的衰退和更廣泛的產業衰退問題，以及中國自身經濟和科技領域的崛起，都讓殲 -20 因此能夠成為世界上首屈一指的戰鬥機，並完全可以與美國空軍現有的最強戰力戰鬥機一較高下。這些產業趨勢對下一代戰鬥航空器競賽的幾乎所有層面，都具有非常重要的意義。這些層面包括新飛機性能問題的解決速度、生產規模和效率、殲 -20 未來

威廉‧羅柏與 U-2 偵察機。
（維基共享資源／一等兵
達科塔‧勒格蘭攝）

改造後的機型與未來 F-35 衍生機型的比較，以及美國和中
國第六代機各自將擁有怎樣的性能優勢。

　　事實證明，中國國防部門的效率更高、工業基礎也更健
康。除此之外，從 2020 年起，中國在武器採購方面的支出
已經超越美國，成為世界第一 [393]。與美國相比，中國國防
開支中有很大比例是用於向業界下單訂購產品，而獲得訂單
的業者大多數也都在中國境內。這是中國在 2014 年超過美
國的國內生產毛額後發生的，根據國際貨幣基金組織的資
料，在中國更高的經濟增長率的推動下，到了 2020 年，其
經濟規模比美國大了六分之一。[394]。效率上的巨大差異，
再加上中國日益成長的規模優勢，確保一個更有利於中國政

府的軍事平衡出現，並為其未來裝備包括戰鬥機在內，更強大、數量更多的武器裝備，做好充分準備。

人工智慧與殲 -20 研發計畫

到了 2010 年代末期，中國在多個具有軍民雙重應用與戰略顯著性的高端科技領域，漸漸展露出強勢領先的態勢，這對中國戰鬥機及其所整合進入的網路，具有重大意義。大約從 2020 年開始，專家和政策智庫 [395] 愈來愈廣泛地認知到了這一點。例如，澳洲戰略政策研究所在 2023 年指出，中國在 84% 關鍵安全應用領域的科技研究已經超越美國 [396]。在 2020 年代初期，來自中國的團體或組織在越來越多的科技領域取得領先地位。全球提交的專利申請案件中，中國提交的專利申請案件占了近 50%，是美國的兩倍多。與此同時，中國研發的專利數量仍在持續且快速增加。[397]。所以接下來我們就來探討在殲 -20 研發計畫以及殲 -20 戰鬥機的操作上，別具意義的兩大新興科技領域：人工智慧及量子技術。

人工智慧廣泛地被分析師視為具有最重大戰略和經濟影響力的第四次工業革命技術。人工智慧能讓機器在極少的人為干預下，自行「思考」、從資料中學習，並做出準確的評估和預測。人工智慧可以賦予機器的能力範圍，囊括下棋或打撲克牌這類基本功能、處理來自感測器的複雜資料，甚至是自行設計武器。更高級別的人工智慧還可以隨著新獲取的資料進化，訓練自己去學習和識別資料內容——就是所謂

的深度學習。美國前國防部副部長羅伯特・O・沃克在 2020 年 1 月更具體談及人工智慧的國防應用時指出，五角大廈內部「已經可以確定絕對沒有其他任何科技能像人工智慧那樣，對國家安全產生如此深遠的影響。[398]」對於未來的戰爭將會由敵對雙方人工智慧無人戰鬥機隊相互交鋒所主導的預測，在 2010 年代就已經逐漸廣爲流傳。俄羅斯總統普丁曾著名地提出：「當一方的無人機被另一方的無人機摧毀時，將別無選擇，只能投降。[399]」

殲 -20、F-35 以及由其他軍事資產組成，用來支援這兩架戰鬥機的網路，預計將在人工智慧的發展下受到愈來愈多的影響。人工智慧不僅有望在融入戰鬥機系統後發揮更廣泛的功能，也將加速戰鬥機航空工業的進展。一個最明顯的例子就是 2022 年 3 月時，中國宣布他們利用人工智慧設計出了新一代的極音速武器，人工智慧大幅加快了研發速度[400]。一年後，中國的人工智慧已經可以在二十四小時內，完成一艘新型中國戰艦以往可能需要耗費將近一年時間進行的設計工作——而且「準確率達到 100%」，這項技術已經「隨時可以投入工程應用」[401]。除了有可能協助殲 -20 及機隊網路中的許多輔助性資產裝設新一代飛彈外，人工智慧還有望從根本上徹底改變整個中國航空業的設計流程。從減少機體的雷達截面積到提高發動機效率，人工智慧都有可能與人類設計師一起加速和改進軍用飛機的設計。而且隨著人工智慧領域技術的不斷進步，人工智慧設計的應用領域和能力，都有望大幅提升。

人工智慧預計將藉由協助處理來自監視性資產的資料、協助飛行員訓練、支援指揮和控制，以及在維護期間幫忙檢查硬體問題等方式，支援殲-20提升戰鬥力與其他更多功能 [402]。與人力相比，人工智慧在執行這些任務時的效率更高、出錯的可能性更小、成本也更低。人工智慧將加快從行政與後勤，到監視及瞄準的任務執行速度，預計一開始會先取代較簡單工作職務上的傳統人力，接著才會一步一步接下網路戰場和現實世界戰場上的作戰任務。人工智慧預期可以提供的功能，包括從一架殲-20上進行電子和網路戰，到駕駛無人戰鬥機陪伴有人機，再到最後有可能可以自動駕駛原本必須由真人駕駛的一般戰機。

實現全自動戰鬥機的一個墊腳石是人工智慧飛行員與人類飛行員之間的協同作用，無論是作為副駕駛員還是與人類飛行員並肩飛行。美國空軍採購、技術與後勤助理部長威廉‧羅柏將人工智慧副駕駛比作科幻電影《星際大戰》中的機器人 R2D2 [403]，殲-20的總設計師楊偉則強調，人工智慧可以協助人類飛行員處理大量資訊，並幫助人類飛行員在複雜的戰場環境做出決策 [404]。一直以來，報導都稱殲-16或美國 F-15EX 等戰鬥機透過副駕駛座的武器系統官執行攻擊和空對空任務時，都比單人飛行員的戰鬥機具有更顯著的作戰優勢 [405]。尤其單人飛行員要同時處理飛行、操作武器控制並承受高 G 力的負荷可能非常吃力 [406]，人工智慧的副駕駛就有望解決這項不便。

如果不將這些人工智慧駕駛應用在戰鬥機的駕駛艙，也

殲 -20 總設計師楊偉。
（公眾領域照片）

可以讓它們去駕駛半自動的無人「僚機」戰鬥機，伴飛眞人
駕駛的戰鬥機。關於未來眞人駕駛戰鬥機和無人駕駛的戰鬥
機平台會如何協作，美國空軍部長法蘭克·肯德爾在 2022
年 6 月時強調，美國卽將推出的第六代機應被視爲以一架有
人駕駛飛機結合四到五架無人機的飛行器組合，在飛行員的
指揮下「以一個作戰編隊的形式集體出動」[407]。北京《航空
知識》雜誌主編王亞男與其他許多人都推測，殲 -20 可以擔
當無人僚機的操控平台，擔任無人機編隊的指揮官，最終也
可能以人工智慧來駕駛[408]。在人工智慧的發展上取得領先
地位，將是實現操作上述機隊、減少向半自動飛行器下達的
指令數量，並最終以全自動飛行器取代更多眞人駕駛飛行器
的關鍵。

　　由人工智慧駕駛的戰鬥機在 2010 年代末期展開的測試
中，已經開始展現出巨大的潛力。太空探索技術公司執行長
伊隆·馬斯克在 2020 年 2 月的空戰研討會上宣布，鑒於人
工智慧戰鬥機的最新進展，「載人噴射戰鬥機的時代已經
過去了。」「無人機戰爭才是未來戰爭的方向。我並沒有

想要這樣的未來——但未來就是會變成這樣。」他強調，最新的匿蹤機在對上即將由人工智慧駕駛的敵機時「毫無勝算」[409]。儘管馬斯克的言論受到西方國防專家的強烈質疑[410]，但卻與中國內部的共識不謀而合。例如，在 2018 年 10 月 25 日的香山論壇上，中國知名的國防企業中國兵器工業集團有限公司高階主管曾毅，就曾對人工智慧的潛力做過類似預測：「在未來的戰場上，不會是真人在戰鬥。」在愈來愈多層面使用人工智慧的趨勢「不可避免……我們確信這是正確的發展方向，這就是未來。[411]」

美國空軍在 2020 年進行的實驗結果顯示，由人類飛行員駕駛戰鬥機的可行性，很快就會被人工智慧飛行員大幅比下去。美國空軍在 2020 年 8 月進行了五場，由一名頂尖人類 F-16 飛行員對抗一名人工智慧飛行員的空對空模擬對戰。這次模擬測試旨在探索人工智慧和機器學習，如何幫助空軍實現空對空作戰以及各方面自動化成果的累積。人工智慧飛行員在每一場對戰中都取得了壓倒性的勝利[412]。到了 2021 年初，人工智慧駕駛的 F-16 戰鬥機開始進行模擬團隊作戰，並在更遠的距離與目標交戰。這是讓人工智慧飛行員跨出模擬作戰，開始走向在真實世界駕駛 F-16 所必須走過的關鍵步驟。更多武器選項和飛機數量的增加，進一步提高了操作上的複雜性[413]。後來有消息批露，中國人民解放軍空軍在 2021 年也進行了類似的測試，讓人類戰鬥機飛行員與人工智慧飛行員進行對抗，結果也是人工智慧飛行員不斷取得壓倒性的勝利。中國的人工智慧據報導也同樣會向飛行員「學

習」，不斷積累經驗並迅速改進[414]。

　　從人工智慧飛行員明顯可以比人類飛行員從模擬對戰中學習到更多的事實來看，人工智慧飛行員的採用可以降低原本真人飛行員定期需要駕駛實機進行飛行訓練所耗費的成本。由於任何一架戰鬥機消耗最多的成本，就是在使用年限當中所消耗掉的操作成本，所以減少飛行訓練和演練需求，就可以讓每架戰鬥機在退役前的支出成本減少將近三分之二，進一步讓部隊有能力派遣規模遠超過由人類飛行員負責駕駛戰鬥機時代的機隊。人工智慧可以「經歷」數百萬個小時的模擬戰鬥，全年無休地從中「學習」，並且利用比人類更快的速度彙整空戰資料，提出消滅敵方目標的最佳方案。人類飛行員無法承受超過 9G 的重力，而人工智慧駕駛的飛機可以達到像飛彈一樣的機動性與速度，並在 40G 或更高的重力下轉彎。將人類飛行員才會需要的生命支持系統、座艙罩和操作介面從飛機上移除後，預計也能讓人工智慧駕駛的戰鬥機更輕、航程更遠、效率更高。

　　戰鬥機航空領域在軍事現代化的過程中，或多或少開始應用人工智慧的這股潮流，也開始出現在例如減少坦克車乘載人員的需求數量、最後發展出半自動或全自動坦克車[415]，又或者出現了人工智慧的感測器和導航[416]、自動化的空中補給任務[417]和網路攻擊[418]。美國空軍的一項計畫還利用人工智慧過濾不良訊息，讓攻擊機可以更快找到目標[419]；另一項計畫則是利用人工智慧接管遠程偵察機的感測器。助理部長威廉・羅柏，在 2020 年 12 月一場極具里程碑意義的

人工智慧接管感測器測試結束後表示：「這是第一次讓人工智慧安全地指揮美國軍事系統，開創了人機合作和演算法競爭的新時代。如果我們不能充分發揮人工智慧的潛力，就是將決策優勢拱手讓給對手。[420]」類似的發展預計也將會讓殲-20 部隊及其龐大的輔助性資產網路（從偵察無人機到無人轟炸機和無人指揮控制機）更加強大，中美空軍部隊之間的權力平衡，將嚴重取決於誰能更有效地應用性能更卓越的人工智慧。

儘管到了 2020 年代初期，愈來愈多分析師認爲無人戰鬥機的時代終將來臨，但殲-20 似乎比其他任何第六代前的戰鬥機更有前途，尤其是改造後的殲-20S。殲-20S 於 2021年首飛，是世界上唯一一款同時具備匿蹤能力並在副駕駛座容納無人機控制器的戰鬥機，所以能夠指揮未來的人工智慧無人機。如果人工智慧的發展眞如許多消息來源所預測，在2030 年代開始將迅速淘汰眞人駕駛的戰鬥機，那麼殲-20S 很可能成爲唯一一架屆時仍會繼續生產的眞人駕駛殲-20 機型。據報導，以殲-20 爲基礎改造的指揮控制機正在研發中，很可能就是以殲-20S 爲基礎製造的衍生機型。該飛機在人工智慧已經取代人類飛行員參與戰鬥的世界中，可能會扮演重要角色。

人工智慧也有望在指揮和控制方面逐步取代人類。中國兵器工業集團有限公司的曾毅在談到這一點時，提出了中國國防界正在形成的共識：「機械化裝備就像人體的手。在未來的智慧戰爭中，人工智慧系統就像人體的大腦……人工智

慧可能會徹底改變目前以人類為主的指揮結構，」使之成為以「人工智慧叢集」為主的指揮結構[421]。中共中央軍事委員會聯合作戰指揮中心在 2016 年 8 月①表示，近期發生的事件「展現了人工智慧在作戰指揮、程式推演、決策制定等方面的巨大潛力。」

儘管美國對人工智慧進行了大量投資，而且雖然人工智慧的軍事應用也已經獲得不成比例的關注和經費，但五角大廈在嘗試開發和利用這項技術時，仍面臨相當大的困難。美國人工智慧國家安全委員會於 2021 年發布了一份長達 756 頁的詳盡報告指出，「有遠見的技術專家和作戰人員在很大程度上，仍受制於過時的技術、繁瑣的流程，以及為過時或相互競爭的目標所設計的獎勵結構。」人工智慧國家安全委員會在公開信中稱美國「還沒準備好要在人工智慧時代採取守備措施或參與競爭」，信中還強調將人工智慧融入軍隊將面臨的多重障礙。報告中指出，「國防支出依然集中在為工業化時代和冷戰時期所設計的傳統系統上，」而「許多部門流程仍過度依賴簡報和人工作業程序。機器學習所需要的資

---

① 不久之前的 2016 年 3 月，人工智慧才在世界上最複雜的雙人遊戲「圍棋」中，打敗了人類的冠軍棋士。在這之前的數十年，圍棋一直被認為是最後一個人類相較於人工智慧仍舊保有優勢的遊戲。人工智慧打敗人類棋士讓許多高科技經濟體，尤其是中國、美國和南韓，開始增加對人工智慧科技的關注。人工智慧在圍棋賽中打敗人類有重要的象徵意義，代表人類在其他更多的領域上都有可能被人工智慧淘汰。

料現在要不是過於分散、淩亂，就是經常被丟棄。平台之間相互脫節。採購、開發和野戰訓練在很大程度上遵循著僵化的序列式流程，阻礙了對人工智慧至關重要的早期及持續不斷的實驗與測試。[422]」

2021 年初，《動力》雜誌的分析師也對美國軍方緩慢的人工智慧採用速度，發表了類似的看法：「過去幾個世紀以來，戰爭結果在很大程度上是由哪一方擁有最好的硬體來決定，而我們現在正進入一個全新的未來；在全新的未來裡面，軟體成為決定誰是全球霸主的關鍵……美國國防部在採購和創新的緩慢步伐，讓美國在應對人工智慧威脅的準備工作上，落於人後。[423]」此外，分析師們還強調了美國在開發以人工智慧為中心的重要項目上錯失的關鍵機會，以及空軍以飛行員為主的「飛男孩文化」對藉由人工智慧新技術實現現代化所造成的阻礙[424]。美國軍方能否整合人工智慧新技術的能力一再受到質疑。《國家利益》在 2021 年一篇關於「資訊文盲文化」的重要文章標題中指出，缺乏資訊識讀能力的文化「存在於整個國防部和各軍種的領導階層。起因是對於推動人工智慧和機器學習革命的資訊價值和資訊科學缺乏了解。」文章的結論是「美國軍方未能在範圍和速度上適應自動化戰場。除了偵察、監視、目標捕獲和提供證據進行起訴等狹隘的任務之外，軍方很難將人工智慧或機器學習應用在其他軍事用途。而造成這種應用範圍狹窄和開發速度緩慢的原因，就是缺乏對資訊的識讀能力。[425]」這個問題被廣泛提及，包括國防部長在內，對民用經濟產生的影響與其對

軍事的影響非常相似。[426]。

　　五角大廈的官僚主義是另一個關鍵障礙，前空軍首位的軟體長尼可拉斯・柴蘭在 2021 年 10 月強調，美國已經在人工智慧、網路能力和機器學習方面輸給了中國。柴蘭身為一名前科技企業家、軟體開發人員和網路專家，他抨擊五角大廈未能適應新形勢：「美國在未來的十五到二十年之內，將失去和中國抗衡的機會。現在這個情況已經是不可挽回的事實了；在我看來美國已經完蛋了。[427]」美國軍方領導階層的一些人士也發表過類似但語氣相對溫和的言論，其中最知名的要屬參謀長聯席會議副主席約翰・海騰。海騰警告，美國長期以來在關鍵新技術的研發上都已經發展得太過遲緩，嚴重削弱了美國原本具有的優勢 [428]。

　　雖然人工智慧在經濟、戰略和軍事方面的重要性是在 2000 年代顯著增加，並且要從 2010 年人工智慧技術開始加

尼可拉斯・柴蘭。
（美國空軍提供）

速發展，重要性才變得更加突出，但從 1998 年到 2018 年的這段時間，發表同儕審查的人工智慧論文數量成長超過了四倍以上。專家們在 2020 年 1 月將這個情況描述為「一波巨大浪潮來臨前的小浪花罷了」。所以值得注意的是，中國在人工智慧領域論文研究和發表數量的成長遙遙領先。中國從 2006 年起在人工智慧方面的期刊論文發表數量就已經超越了美國，且雙方差距正迅速地擴大 [429]。中國早在殲 -20 開始服役之前，就已經在人工智慧領域站穩了領先地位。資訊分析公司愛思唯爾發布的一項研究發現，從 1998 年到 2017 年間，中國共發表了 134,990 篇人工智慧研究論文，而美國只有 106,600 篇，印度則是以不到 40,000 篇論文的數量遠遠地落居第三名 [430]。中國在深度學習方面的論文數量也具有顯著的領先優勢 [431]。2020 年，中國人工智慧論文的引用量也超過了美國 [432]。按照目前的趨勢來看，中國的領先優勢在未來十年內將進一步擴大 [433]。《哈佛商業評論》在 2021 年 2 月發表的一篇重要文章就因此總結，在人工智慧研究方面，「中國已經急起直追。從研究的角度來看，中國已經成為世界領先的人工智慧出版品和專利國家。而這個趨勢也代表中國有望成為人工智慧業界的領導者，」中國市場「有利於人工智慧的採用和改良。[434]」

中國不僅在人工智慧的研究方面遙遙領先於世界，而且在人工智慧人才庫、資金和政府支持方面，也維持著非常顯著的優勢。截至殲 -20 正式開始服役的 2017 年，中國人工智慧新創企業的股權融資已經佔了全球的 48%。相較之下，

美國佔 38%，世界其他國家佔 13%。中國人工智慧產業的規模領先他國的差距持續擴大，光在 2017 年一年就成長了 67%[435]。中國人工智慧新創企業每年的創投融資金額已達 49 億美元，而美國新創企業的融資金額為 44 億美元——考量到等值美元在中國市場的購買力會比在美國市場高更多，中美之間的差距其實更可觀。到了 2018 年，中國已在人工智慧技術、開發和市場應用方面穩居領先地位，並在人工智慧研究論文的總數、被高度引用的人工智慧論文數、人工智慧專利和人工智慧創投方面，穩居世界第一[436]。

隨著中國在人工智慧領域的領先地位日益明顯，2019 年 12 月《麻省理工科技評論》在一份報告中提到，「美國政策圈存在一種根深蒂固的擔憂，擔心美國在所謂的人工智慧軍備競賽中落敗，」並強調美國在人工智慧領域已經被中國輕鬆超越[437]。人工智慧國家安全委員會長達 756 頁的報告，同樣也闡述了中國可能如何成為人工智慧領域毫無疑問的領頭羊，以及美國為何難以與之競爭的原因[438]。專家們強調，中國更願意在人工智慧的相關投資、政府資助和支持、擁有活躍的研究社群、龐大的消費基礎，以及一個樂於接受科技變革的社會等方面承擔風險，而這些都是中國之所以取得領先的關鍵原因[439]。針對這個主題，台灣中信金融管理學院客座副教授王家安發表的一篇著名論文，也提出了類似觀點：「誰能解開『人工智慧的戈耳狄俄斯之結』（難以化解的難題），誰就能主宰二十一世紀。這似乎也已經成為領導高層的一種信仰。」而中國已經成為「這場競賽的

主要參與者，而且似乎不可避免將成為這場競賽最終的勝利者。[440]」

正如同一個國家如何應對自然災害的發生，通常會被視為衡量該國軍事準備狀態的重要指標，COVID-19 新冠疫情的爆發也是一次獨特的契機，讓外界得以一窺在「突如其來的情況下，如何有效地將人工智慧應用於某種全新目的」上，中國與其競爭對手存在的落差。中信金融管理學院王家安的論文因此指出，「如果沒有 COVID-19 這樣突如其來的偶發事件，世界可能不會意識到中國在人工智慧領域已經取得的進展有多大，」這次的疫情大流行「向世界展現了中國在人工智慧及其相關生態系統方面所取得的顯著進展。更重要的是，這個異常事件展示了中國在控制疫情傳播方面所採用的外科、混合化方式，並使其走上釋放這些新興技術全部潛力的道路。」論文最後總結，「中國動用高科技根除COVID-19 病毒的科技優勢」展現了中國在人工智慧領域的領導地位。這些實例包括人工智慧只需耗費人類醫師一小部分的作業時間，就可以根據患者的胸部掃描進行診斷；或者人工智慧也可以幫忙接聽電話或送餐給病患。這些應用在世界上的其他地方幾乎都看不到 [441]。這是中國已經有能力以人工智慧科技，應對一場政治或軍事危機中突如其來發展的高度正向指標。

在多個中國與美國正在競爭的領域之中，中國在人工智慧方面的領先地位，將產生潛在的決定性影響。戰術戰鬥航空領域是一個重要的例子——人工智慧可以為戰鬥網路的多

個部分帶來變革，支援從衛星到電子戰的戰鬥機以提供關鍵優勢。隨著人工智慧在設計過程中可以發揮的影響力愈來愈大，卓越的人工智慧技術很可能被轉化為戰力更強的新一代空戰資產──有可能載人也可能無人，應用範圍從機體本身到飛彈和感測器也都有可能。中國和美國的人工智慧部門在發展規模和精密程度上，與世界上其他國家在人工智慧部門存在的巨大差距，以及人工智慧技術將為戰術戰鬥航空帶來的改變，很可能會進一步拉大領先全球的中美兩國在該領域，與世界上其他國家之間已經存在的巨大差距。

量子技術與未來的戰鬥網路

除了人工智慧之外，量子技術也有望徹底改革中國空中作戰網路的能力，從而提高殲 -20 戰鬥機部隊的戰鬥力。它們對網路中資產的態勢認知、計算能力和資料共享能力可能產生轉變性影響，有潛在的決定性作用。《麻省理工科技評論》與其他媒體因此認為，中國和美國都將「正在興起的量子時代視為一次千載難逢的機會，讓它們可以在軍事科技的領域上超越對手」，並強調量子技術在軍事通訊領域潛藏著足以「扭轉局勢」的影響力 [442]。隨著中國在量子技術領域顯示出愈來愈多領先的跡象，量子技術很有可能為未來殲 -20 的後續改良機型，以及其他採用量子技術的軍事資產（從空警 -500 等空中預警管制機，到通訊衛星或作戰及偵察無人機等平台）提供強大的優勢。

空警 -500 空中預警管制機。
（維基共享資源）

　　中國最高層級的官員曾一再強調量子技術的戰略重要性，並在中國的第十四個五年規劃（十四五規劃）中，將量子技術與人工智慧並列爲國家發展的重中之重。中國國家級量子計畫的投資增幅，也遠超過其他國家類似的計畫[443]。正如美國智庫新美國安全中心在 2018 年的一篇論文中指出：「中國最高層的領導人們認識到了量子科學和量子技術在增強國家經濟和軍事實力上的戰略潛力，」結果之一就是科學家們「獲得了近乎無限的資源。[444]」中國在 2010 年代晚期就逐漸在量子技術領域展現其強勢領先的跡象，而中國之所以能在量子技術領域取得領先地位，關鍵在於中國很成功地

推動了政府研究機構、大學和企業之間的緊密合作關係，反觀美國則花了很長一段時間才制定出一項結合政府和民間力量的國家量子技術計畫，之後又花了更長一段時間才開始顯現有在實施該項計畫的跡象。《科學人》雜誌就說：「遲遲未以政府與民間共同合作的方式來發展量子技術，結果就是出現了許多各自為政的研發項目，拖慢了量子技術被有效應用於軍事領域的研發速度」──軍方的量子專家也提出過這個問題[445]。

量子技術中最先取得實際軍事應用的一項具體成果就是量子通訊。2009 年前，中國政府官員之間的通訊就已經受到全新的量子網路所保護，讓中國成為世界上第一個達成這項應用的國家。據中國量子技術領域的頂尖科學家潘建偉所言，中國在 2015 年初以前，就已經「完全具備在局部戰爭中充分利用量子通訊的能力。」潘建偉預計中國會「利用中繼衛星實現足以覆蓋全軍範圍的量子通訊和控制能力。[446]」

中國在 2016 年發射了世界上第一顆量子資訊科學專用衛星「墨子號」，並迅速取得了多項突破。早在 2017 年，墨子號就在前所未見的遙遠距離之下，實現了量子糾纏，讓中國在量子通訊技術的發展上遙遙領先其他競爭對手[447]。五角大廈在當時甚至尚未決定是否要大力投資量子通訊基礎設施的建設。以墨子號衛星為例，新美國安全中心 2018 年的論文就警告：

「中國研究人員持續不斷地在量子技術的基礎研究和發

展上取得進展，包括量子密碼學、量子通訊和量子運算，甚至在量子雷達、量子感測、量子成像、量子計量和量子導航方面，也傳出已經有所進展的回報。他們的突破證明了長期在量子技術領域投入大量研究經費，並積極培育頂尖人才的做法相當成功。[448]」

2020 年，墨子號衛星展示了量子衛星可以如何改變作戰網路的潛力。量子衛星當時被用來展示世界首見的量子加密太空通訊，通訊範圍非常廣闊[449]。那是當時中國在高科技領域取得的最新突破，西方國家將之與蘇聯當年發射的世界上第一顆人造衛星相提並論——蘇聯發射的第一顆人造衛星為美國帶來了「史普尼克危機」，顯現對手在可能具有決定性軍事影響力的關鍵技術領域，已經領先了多少[450]。《科學人》認為中國的成就「毫無疑問地，代表中國在這場大國之間逐漸激化的物理學尖端領域競賽中，取得了領先地位，」讓美國「跌跌撞撞地在後方追趕。」文章最後寫道：「中國的這項成就讓世界——或至少讓中國——距離實現真正無法被駭客破解的全球通訊技術，又更近了一步。[451]」2021年 5 月，當墨子號衛星被用於保護中國大部分電網免於網路攻擊或停電，墨子號衛星進一步展示了中國獨特的衛星量子通訊能力多功能性。墨子號在中國東南部進行的這次行動，被某些人視為是在台海局勢高度緊張之際，向海峽對岸的台灣所進行的一次武力展示[452]。

在墨子號衛星的成功之後，中國於 2021 年 1 月，建立

了世界上第一個大型整合式量子通訊網路，這是完全沒有任何一個競爭對手在短期內有望達成的里程碑。這個量子通訊網路整合了超過七百條地面光纖網路和地面到衛星的量子通訊連結，實現跨越 4,600 公里距離的多用戶量子密鑰分發。中國的量子通訊技術領域接下來預計會開發更小、更便宜，以及可以運行在更高軌道上的衛星，擴大網路的覆蓋範圍和能力 [453]。量子通訊有可能發展成為「量子網際網路」[454]，並創造出「超級望遠鏡」[455] 這類新技術。同時量子通訊也為量子衛星網路奠定了基礎：量子衛星網路將為中國人民解放軍在通訊、指揮和控制，及遠距精準打擊目標資料的傳輸等資訊安全維護上，帶來具有革命性的加密保障。具備上述功能的量子衛星網路預計將在 2030 年啟用 [456]，在發生大型戰爭時，這項能力將為包括殲 -20 部隊在內的中國作戰資產，提供非常顯著的優勢，確保殲 -20 可以比 F-35 這類來自競爭對手國家的戰鬥機，擁有更強大的網路中心戰作戰能力。

　　第六代空戰的其中一項關鍵特徵（甚至根據某些來源的評估，是最具決定性的特徵），就是網路內的資訊無縫傳輸。中國在量子通訊方面具備的強大領先優勢，讓中國人民解放軍軍隊（以及解放軍空軍的頂級戰鬥機），站在一個有利於在新時代取得主導地位的位置。中國在量子通訊領域日益展現的明顯優勢，讓中國與西方世界的分析師開始將量子通訊技術與核子武器的率先部署相提並論 [457]。中國人民解放軍的高階領導強調，以量子技術作為基礎建構的作戰網路，將

對權力平衡產生重大影響 [458]。相較於量子技術的其他領域，預計量子資料共用網路將在殲 -20 任命為其主力戰鬥機期間成為解放軍進行空中戰爭的核心，而接入這些網路可能為該型號提供對外國對手最為決定性的優勢之一。

量子計算是第二個量子技術在軍事上（也包括在殲 -20 計畫裡）有重要應用價值的主要領域。量子計算可以提供比傳統電腦和超級電腦強上百京倍（兆的百萬倍）的運算潛力，2020 年 12 月，中國的一組科研團隊宣稱他們已經透過量子計算，完成了任何傳統電腦在數學上都無法進行的運算，達成所謂的「量子計算優越性」，首次展現了量子力學在此一領域的強大之處。他們透過量子計算可以在短短兩百秒內，完成世界上最快的超級電腦需要花費二十五億年才能完成的計算。國際上的科學家普遍將此視為一個重要的里程碑 [459]。2021 年 7 月，位於中國合肥的一組中國科學技術大學團隊，創下了量子電腦運算速度的新紀錄 [460]；並在接下來的 10 月打造了一台可以進一步擴大這一領先優勢的量子電腦原型機，可以在一毫秒內解決世界上最快的非量子超級電腦需要花費三十兆年才能解決的問題。中國這台量子電腦原型機與谷歌開發出那時候最能與之相比的量子電腦相比，運算速度快了一百萬倍 [461]。

中國在量子計算領域的領先地位具有非常重要的戰略意義，《美國人》將量子計算稱為「一門因為對國家安全、全球經濟以及物理學和電腦科學基礎存在潛在重大影響，而被認為具有數十億美元產值的生意。[462]」量子電腦更強大的

運算能力除了可以被應用於新戰鬥機與空中發射武器的設計流程，也可以讓中國人民解放軍戰鬥網路中的其他資產，以更快的速度處理資料並促進人工智慧在戰場軍事資產的指揮與控制，到自動操作特定武器系統等用途上，發揮強大的作用。另外，量子計算還有可能被發展出足以改變戰局的應用方式。因為量子電腦被認為有能力破解任何形式的加密方式，所以可以提供滲透並摧毀敵方資訊網路的手段。

開發量子電腦是中國國家安全戰略中的重要環節。中國國家主席習近平強調要加強量子科技發展戰略謀劃和系統佈局，要「下好先手棋」就像在圍棋比賽中取得先機，而這將可能成為中國取勝的關鍵 [463]。美國陸軍指揮參謀學院高等軍事研究學院在 2019 年發布的一篇論文中指出，利用量子電腦發動網路攻擊將有可能造成非常嚴重的破壞：「關於對一個國家進行大規模量子電腦攻擊的討論，已經發展到與 1945 年到 1990 年冷戰期間核威懾討論相同的水準。所以就像核武威懾理論，大規模量子電腦攻擊預期將可能造成的毀滅性後果，會讓擁有量子電腦的國家之間非常有意識地避免衝突發生。[464]」跟轟炸機一樣，軍方的網路資產因為可以癱瘓或解除敵軍網路、軍事設施和後勤作業，阻止對手發動更為複雜的空中行動，所以也被視為軍隊取得空中優勢的關鍵因素。

量子技術的第三個重點領域就是量子感測器。儘管量子感測器在不久的將來被投入使用的可能性很小，可是一旦被投入應用於戰鬥機航空領域，影響就會很大。一些宣稱在量子感測器領域取得突破的消息，在 2010 年代末期開始出現，

其中中國就佔了大宗。量子感測器的原理是使用成對並共享同一個量子態的糾纏光子，將每對光子中的其中一顆發射至遠方，另一顆則留在感測器裡面。在這個稱為「量子照明」的過程當中，操作人員就可以透過觀察感測器中那顆孿生光子的變化，獲取大量的資訊。當時有好幾個團隊都在進行類似的量子感測器研究，而其中一支來自清華大學航天工程學院的團隊，在 2021 年取得重大進展後，專家們就對於量子感測器技術在軍事領域將帶來的顯著應用表達更高的信心[465]。

量子雷達被認為可以提供更有效的匿蹤戰機探測、追蹤和鎖定能力[466]。如果要採用量子雷達，一開始可能會先部署地面或艦載感測器，並將探測資訊分享給戰鬥航空資產。之後如果開發出體積更小的量子雷達，就可以透過空中預警控制系統部署，又或者更進一步直接部署在戰鬥機上。得益於中國人民解放軍愈發精密的人工智慧技術，在 2022 年就已經可以從衛星上更有效地追蹤地面目標[467]，外界猜測解放軍有可能會將量子雷達裝設於衛星之上，進一步為中國的戰術航空及其他資產，提供更卓越的狀態意識優勢[468]。量子感測器也有望在飛行中飛彈的追蹤上發揮強大優勢，從而使裝備量子感測器的戰鬥機既能具備更佳的飛彈防禦性能，又能更敏銳地接收到對空飛彈警訊，以便能更順利地躲避來襲飛彈[469]。依照目前相關技術的發展軌跡顯示，中國將會是率先將量子感測器技術交付給軍隊使用的國家，不過量子感測器技術在軍事用途上的實際應用，最快可能也要等到 2040 年代以後才有機會實現。

美國智庫詹姆斯敦基金會的分析師早在 2016 年時就曾指出，量子通訊在「軍事衝突時將提供不對稱的資訊優勢，」而量子計算「可能會被證明具有等同於核子武器的戰略意義。」更廣泛地說，量子技術可能會「從根本上改變未來戰場的遊戲規則，」並成為「未來改變戰略平衡的決定性因素。[470]」量子通訊有望在短期內，為中國的作戰網路及網路內的所有資產帶來非常顯著的優勢，量子計算在軍事領域的廣泛應用可能要等到將近 2030 年代才會實現，而量子感測器可能要在更久以後才能投入實際應用。殲 -20 幾乎可以肯定會成為世界上第一架受益於量子通訊技術資料共享能力的匿蹤機。而且殲 -20 也有非常高的可能性，成為量子電腦網路形成後，第一批透過該網路執行任務的戰鬥機。量子感測器技術的未來發展大致已經底定，但隨著中國和美國機隊中具有先進匿蹤能力的戰鬥機數量迅速增加，量子技術在未來很有可能會佔有非常重要的地位。

第五章

殲 -20 計畫的未來

生產週期

外界目前都在猜測，中國人民解放軍有意啟用的殲 -20 匿蹤戰機服役數量，到底會是多少。讓外界無法確定戰鬥機數量的因素有以下幾點：首先，目前還不知道解放軍空軍是否會製造另一款更輕量的第五代戰機，作為殲 -20 的搭檔 ——像解放軍空軍當初為了重型的蘇愷 -27，就採購了輕型的殲 -10 互相配合。殲 -20 和任何可能與之搭配的輕型戰鬥機的成本效益計算，將會是一大考量要素①。而且在所謂的成本計算當中，最需要考慮的就是佔一架戰鬥機使用年限總

---

① 從國外的例子來看，F-22 極高的飛行成本是導致美國空軍繼續以輕型 F-16 和後來的 F-35 作為空軍機隊主力的原因。相較之下，俄羅斯蘇愷 -27 戰鬥機和比較輕型米格 -29 戰鬥機的飛行成本與性能差距相對較小，所以俄羅斯空軍傾向於使用規模稍小一些的重型蘇愷 -27 戰鬥機機隊，反而是更符合成本效益的選項。

成本當中，比例很大的操作成本。

　　從 1992 年開始，重型戰鬥機在中國戰鬥機機隊中所佔的比例開始增加，就像鄰國的俄羅斯也出於其他截然不同的考量，增加了機隊中的重型戰鬥機比例。中國人民解放軍空軍過去就曾有過將部署在航空旅的輕型戰鬥機，用體積大上兩到三倍且會導致操作成本大幅增加的其他戰鬥機取代的先例。著名的案例包括將第 1 和第 5 航空旅的殲 -10，以殲 -20 取代。殲 -10 無論是機體尺寸或發動機功率，都不到殲 -20 的一半。更極端的案例是解放軍空軍最早在第 7 旅，用殲 -16 取代機體尺寸不到其三分之一、發動機功率不到其四分之一的殲 -7。現在還無法確定，這樣的情況在進入 2020 年代以後還會不會繼續發生。但殲 -20 不只取代了解放軍空軍機隊中的蘇愷側衛家族系列戰鬥機，還取代了兩支最前線部隊殲 -10 的這項事實，顯示殲 -20 計畫可能會進一步增加重型戰鬥機機隊在所有解放軍戰鬥機部隊中所佔的比例。這就會延續解放軍空軍 1990 年代大規模採購蘇愷 -27 和蘇愷 -30 引起的趨勢。中國空軍與其主要潛在對手之間的廣泛距離，戰鬥機在未來潛在戰爭中能夠在太平洋上空滯留較長時間的預期重要性，以及能夠從更廣泛範圍的分散空軍基地為作戰行動做出貢獻的好處，這些都是更加注重高續航重型戰鬥機的重要因素。

　　即使重型戰鬥機的比例在 2020 年代初期以後並沒有大幅增加，殲 -20 及其衍生機型的數量仍可能達到將近 1,000 架。中國人民解放軍的重型戰鬥機機隊規模，已經超過北約

和俄羅斯的總和。2022 年，解放軍的重型戰鬥機有超過 700 架的蘇愷側衛家族戰鬥機在服役中（空軍約 600 架，海軍約 150 架），另外還有大約 200 架殲 -20 在不減少機隊輕型戰鬥機數量的情況下，為了替換上述這些重型戰鬥機，而且可能還要替換中國 250 多架殲轟 -7 重型戰鬥轟炸機當中的一部分，會需要非常大規模的殲 -20 生產。

生產週期不確定性的第二個主要因素，是殲 -20 將扮演的角色至今仍是未知數。殲 -20 未來的衍生機型可能會因其不同的作用，獲得不同的名稱（殲 -21、殲轟 -20、空警 -20 等）。比方說，曾有傳聞會出現專門用於攻擊任務的衍生機型，或是空中預警管制機的機型。如果殲 -20 能夠執行更廣泛的角色，而不僅僅是空中優勢，那麼必然會以更多的數量進行生產 - 就像蘇 -27 及其各種變型在中國和俄羅斯都經歷了很大規模的生產，因為更加均衡的多用途變型，以及專門用於空防壓制、打擊、艦載機、遠端攔截和預警機等變型都得到了開發 [471]。

不確定性的第三個來源，是有人戰鬥機在未來解放軍戰術艦隊中扮演角色的未知程度，殲 -20 的生產可能會受到可行的自主替代方案開發速度的重大影響。如果殲 -20 的主要定位開始變成自動駕駛無人機的指揮控制資產，而自動駕駛無人機因為人工智慧和其他相關技術的充分發展而在實戰中更受青睞的話，殲 -20 的生產量就有可能大幅限縮。正如多個美國空軍的消息來源指出，目前的設想是每五架無人戰鬥機配備一架真人駕駛戰鬥機，這個比例最終可能達到二十比

一，也就意味著中美兩國機隊中的殲-20 和 F-35 等載人戰鬥機的產量，很有可能會大幅縮減[472]。外界對於隨著無人駕駛戰鬥機的能力不斷進步，無人駕駛戰鬥機會在多快時間內導致真人駕駛戰鬥機的訂單大幅削減，有著大相逕庭的預測。美國空軍部長法蘭克·肯德爾曾在 2022 年 3 月表示，F-35 的生產可以持續到 2037 年左右[473]。這就表示即使是短程單座型的第五代戰機機體，只要經過適當的現代化改造，在未來幾十年內預計都還可以被投入使用②。然而與西方國家相比，中國的國防圈早就預測自主無人系統將在戰鬥中發揮更大作用，並且會在更短的時間內問世；再加上殲-20 也未獲准出口，所以生產週期未必會延續太久。

除了無人駕駛戰鬥機，另一個影響殲-20 生產的重要因素，就是當中國人民解放軍空軍和美國空軍都開始使用第六代戰機時，殲-20 在 2030 年代是否還有需要繼續生產。屆時決定殲-20 是否還有必要繼續生產的關鍵，就是殲-20 是否能直接透過第六代戰機技術進行現代化改造，並能夠以成

---

② 即使可以一直生產到 2037 年，但這並不表示美國空軍會在 2027 年以後繼續採購 F-35 戰鬥機，而且 F-35 戰鬥機的生產規模也未必會一直維持到 2030 年代。以 F-35 前身的 F-16 戰鬥機為例，F-16 戰鬥機雖然預計要以小規模出口的形式，一直持續生產到 2030 年左右──但美國軍方早在 2005 年就停止接收 F-16 戰鬥機。無人駕駛戰鬥機仍然很有可能讓美國空軍終止對 F-35 戰鬥機的採購，或至少會大幅縮減美國空軍採購 F-35 的規模，而且這個情況有可能比預期更快發生。這一點也同樣適用於殲-20 戰鬥機，尤其是單座型的殲-20 機型。

本效益的方式為下一代時代的作戰做出貢獻③。一個最明顯的海外案例，就是美國第三代的 F-4D/E 戰鬥機。F-4D/E 戰鬥機因為被認為現代化的潛力有限，成本效益遠低於 F-16 等第四代戰機，所以很快就遭到淘汰。然而它的後繼機型 F-15 在第五代戰機的時代，卻因為被認為在現代化到「第四代以上」的標準時，仍具作戰上的成本效益，因此生產週期被延長到原先預期的兩倍以上。

還有一個難以預測的影響因素，是殲 -20 之後是否能被出口海外。而出口海外的外國需求程度，在很大程度上又尤其取決於充滿不確定性的地緣政治因素，以及被視為潛在客戶的海外國家本身的經濟情況。舉例來說，預計像其直接前身 F-16 和 F-5 一樣，F-35 的生產將通過專門為出口生產，延長生產週期。儘管殲 -20 目前的生產製造都僅供中國國內使用，但在性能更強的第六代戰機於 2030 年左右開始服役以後，殲 -20 就有可能出口到海外國家。

早在 2018 年 5 月，美國眾議院情報常設專責委員會就被資深專家告知，中國預計將生產多達 500 架的殲 -20[474]。

---

③ 美國航太領域的權威人士認為，第六代機必須具備能夠與第五代機機隊「以一敵五、以一敵十或以上」的戰力。也就是說，第六代機必須具備可以壓倒性勝過殲 -20 這類戰鬥機的性能優勢，相對於 F-22 和 F-35 在對上殲 -20 時，只有能力進行「一對一的正面交鋒」。殲 -20 能否通過升級（包括整合第六代技術）避免日後對上第六代敵機時落入壓倒性的劣勢，這是一個決定它是否能夠繼續生產的重要因素。（'A next-gen digital backbone will give U.S. platforms a one-versus-many advantage against near-peers,' *Breaking Defense*, October 12, 2022.）

然而，殲 -20 的生產線在隨後幾年的增長速度，導致越來越多分析師預測殲 -20 的產量將遠遠超過 700 架。這將使殲 -20 的產量進入最初為 F-22 預測的範圍。F-22 最初計畫是要生產 750 架，最高年產量超過 60 架；後來由於預算削減和性能問題，年產量才減少超過 75%。殲 -20 生產設施快速且大幅的擴增，是一項重要的早期指標，顯示殲 -20 的預定產量非常大④。另一項指標是中國對第五代戰機的需求很高，因為中國的潛在對手將部署大量的 F-35，對中國的防禦造成壓力。即使美國削減預算，預計也將有 2,000 多架 F-35 服役，所以少量生產殲 -20 似乎也不太可能。

到了 2023 年，向中國人民解放軍空軍交付的殲 -20 數量估計是每年約 80 架。西方和中國的消息來源都報導，殲 -20 的交付量預計將在 2024 年超過每年 100 架，並且很可能在 2025 年左右達到 120 架左右 [475]。這是中國航空史上的一座重要里程碑，因為中國上一次達到這個生產規模的戰鬥機是殲 -6 ——殲 -6 屬於早期的第二代戰鬥機，其第一架原型機於 1952 年首飛，尺寸不到殲 -20 的四分之一。即使是 2023 年的預期生產水準，殲 -20 的交付速度也已經達到 1980 年代美國和蘇聯第四代重型戰鬥機的生產規模——這是冷戰結束後，任何重型戰鬥機都未曾達到過的生產規模，只有機體更小的 F-35 的生產規模才能與之相比。殲 -6

---

④ 未經證實的報導宣稱，同樣在成都生產的殲 -10C 將轉移到另一個省（可能是貴州）的工廠，以配合殲 -20 產量的進一步擴大。

殲-20 在甘肅西北
上空低空飛行。
（余紅春攝／取自
中國軍網）

在 1980 年代組成了中國近四分之三的戰鬥機部隊，而殲-20
的生產規模說明它們也將成為中國人民解放軍中就算不是絕
大多數，至少也是戰鬥機部隊中將近一半的組成份子。這是
殲-6 之後，沒有其他任何一個型號戰鬥機曾經能夠接近形
成如此龐大的艦隊比例。

由於中國人民解放軍空軍是殲-20 目前唯一的客戶，
2024 年到 2025 年的產量報告意味著中國人民解放軍空軍接
收到殲-20 的速度，將是美國空軍接收 F-35 速度（每年 48
架）的約 250%。而殲-20 的產量也已經和洛克希德・馬丁
公司每年為全球共十九個客戶，共生產約 140 架 F-35 的產
量相差無幾[476]。這一點尤其值得注意，因為 F-35 是一種更
輕型的單引擎戰鬥機，體積只有殲-20 的三分之二多一點。
F-22 的年產量曾短暫達到 24 架的巔峰[477]，而俄羅斯每年購
買的戰鬥機數量都不超過 24 架，並且每年連續購買的戰鬥
機數量不曾超過 17 架——儘管俄羅斯購買的第四代戰機便
宜很多。值得注意的是，殲-20 在 2023 年中的產量增加，
與 F-35 產量因一系列困難而大幅削減的時間點非常吻合[478]

。預計在 2025 年，殲 -20 機隊的戰鬥機數量將超過 500 架，新的交付率使殲 -20 的產量很可能接近 1,000 架。這將殲 -20 和 F-35 置於一個所有其他冷戰後的飛機都遙不可及的地位，不僅在它們整合的技術種類上如此，而且在它們的生產和投入使用規模上也是如此。

殲 -20 的改型機

截至 2022 年底，有關殲 -20 的五款量產型號已被報導，其中四款已經開始飛行，使其成為第五代中唯一具有多款為空軍完成使用的戰鬥機變體。下面依照出現的先後順序，分別簡介四款已亮相的改型機。

- 殲 -20（基本款）

基本款的殲 -20 是搭載衍生型俄羅斯 AL-31FM2 發動機的初始生產機型。據估計大約生產了 40 架。從 2015 年底到 2019 年初的三年半中，以較慢的速度進行生產。

- 殲 -20A

殲 -20A 從 2019 年年中開始投入生產，2021 年 1 月開始服役。除了確定搭載中國自行研發的渦扇 -10C 發動機，殲 -20A 在設計上的其他具體變動仍不明朗。據殲 -20 副總設計師龔峰介紹，殲 -20A 重新設計了機體、結構、管路、電路和子系統[479]。其中一個與殲 -20 最明顯不同的區別，

就是機身側面飛彈艙的線條設計。

- 殲 -20S

以殲 -20A 作爲基礎進行改造的雙座型殲 -20S，於 2021
年 11 月 5 日進行首飛。除了增加第二個座位，結構上看起
來並沒有明顯的變化。有廣泛的猜測認爲，一旦該專案超過
原型階段，系列生產的雙座機型將以更現代的殲 -20B 爲基
礎，而不是較舊的殲 -20A。10 月 26 日時，殲 -20S 在跑道
上進行滑行測試的畫面首次曝光，證實它是世界上首架採用
雙座布局的第五代戰機。《環球時報》將其稱爲殲 -20S[480]
，但也有一些專家將其稱爲殲 -20AS。這些命名代號顯示了
這架戰鬥機就像殲 -10AS 和殲 -11BS 一樣，被認爲是一款
能夠完全獨立進行作戰的戰鬥機，而不像殲 -6 教練機的改
型機殲教 -6 那樣，被冠上專用教練機所使用的「殲教」代
號。

在 2021 年的珠海航展上，也就是殲 -20S 首次亮相的幾
天前，總設計師楊偉透露，雙座機型「絕不是教練機，肯定
是要爲了進一步提升戰鬥能力而研製的。」中國人民解放軍
空軍飛行員過去曾大力強調雙座配置在作戰中的優勢，特
別提到沒有單座機型的殲 -16。中國分析師們也同樣提到戰
鬥機的第二個座位在各種戰鬥情況下的優勢，以及雙座型
殲 -20 可以發揮的各種作用，例如指揮和控制[481]。中國航
空工業研發雙座型戰鬥機的由來已久，許多同型戰鬥機在國
外通常都只有單座型的設計被投入使用。著名的例子包括在

1950 年代，中國獲得授權後，先根據蘇聯米格 -17 和米格 -19 生產的單座型殲 -5 和殲 -6，後來再自行研發製造雙座改型的殲教 -5 和殲教 -6。

雙座戰機有望成為殲 -20 部隊的重要組成部分，而且隨著解放軍空軍在 2010 年代末期採購蘇愷 -27 側衛家族戰鬥機的轉變，從主要採購單座機型逐漸過渡到專門採購雙座機型，殲 -20 計畫中可能也會出現類似的轉變。殲 -20S 亮相前的官方藝術品展示了雙座戰機在編隊中飛行，沒有單座戰機的存在，這可能表明解放軍打算像殲 -16 那樣，將以雙座殲 -20S 用於組建完整的前線空中旅，負責執行前線戰鬥任務，而不像殲 -11BS 那樣僅僅佔據部分主要由單座戰鬥機組成旅的情況。

預計雙座機會成為多種新型號的基礎，如打擊機和電子作戰飛機，類似蘇 -27 的雙座機為蘇聯和俄羅斯發展截擊機

① 殲 -20S 雙座型原型機首次亮相。（微博用戶「飞扬军事铁背心」攝）
② 編號 2031 的殲 -20S 雙座型原型機。（取自微博「航空 EXIA」）

和空中預警機提供了基礎。事實上，《兵工科技》軍事雜誌在 2022 年 8 月雙座機亮相後不久就報導，稱雙座的殲 -20S 將成爲殲 -20 執行廣泛任務的理想基礎，包括空中預警和控制、電子戰、偵察以及無人機指揮與控制。報導中指出：「近年來，專家們對於第五代戰機在資訊戰中的地位看法已經改變，因爲與過去相比，第五代戰機能執行更多任務。[482]」

- 殲 -20B

2010 年代末期開始，一些中國大陸和香港的媒體開始出現未經證實的報導，宣稱殲 -20 的一架強化改型機殲 -20B 正被研發中，且其中大多數都提到了殲 -20B 會增加推力向量發動機以提高機動性。香港媒體還報導，殲 -20B 的設計已經在 2020 年 7 月 8 日被展示給負責武器研發的中共中央軍事委員會副主席張又俠檢閱過[483]。隨後在 2022 年 12 月，編號「2051」的殲 -20 原型機第一組照片問世。該原型機的機體大幅改裝，改動的部分包括座艙罩變得更加扁平、座艙罩特別低調的外觀與戰鬥機上方凸起的背脊融爲一體、機頭雷達罩也略作幾何形狀的修改。這些更動似乎是爲了提高戰鬥機的空氣動力性能，並進一步縮小雷達截面積。加大的機身背脊位置似乎可以容納更多的燃料或新型航空電子設備。

最初不清楚 2051 號原型機是一架專門的新型殲 -20 變體的預生產機身，還是代表了殲 -20A 的繼任者——備受期待的「殲 -20B」。編號 2051 的原型機採用渦扇 -10C 發動機，而編號 2052 的第二架原型機則採用下一代的渦扇 -15 發動

機。這個做法符合中國航空工業和更廣大的中國國防部門，長久以來的漸進式升級偏好──一開始先用已經被廣泛投入使用的發動機測試新的機體設計，然後在飛機機身經過嚴格的飛行測試之後集成下一代發動機。被證實搭載渦扇 -15 就幾乎可以確定，這架新飛機就是新款的殲 -20 戰鬥機，也是 2021 年開始服役的殲 -20A 的後繼機型，在子系統和製造材料上很有可能都獲得了進一步的重大提升。2052 號原型機在 2023 年 6 月 29 日，成為首架使用兩部渦扇 -15 發動機雙引擎配置飛行的殲 -20。在此之後，這架新的戰鬥機機體設計就被中國和西方媒體廣泛地稱為殲 -20B。不過該名稱尚未得到官方確認⑤。

未來的改型機

2018 年 3 月，楊偉在接受《中國日報》提問時強調，研發團隊接下來的計畫是「對殲 -20 進行系列化發展，並不斷強化其資訊處理和人工智慧能力。[484]」多名與殲 -20 計畫有關的知名人士也曾多次發表類似聲明，因此引起外界開始對於所謂「系列化發展」的可能方向產生諸多揣測，並好奇這是否表明成都 611 飛機設計研究所，正在研發多種具有特

---

⑤ 少數分析師認為，殲 -20 B 實際上應該是雙座型戰鬥機所用的名稱，而裝載渦扇 -15 發動機的新型號應是命名為殲 -20A，而 2015 年到 2019 年和 2019 年到 2023 年生產搭載 AL-31 或渦扇 -10C 的單座型戰鬥機都只算是殲 -20 的基本款。

總設計師楊偉。（取自
《人民日報》）

殊作用的改型機。楊偉進一步表示，中國軍事航空領域的進展意味著中國不需要再苦苦追趕競爭對手，爲創新和新能力的投資帶來更大的自由度 [485]。殲 -20 是同代戰鬥機中唯一一款大規模生產的重型戰鬥機，也是唯一一款預期可以獲得如此多研發經費的戰鬥機，因此殲 -20 非常有可能可以進行在海外其他國家都看不到的一系列戰鬥機研發工作。

- 空中預警指揮控制改型機

有點諷刺的是，由於最早西方普遍認爲殲 -20 主要是做爲「空中預警管制機殺手」來打擊敵方的空中預警管制資產，因此殲 -20 最有可能出現的衍生機型之一就是小型空中預警管制機。這類飛機的作用是做爲其他部隊的指揮站，配備特殊的通訊設備和資料鏈路，也可能會配備超大型感測器。它們的功用可以進一步拓展到引導感測器較弱的戰鬥機所發射的飛彈，使其更精準飛往目標。例如，在波斯灣戰爭

的「沙漠風暴行動」中，美國空軍總共擊落的 41 架空對空敵機中，有 38 架就是在 E-3 空中預警管制機的協助下成功命中 [486]。

　　過去也曾出現比較激進的提案，建議將重型戰鬥機改裝並用以執行空中預警管制任務，一個顯著的例子就是蘇愷 -27K AEW&C。據報導，在蘇聯時代後期，這個計畫曾考慮在蘇 -27 機身上方安裝一個 360 度搜索雷達，其天線位於旋轉的「碟形」雷達罩內。[487]。而在想要利用重型戰鬥機或攔截機機體本身的高航程距離和大型感測器優勢，發揮更強大空中預警管制功能的設計計畫之中，也有變動比較保守但相對成功的案例。前蘇聯的米格 -31 攔截機和伊朗空軍現役的 F-14 都是冷戰時期，全球戰鬥機在狀態意識領域的兩大領先機型。這兩種機型都被當作空中預警機來使用，且米格 -31 在設計時還加上了指揮和控制功能 [488]。蘇愷 -30，作為蘇愷 -27UB 雙座機的衍生型號，最初也被構想為既能擔任攔截機，也能充當空中預警和控制（AEW&C）飛機，類似於 MiG-31，配備了改進的感測器、航電設備，並相應增加了續航能力。以色列空軍也修改了其 F-15D 雙座戰鬥機，用於指揮和控制任務，以配合 F-15I 打擊機。[489]。

　　2020 年 8 月，有報導稱成都飛機設計研究所正在研製殲 -20 的空中預警管制機改型機。隨後，北京《航空知識》雜誌主編王亞男在 2022 年 1 月的一次採訪中強調，一架配備更大雷達和新型射控系統的殲 -20 已經可以用作小型空中預警管制機 [490]。目前還不確定雙座型的殲 -20 將為此進行

多大程度的改裝，因為雖然其已是全球戰鬥機中最大的雷達之一，但透過機身改裝容納更大的雷達仍是可能的。以殲-20機體為基礎研發的空中預警管制噴射機與空警-500這類現有的較大型空中預警管制機相比，儘管雷達較小、組人員數較少，卻依然具有顯著優勢。其中最關鍵的就是匿蹤能力，匿蹤能力將能讓空中預警管制機在波音公司2021年發布的新型長程空對空飛彈這類「空中預警管制機殺手」軍事資產下，有機會逃過一劫。波音公司的新型長程空對空飛彈於2022年獲得美國空軍經費，預計之後將裝備於美國空軍的F-15部隊，作為唯一一個既部署了大量先進的、在操作中廣泛使用的空中預警和控制飛機，又是美國的敵對國家，中國在未來部署後預計將成為該導彈的主要目標[491]。以殲-20進行改型的空中預警管制機將具備的其他重要優勢包括，與

空警-500。（取自中華人民共和國國防部）

殲 -20 具有維護上的共通性，因此在操作和生產製造的成本上，可能大大低於其他大型空中預警管制機。以殲 -20 爲基礎研發的空中預警管制機，將可加強殲 -20 中隊等作戰資產的戰鬥力，同時又可以比空警 -500 等大型空中預警管制資產，部署於更多方面的用途。

打擊改型機

自 2010 年 12 月首次出現殲 -20 的圖像以來，分析師多次強調解放軍可能對第五代高續航打擊飛機有廣泛用途。而且西方分析師當時普遍將殲 -20 機體誤認爲一款打擊型戰鬥機的印象，讓中國開始部署第五代遠程打擊戰鬥機的說法獲得愈來愈廣泛的討論。例如蘭德公司 2015 年的一份報告中強調，殲 -20「結合了先進匿蹤和高續航能力，可能使美國海軍的水面資產面臨風險，而殲 -20 具備的長程海上打擊能力，可能會比 F-22 這樣短程空優戰鬥機更令人擔憂。[492]」美國海軍戰爭學院的一份報告同樣強調了殲 -20 做爲一個「有效水面攻擊平台，可在數百海浬外海域發動攻擊」的價值——一開始這份報告並不認爲殲 -20 主要是爲了空中優勢而設計的戰鬥機[493]。

2019 年 1 月 15 日，美國國防情報局針對中國人民解放軍的年度報告總結，中國「正在爲中國人民解放軍空軍研發新型的中長程匿蹤轟炸機。[494]」殲 -20 機身預計將獲得使用一系列類似 F-35 的遠端打擊武器的能力，不同於 F-22。然

而，開發專門的打擊戰鬥機型的可能性是顯著的。這在 F-22
計畫中有一個顯著的先例，洛克希德‧馬丁公司於 2002 年
開始研究重新設計的概念，以使飛機的航程加倍並顯著增加
其內部有效載荷——該設計後來被指定爲 FB-22。FB-22 的
加速度、速度和機動性能都下降，但可攜帶的武器裝備提升
到原來 F-22 的 375%。除了增加第二個座位外，FB-22 的機
身設計基本上沒有什麼變化，但可攜帶的燃油量增加 80%，
機翼表面積也變成原本 F-22 的三倍 [495]。

以 F-22 作爲基礎改動設計，預計可以實現 80% 的零件
通用性，並確保開發成本會比直接開發一架全新打擊戰鬥機
低 75%[496]。美國空軍方面的領導人強調，FB-22 的速度、生
存力、航程和酬載都會使其在攻擊目標處於嚴密防禦且時間
有限的任務中，具有獨特的實用性 [497]。時任美國空軍部長
的詹姆斯‧羅什建議，可能可以採購多達 150 架 FB-22[498]。
不過後來因爲基本款 F-22 本身存在的諸多問題，FB-22 的
研發計畫遭到反對，所以 FB-22 一直停留在概念發想的階段
[499]。儘管屬於第四代，俄羅斯推出的蘇 -34 專用打擊戰鬥
機是一個更爲成功的計畫，它是以蘇 -27 爲基礎。該機型經
過大量改裝，包括顯著提升的續航能力，重量增加了 50%
以上，並在一定程度上應用了匿蹤技術。[500]。殲 -20 的打
擊改型機有可能被命名爲殲轟 -20，研發路徑基本上應該與
FB-22 相同。一個最大的區別，是 FB-22 在設計上沒有攜帶
反水面飛彈、反輻射飛彈或反艦飛彈，只能從很淺的武器艙
投放重力炸彈，而殲 -20 的打擊改型機則將幾乎可以攜帶一

系列的超視距飛彈，做為機上主要的武器裝備。

　　由殲-20衍生出來的打擊型戰鬥機，可以大大提升中國戰術戰鬥航空部隊之間的戰鬥機通用性，同時為整體的殲-20計畫提供更可觀的規模經濟效益。屆時殲-20系列機體不僅能取代蘇愷側衛家族戰鬥機和殲-10，這種打擊戰鬥機還能替代擁有大約260架殲轟-7的艦隊，其中約一半服役於海軍和空軍。此外，替換國內約200架轟-6中程轟炸機的一部分也是一個可能性。這些打擊戰鬥機將補充中國人民解放軍在反水面和反艦能力方面的其他重要投資，包括開發隱形無人機和高超音速滑翔飛行器等資產，特別是針對第一和第二島鏈的目標。殲-20打擊機將使關島上的美軍設施面臨更大風險。如果再加上空中加油能力，它甚至可以威脅到威克島或夏威夷的美軍設施。這樣做將增強針對這些目標的大規模水面和艦載彈道飛彈及巡航飛彈能力。消除允許西方國家向東亞投射力量的關鍵設施和海軍資產，可能是此類戰鬥機的主要設計目標。這將補充了非隱形但武器裝備逐漸增強的轟-6轟炸機的能力。從殲-20衍生出一種打擊戰鬥機的可能性，目前仍純屬推測，尚無明顯跡象表明正在積極考慮這一點。然而，考慮到對蘇愷-27進行的修改、對F-22考慮的先例，以及中國人民解放軍對殲轟-7繼任者的需求，這種可能性很可能會被探討。

- **電子戰飛機和無人機控制機**

　　2021年4月，正當外界不斷流傳雙座型殲-20即將問

世之際，國防專家們在為總部位於西安的軍事雜誌《兵工科技》撰文時，強調了雙座型殲 -20 的優勢和作用：「雙座型殲 -20 的出現是因為殲 -20 的任務已經多樣化，所以中國需要一種能力更強的戰鬥機……殲 -20 因為有強大的供電能力、射控雷達和高度整合的航電系統，所以可以輕而易舉地執行電子干擾任務。」至於在電子攻擊上的發動：「我們可以想像前座飛行員會負責駕駛戰鬥機，而後座的飛行員則負責操控電子干擾平台，讓殲 -20 成為敵方電子設備的惡夢。」專家也提到，雙座型的戰鬥機後座還可以容納無人機的控制器：「無人機可以成為引誘敵機或吸引匿蹤戰機的誘餌……無人機還可以幫忙收集情報，對防空系統發動攻擊並獲取空中優勢。[501]」

北京《航空知識》雜誌主編王亞男在 2022 年 1 月的一次採訪中強調，雙座型殲 -20 後座的第二名飛行員，有助應對更複雜的戰鬥環境，例如負責操控無人機。這些無人機可以伴隨殲 -20 飛行，大幅提升戰鬥機的火力、狀態意識和電子戰能力[502]。2022 年 10 月，中國官媒中央電視台公布了殲 -20 指揮匿蹤無人機編隊飛行的電腦模擬畫面。該款匿蹤無人機可能是以攻擊 -11 無人機的機體為基礎進行研發，預計這種真人駕駛戰鬥機與無人機的配合也將成為第六代戰機的一項顯著特徵。作為唯一具有雙座型衍生的第五代戰機，殲 -20 處於獲取類似能力的有利位置[503]。

未來技術

　　跟 F-35、蘇愷側衛家族戰鬥機和其他以大型計畫開發的戰鬥機一樣，預計隨著中國國防部門以及整體科技部門，在發展關鍵新興技術方面的領導地位得到加強，殲 -20 在生產多年以及未來，將繼續看到其性能實現實質性改進。在殲 -20 正式開始服役的不久後至今，解放軍空軍所有機隊的殲 -20 都一直在接受軟體的升級更新，同時，戰鬥機的匿蹤能力和一系列子系統也在一次又一次逐步獲得顯著提升後，爲更新型的機型帶來重要的性能優勢。自第一批殲 -20 開始服役以來，中國官員一直強調，殲 -20 的控制系統、匿蹤塗層、機體材料、感測器和發動機，是戰鬥機性能提升的關鍵領域所在 [504]。

　　除了這些循序漸進的改良外，一些新技術領域的進展也有可能從根本上改變殲 -20 在軍事行動中的貢獻。儘管軍事研發工作的保密性讓外界對中國航空領域的許多潛在新能力充滿揣測，但現在已經流出的資訊依舊顯示了一些重要跡象。目前廣爲期待的一項殲 -20 早期改良，就是內部武器艙的空對空飛彈酬載量；五角大廈的多份報告都強調了這項改良被執行的可能性，並將武器艙改良也列爲美國匿蹤戰機計畫的優先執行項目 [505]。自從殲 -20 的中央武器艙首次亮相以來，觀察家們就強調這個武器艙內部「異常未滿」，有可能容納更多飛彈 [506]。其中一種可能可以實現擴大酬載量目標的方法，就是裝設新的飛彈架，就像在 F-35A/C 上增設的

「助手」飛彈掛架一樣 [507]。類似 F-22 彈射發射系統的使用，也可以成為增加飛彈酬載的主要方式——只是因為殲 -20 內部武器艙的實際狀況很少對外公開，所以或許這個解決方案早就已經被套用在目前的殲 -20 機體設計上。除了增加攜帶飛彈的數量，殲 -20 預計還可能攜帶霹靂 -10 和霹靂 -15 飛彈的改良型號，以及下一代能力更強的飛彈。據五角大廈的報告猜測，下一代飛彈包括一種利用衝壓噴射引擎推動的長程飛彈，可提供更大的「不可逃逸區」，從而提高遠距離發射時的殺傷概率，尤其可以針對機動性更大的攻擊目標 [508]。霹靂 -10 的後繼型號有時被非正式地稱為「霹靂 -16」，但目前沒有任何跡象可以看出其所具備的能力⑥。

除了改進飛彈能力，中國官媒中央電視台在 2020 年還報導了解放軍正在研發機載雷射攻擊莢艙的相關消息。中國國防企業曾在展覽上公開展示類似 LW-30 的指向性高能量雷射防空武器 [509]。雷射武器在發射後不給目標飛機躲避或啟動反制措施的時間，有可能使戰鬥機在每次出動時攻擊更多的目標，而且每次射擊的成本遠低於有限的飛彈庫。不過雷射武器需要大量能量才能有效發揮作用的先天特性，預計將大幅推遲其被裝設於戰鬥機上的時間點。2022 年 1 月，刊載於官媒《環球時報》的文章強調，殲 -20 不僅可能發展

---

⑥ 在 2022 年 11 月的珠海航展上，一種新型改良版的霹靂 -10 飛彈亮相。新型飛彈似乎配備了雷達而非紅外線追蹤器，但仍不確定該飛彈會用於殲 -20，還是用於直升機和無人機等其他缺乏大型雷達導引飛彈的資產。

出無人機的操控能力並被開發成無人機改型機，未來還有可能配備雷射武器 [510]。

全國人大代表兼殲 -20 飛行員的高中強在 2023 年 4 月強調，爲了促進更強大的網路中心戰戰力，更加無縫傳輸的戰鬥機通訊可能是殲 -20 未來改良的重點。他說：「飛行員在空戰中應該跳出個人的視角⋯⋯將自己置身於聯合作戰的系統中，爲整體勝利做出更大貢獻。」他強調，過去飛行殲 -20 和其他現代級別戰鬥機的經驗，讓他已經習慣於接收內含大量資訊的雲端地圖資料。他呼籲解放軍各部門之間，應該透過持續改良的通訊網路，加強相互之間的整合——官方媒體對其發表評論的大力宣揚，也代表官方在一定程度上認可他的說法 [511]。高中強呼籲建立的網路，就類似於美國對第六代戰爭網路的預測，其中各服務平臺之間實現了完全無縫的資訊共用，符合所謂「聯合全領域指揮管制」（JADC2）的概念。預期發展將在空中戰爭能力方面，使中美與其他協力廠商國家拉開更大的差距 [512]。正如《環球時報》所下的結論：「大量數據很可能會先由人工智慧進行預先處理、篩選和重點提示，然後再交由人類操作員處理，以便後者能做出最佳取勝決策。[513]」

2021 年 4 月，當時駕駛殲 -20 處女航的中國人民解放軍空軍飛行員李剛提出了未來殲 -20，或將搭載二維推力向量發動機以提高機動性的可能性 [514]。有長期存在的猜測表明，這種戰鬥機至少在測試方面已經整合了這樣的引擎。總設計師楊偉在 2018 年被問及殲 -20 何時會使用向量發動機

時曾反問：「你問我什麼時候會使用，但你怎麼知道我們沒用過？」李剛強調，殲-20未來可能會使用噴嘴可以垂直和水平移動的推力向量——也就是所謂的三維推力向量——引擎。這項技術由俄羅斯在1990年代首創，據推測2015年已經和蘇愷-35一起轉移給了中國。這項技術也從2018年開始透過殲-10展示。西方唯一擁有推力向量發動機的戰鬥機，也就是F-22的噴嘴只能垂直移動，即只具備二維的推力向量[515]。

2022年8月底公開的影像畫面顯示，在中國東北長春解放軍空軍的開放日活動上，一架殲-20展示了極高的低速機動性能，其所展示的急速爬升和轉彎性能，與殲-20之前只有展示過的基本飛越和保守轉彎，形成鮮明對比[516]。一個月後公布的影像畫面又顯示，殲-20演示了前所未見、複雜且激烈的低速操演，包括垂直爬升時轉彎和機頭向上的滑翔，進一步加劇外界對殲-20已經裝備推力向量發動機的猜測[517]。更多極限操演畫面在11月又被公布，隨後也陸續流出更多畫面[518]。

裝有渦扇-15發動機的改良版殲-20B有望在整個生產週期期間，裝設推力向量發動機。推力向量發動機對殲-20的價值，以及它所能帶來的好處是否值得殲-20增加成本和機體重量，一直是分析師們討論的重點。俄羅斯的消息來源指出，推力向量可使戰鬥機利用瞬間靜止而「從敵方戰鬥機的定位器中消失」藉此躲避雷達偵測，這對殲-20來說可能會是最大的好處[519]。而推力向量對殲-20來說可能相當關

鍵，因為隨著潛在敵對國家機隊匿蹤戰機的數量快速增長，想從更遠距離瞄準敵機的困難性增加，與敵機在短距離交戰的可能性也提高，所以短距離極低速的機動性，就會提供很重要的優勢。

除了預期中的匿蹤塗層持續改良，中國研究機構正在進行的研究工作，有可能為戰鬥機的匿蹤能力帶來革命性的改善。2019 年 7 月，中國科學家在利用電磁波模型強化匿蹤能力的技術上取得突破性的進展，創造了研發出更輕、更便宜、更難被探測到的飛機的可能性。羅先剛教授所領導的成都中國科學院光電技術研究所團隊創造了世界上第一座數學模型，精準描述電磁波（包括雷達波）撞擊刻有顯微圖案金屬片時的反應。這個模型結合近期在材料製造方面取得的突破性進展，可以開發出一種被稱為「超穎介面」的薄膜，吸收目前已知頻譜最寬的雷達波。雖然戰鬥機大小的匿蹤飛行器比較容易被長波雷達偵測到，而且隨著感測器和資料共享技術的提升，匿蹤戰機愈來愈難躲過雷達偵測，但超穎介面技術的應用可以使未來中國的匿蹤飛行器（包括之後的殲 -20）更難被偵測到 [520]。

上海復旦大學一位未具名的匿蹤技術研究人員（並未參與上述研究專案）強調，新的超穎介面技術可以讓未來飛機躲過世界上每一種雷達的偵測。他說：「達到這種吸收範圍令人難以置信。我從未聽說過有人可以表現出近乎於此的性能。目前可以吸收有效範圍在 4 到 18 千兆赫茲之間的技術都已經被認為是非常、非常厲害了。」超穎介面技術據報導，

對 0.3 至 40 千兆赫茲之間極廣範圍頻率的雷達具有效果 [521]。超穎技術所使用的材料是奈米等級的精細表面，理論上具備彎曲紅外線輻射的能力，中國中央電視台和新浪網都分別報導過超穎介面材料的研發及其在匿蹤飛行器領域的潛在用途。

另一項在匿蹤性能的強化上，可能更有前景的研究領域，是利用電漿吸收雷達訊號波的技術。幾份 2022 年 8 月的報導強調，中國已經開發出一款可以用於提升未來轟炸機匿蹤能力的電漿裝置。報導中還提及這項技術可能可以製作其他衍生裝置，協助像殲 -20 這樣戰鬥機大小的飛行器進行類似的匿蹤能力強化 [522]。用電漿技術提升匿蹤性並非沒有先例，蘇聯就曾以電漿匿蹤技術研發米格 -1.42 的「隱身」系統，利用電漿流吸收無線電波，將雷達截面積降低到其先前水準的一小部分。[523]。在冷戰期間，有著轟炸機尺寸的美國中央情報局 A-12 偵察機也曾採用早期的電漿匿蹤技術 [524]。據傳俄羅斯的鋯石巡弋飛彈也採用這項技術 [525]，但無論是 A-12 偵察機或是鋯石巡弋飛彈，因為飛行速度分別高達 3.35 馬赫和 9 馬赫，所以要實現這項技術更容易。

後來也有報導指出，一系列正在研發中的新技術，不僅可以提升殲 -20 在目前的配置下的性能，還可以擴大其可執行的任務範圍。2018 年 4 月有報導稱，F-35 正在進行現代化改造以執行飛彈防禦任務。美國國防部下轄飛彈防禦署的署長山謬・格里夫斯中將當時預測，F-35 在 2025 年前將做好執行此類任務的準備。他描述該項技術「即使不能改寫遊

戲規則，也能為未來的彈道飛彈防禦做出重要貢獻。[526]」早在 2014 年，一架 F-35 就成功追蹤過一次飛彈發射，並透過資料鏈路傳輸追蹤資料；在經過其他測試之後，一架 F-35 於 2019 年 8 月也成功向美國陸軍的整合防空與飛彈防禦作戰指揮系統，傳輸一枚戰略飛彈發射後的即時追蹤資料[527]。在之後的測試中，F-35 做為與飛彈防禦網路連接的「空降感測器」的作用獲得了進一步的完善[528]。美軍比解放軍更重視彈道飛彈防禦，是因為美軍面對的幾個軍事現代化程度較低的潛在對手，例如朝鮮、俄羅斯和伊朗，都高度依賴彈道飛彈來抗衡美國更強大的軍事力量。但也不能因此就排除殲 -20 在彈道飛彈防禦任務中發揮作用的可能性，尤其當美國在 2019 年退出《中程飛彈條約》以後，預計美國將會在西太平洋大規模地部署更多針對中國的地對地飛彈，因此中國也需要有所應對。

　　和 F-35 一樣，殲 -20 的廣泛部署和其所裝備的強大感測器，將有可能大幅提升飛彈防禦的狀態意識能力，並為攔截機提供更多提示資料。曾多次提出可能會為 F-35 開發的反彈道飛彈，讓 F-35 有能力將彈道飛彈消滅於飛行速度較緩慢的早期發射階段，可能也適用於殲 -20。使用小型固態機載雷射武器攔截彈道飛彈，也被認為是加強戰鬥機飛彈防禦能力的另一種可能性[529]。雖然殲 -20 配備了更大型的感測器套裝並具備更遠的航程距離，但 F-35 具有被部署在全球的優勢，包括從波斯灣到東歐、北極和朝鮮半島等地。F-35 在上述地區皆分布在眾多針對美國及其盟國目標的潛在彈

道飛彈攻擊關鍵發射地點附近。此外，所有海外客戶部署的 F-35 已連接同一美國網路，使美國軍方能夠眞正獲益於分布在全球上空的感測器陣列，收集關鍵目標的資料。相較之下，殲 -20 因爲部署範圍只在中國境內，所以無法像 F-35 一樣在飛彈防禦任務中發揮更大的作用。一般認爲彈道飛彈只有在離開大氣層之前的早期發射階段，才容易受到戰鬥機大小的感測器和武器威脅，而殲 -20 部隊在這個階段通常不太可能處於飛彈附近。然而，不可否認殲 -20 在彈道導彈防禦方面發揮主要作用的可能性，特別是隨著美國在 2019 年退出中程核力量條約，將爲主要針對中國的大規模地對地導彈部署鋪平道路。這些導彈的大多數預期部署地點，將位於殲 -20 在中國基地的非常廣泛的作戰範圍內。

　　雖然一直以來外界都在猜測中國可能正在爲殲 -20 研發新型雷達，但在 2022 年取得的相關技術早期突破，讓紅外線搜尋與追蹤系統很有可能進行全面革新，因此之後更大的可能是利用新型的紅外線搜尋和追蹤系統，提升戰鬥機感測器套組的功能。紅外線搜索和追蹤系統讓戰鬥機可以在沒有任何雷達訊號的情況下持續運作，雖然因爲它們追蹤的是熱源訊號而非雷達截面積，所以被認爲是對抗匿蹤目標的最佳選擇，但探測距離一般都在 120 公里以內，限制了做爲輔助感測器的功用。這也跟在極端遠距的情況下，可以回傳到探測器鏡頭的光子數量有限有關。然而根據同儕審查的中國期刊《紅外與激光工程》（卽《紅外線與雷射工程》）所述，由中國國防部門一個未經證實部門所開發的紅外線追蹤系統

在 285 公里的距離外，依舊可以提供清晰影像，包括目標飛行器的外觀輪廓、轉子、尾翼和發動機數量，全都清晰可見 530。這有可能爲包括殲 -20 在內的中國戰鬥機，提供目前爲止世界上最強大的反匿蹤能力。一旦這些技術被投入使用，還可能爲紅外線導引的防空飛彈（如霹靂 -10 的後繼型號）尋標器，帶來革命性的應用。

基於中國目前在高科技領域的優勢，殲 -20 不僅有可能成爲首款得益於量子衛星通訊的戰鬥機，而且還將在人工智慧方面享有顯著優勢；尤其隨著殲 -20 開始配合支持「僚機」的無人機一起投入實戰，並搭載人工智慧「副駕駛」（詳見第四章），人工智慧的應用更是意義非凡。雖然上述提到的未來技術何時、甚至是否會實際應用於軍事領域目前尚不確定，但中國在量子電腦、量子通訊、甚至是應用機會可能更小的量子感測器方面的研發具有領先優勢，讓中國站上了有機會率先應用這些技術的有利地位。這將大幅提升殲 -20 本身及任何配備於其上的作戰網路之能力。

下一代戰鬥機

早在中國首架本土自製的第四代戰機開始正式服役之前，殲 -20 的研發工作就已經展開。同樣地，到了 2010 年代末期，第六代空優戰鬥機的研發工作也已經有條不紊地展開。中國航空工業集團科技部副主任楊偉在殲 -20 服役了十二個月後的 2018 年 3 月暗示，在專注於殲 -20 改良的同

時，「我們也要開始考慮我們的下一代戰鬥機，以滿足國家未來的要求。[531]」曾擔任過殲-20總設計師的楊偉，據報導也將在第六代戰機的研發工作上扮演類似的領導人物，反映出兩項戰鬥機計畫之間存在一定程度的連續性。當殲-20讓中國成為美國在戰鬥機航空領域唯一近距離競爭對手，而殲-20和F-35戰機在關鍵技術的整合上也獨步同行，中美雙方因此站上了競爭激烈的舞台，各自努力研發這兩款第五代戰機的下一代後繼機型。

2021年3月，美國空戰司令部司令馬克‧D‧凱利上將警告，中國人民解放軍空軍可能成為世界上第一支配備第六代戰機的軍隊。「我個人對〔美國下一代空中優勢（NGAD）六代戰鬥機計畫〕的技術會得到實際應用充滿信心」，而且想要與NGAD戰鬥機對抗的敵人「每一天、每一週、整場戰爭絕對都會感到非常痛苦。但我不敢肯定的是……我們的國家是否有勇氣和專注力，在中國這樣的國家將第六代戰機投入使用，並用第六代戰機來對付我們之前，更早開始將第六代戰機投入實際運用。」他還強調：「我們只需確保持續推廣我們的論述，並明確我們作為一個國家取得的最大好處——即擁有領先的技術，確保我們在空中擁有優勢。[532]」凱利在隔年9月又重申了這一點，並表示中美雙方的競爭確實不相上下，暗示中國和美國的第六代戰機可能會在幾個月不到的時間差內相繼投入服役[533]。

對於中國多快可以研發出第六代戰機的擔憂，幾乎可以肯定是嚴重受到殲-20所創下的極快研發進程先例所影響。

除了發動機的研發時間稍長，殲-20整體的研發進度一直超越所有西方國家的預測，而且升級改版的速度也很快。儘管殲-20是中國第一架真人駕駛的匿蹤戰機，而F-35已經是美國的第四架，但殲-20仍然以更快的速度完成研發工作。殲-20的首次示範機飛行比F-35晚了十一年，卻依然能在F-35被首次交付給美國空軍的幾個月後，就開始把系列生產的殲-20交付給中國人民解放軍空軍。殲-20從首次示範機飛行到正式上服役，僅花了六年時間，與當年殲-10花費的時間一樣。反觀F-35和F-22則耗費了十五六年。在能力更強大的第六代戰機研發競賽中，中國的技術和工業優勢要比第五代戰機時代強得多，所以確實有理由擔心中國可以在第六代戰機的研發競賽中輕鬆取得領先，尤其是在戰鬥機上線服役的速度方面。

2021年10月下旬，在成都飛機工業集團的測試機場上，出現了一架新型的菱形三角翼機體：機頭部分很窄，翼展與殲-20差不多。這架飛機既沒有尾翼，也沒有水平尾翼，沿著機體背部的中心線是一整條類似駝峰的隆起。該飛機與第六代空優戰鬥機的概念大體相似。正如具備匿蹤技術是第五代戰機的關鍵先決條件，無尾翼的外觀設計也被廣泛認為是下一代戰鬥機的潛在先決條件。這樣的機體外觀設計會需要更先進的飛行操控裝置，獲得更高的持續高速巡航效率及卓越的匿蹤能力。在此之前的無尾飛行器，例如美國空軍的B-2幽靈轟炸機和中國人民解放軍空軍的攻擊-11無人機，都是為空對地或偵察任務設計的，而要設計一款具有戰鬥機

飛行性能的無尾飛行器，特別是在不能依賴推力向量的高速情況下，被認爲是第六代戰機研發上的主要挑戰。由於影像畫面不夠清晰，所以目前還無法確定成都測試機場上的這架飛機是有人駕駛機還是無人駕駛機，但它很有可能是被用於下一代戰鬥機研發計畫的技術示範機或伴飛用的「僚機」無人機。此外還無法確定的是，該架飛機是否已經飛行過，或是否是刻意想被衛星拍到。成都測試機場過去曾是中國許多最創新飛機設計的基地。

2023 年 1 月，中國航空工業集團公開了以電腦生成的無尾戰鬥機編隊飛行畫面，與美國第六代戰機的概念設計大致相似。這些戰鬥機的機身與殲 -20 非常相似，所以外界猜測這些戰鬥機很有可能是殲 -20 衍生機型的改造版，改造目的是希望能一舉增進匿蹤能力，使其具備第六代戰機的性能水準。這個概念就和美國當初曾短暫進行過的 F-22 無尾衍生機型──被命名爲 X-44 鬼蝠魟──的研發想法差不多。這種殲 -20 衍生型號可以通過提供成本較低、開發時間較短的無尾戰鬥機，來補充全新的第六代戰機設計 [534]。

全新的第六代戰機在設計上可能會缺乏機動性，但把重點放在戰鬥機的航程距離、武器酬載，以及指揮無人機群的能力。這個觀點在楊偉本人發表的一篇論文中也有提到，他強調匿蹤、電子戰、人工智慧、感測器和網路中心戰的能力應該是第六代戰機優先考量的特徵 [535]。這與美國方面的預測不謀而合，美國強調下一代戰鬥機在飛行性能的特點上可能更接近匿蹤轟炸機，包括使用多台發動機爲定向能量武

器提供動力，以及可容納多名機上人員指揮伴飛「僚機」無人機的空間設計，而且機體尺寸可能比前幾代戰鬥機要大得多 [536]。

中國人民解放軍空軍在接收第一架第四代戰機（1991年交付的蘇聯蘇愷 -27SK）的二十五年後，才接收到第一架第五代戰機。而第五代戰機和第六代戰機之間的間隔預計會縮短許多。中國在可以自行生產製造第四代戰機之前的近 15 年間，一直是從國外採購蘇愷 -27SK 戰鬥機，蘇聯的解體又讓中國完全失去了可能採購第五代戰機的來源⑦，這就意味著中國第五代戰機的採購工作必須要往後推延，以等待中國國內的國防部門跟上腳步——先是追趕上第四代戰機工藝的水準，然後是第五代戰機水準。而第五代和第六代戰機之間就不會存在類似的延遲差距，因為中國這兩代的戰鬥機都是自行研發製造。中國的工業基礎在 2010 年代中期，遠比開始研發殲 -20 的時候跟得上時代。中國的戰鬥機研發規模變得更大，關鍵產業的發展腳步更快，並在具備顛覆潛力的新技術上更具主導優勢。中國在這些新技術領域漸趨成

---

⑦ 在 1990 年代初，中國迅速獲得第五代機的最佳機會，似乎是通過蘇聯米格 1.42 戰鬥機計畫。如果米格 1.42 計畫如期在 2000 年左右交付一架實戰飛機，並且莫斯科隨後像對蘇愷 -27 一樣在服役七年後開始向中國交付，那麼中國空軍在 2010 年之前就能獲得第五代機。如果蘇聯的戰鬥機研發計畫沒有瓦解，美國空軍很有可能也會更快開始裝備第五代機，因為開發 F-22 的先進戰術戰鬥機計畫就不會被大幅削減，而且還會更加緊鑼密鼓地進行。

熟，並準備將其投入現實世界的應用，這些因素加總起來，都使中國在迅速發展第六代戰機方面處於強大的位置。

　　一項對第六代戰機研發速度具有重大影響的關鍵技術，是先進數位組裝和測試技術。這項技術被認為會比現實世界中的實際測試更便宜、更快速、更直截了當。這項技術還有可能讓戰鬥機的升級更加容易。這項技術最知名的應用，就是波音 T-7 教練機的研發工作。因為有了先進數位組裝和測試技術，T-7 從概念發想到首飛只花了短短三年 [537]。美國空軍採購負責人威廉・羅柏針對先進數位組裝和測試技術，在 2020 年 T-7 計畫中的應用表示：「某架飛機的設計方案有沒有可能在正式起飛前，就已經模擬飛行過數千個小時？在真的切割任何一塊金屬進行製造之前，就已經進行過數百次的設計和組裝？這個東西的設計、製造和測試，能不能不要耗費上千人的人力而是只靠不到兩百人，利用先進的設計工具去串連全球網路的數位環境完成？可以，而且我們已經辦到了。[538]」《空軍雜誌》的結論是：「新的 3D 立體建模軟體讓業者可以創造一個戰鬥機設計方案的數位分身，在虛擬的風洞中測試其性能，並迅速做出調整，而不需要在現實世界彎折任何一塊金屬。[539]」

　　除了被用來開發教練機，羅柏在 2020 年 9 月還透露美國第六代戰機技術示範機的研發過程中，也有用上先進數位組裝和測試技術。他稱讚新的虛擬組裝和測試技術有可能扭轉美國戰鬥航空工業衰退的劣勢。小型團隊可以透過這項技術快速、經濟地生產出多種相互競爭的設計，與過去五十年

的趨勢形成鮮明對比[8]。美國在過去五十年裡，成本和複雜性的增加延長了研發時間，戰鬥機計畫的數量也急劇減少[540]。雖然中國的戰鬥航空部門能夠同時開展比美國更多的先進戰鬥機研發計畫，並始終只需花費美國所需時間的一小部分時間就能完成研發工作，但當美中兩國的數位組裝和測試技術趨於成熟，中國的優勢會被進一步擴大，還是說美國與中國的差距反而會因此縮小，當時很難預測。

到了 2023 年 5 月，率先使用數位工程技術的 T-7 研發計畫問題不斷，導致美國空軍部長法蘭克・肯德爾斷言，這些技術的優點被「過度誇大」，最多只能減少約 20% 的成本和研發時間[541]。這對美國想要縮小與中國在效率和開發時間上的巨大差距，帶來嚴重影響。然而，冷戰後美國的武器開發計畫在新技術的採用上，一直都有延誤或遭逢重大困難的情況，所以美國無法利用數位組裝和測試技術徹底改變戰鬥機的研發工作，並不一定代表這項技術在其他國家缺乏徹底改變戰鬥機的研發潛力[542]。由於數位組裝和測試技術

---

[8]　舉例來說，全世界從 1940 年代末期開始出現第一代戰鬥機，要到 1970 年代初期開始出現第四代機──也就是 1949 年引入 F-86 和 1974 年引入 F-14 之間，有一個 25 年的時期，它們分別是各自一代中第一批美國噴射機，而到了 2020 年代，第四代機依舊持續大量生產中。第五代機的複雜性使得第五代機的研發成果既緩慢又稀少，導致截至 2020 年 12 月─距離第一款第五代機服役的整整十五年後，以及第一款第四代機 F-14 首飛的整整五十年後──只有兩款（F-35 和殲 -20）在生產中且同時以中隊級的規模被投入使用的第五代機。

被認為是加速美國第六代戰機研發的核心技術，因此這項技術未能徹底改變美國戰鬥機研發計畫速度的事實，就意味著美國下一代戰鬥機的服役時間，可能會比之前的預計時間還要晚很多。

　　有顯著跡象表明，中國在數位化組裝和測試方面的投資在加速殲-20和其他關鍵戰鬥機的發展中發揮了關鍵作用，對新技術的快速和成功採用可能對這款隱形戰鬥機短暫的開發時間有重大貢獻。最顯著的跡象是首席設計師楊偉在2018年的聲明，通過殲-20、運-20、殲-15、鯤龍-600等一大批「大國重器」的研製，中國建立了數位化飛機研發體系，包括無紙化設計和生產，使得飛機的研發週期更短、品質更高。他當時還補充說在軍民融合發展方面也取得了巨大進展，以此為例強調，殲-20使用的碳纖維和超材料是由私營公司開發的[543]。殲-20的副設計師王海濤三年後表示，工業技術的進步顯著縮短了航空設備的研發週期，強調發展速度的重要性。他當時強調：「特別是像殲-20這樣的裝備，我們需要在設計、生產、測試和工藝等各方面，都加快速度。[544]」

　　在更強大第六代戰機的研發競賽中，另一項可能被證明具有決定性意義的關鍵技術是積層製造——更廣為人知的名稱是3D列印技術。中國工業在3D列印領域已經展現出強大的優勢，並已將該技術用於殲-15、殲-16、殲-20和FC-31等戰鬥機的零件製造。3D列印技術可以大幅縮短武器裝備從構想到生產的時間，進而既加快武器裝備的更新週

期，又縮短世代更新所需的間隔時間。同時 3D 列印技術也同樣有可能縮短新型飛行器的研發時間，扭轉新一代飛行器日益複雜，導致研發時間被迫不斷延長的趨勢 [545]。中國國防大學軍事後勤與軍事科技裝備教研部教授李大光等人，宣稱 3D 列印技術讓新型戰鬥機可以在短短三年內被研發出來。他強調，這項技術的優勢是讓任何形狀的零件，都可以直接透過電腦圖像生成，不需使用機械加工或模具 [546]。儘管李大光等人所謂的短短三年，指的是利用已知技術生產現有機型，例如殲 -10 所需的時間，而非還需要耗費十多年進行進一步研發的新一代戰鬥機，但積層製造技術仍有可能大幅加快下一代戰鬥機研發計畫的研發速度，尤其可以縮短研發後期所需耗費的時間。

積層製造還能大幅降低武器軍備的生產成本，因為像切割、打磨、腐蝕和熔化等傳統生產方法，會造成原物料 90% 以上的耗損浪費，但積層製造則幾乎不會造成任何浪費。對戰鬥機製造如此高昂的原料成本來說，這一點尤其重要。積層製造帶來的成本節約效果也適用於備用零件的生產，所以等於戰鬥機後續的維護成本也可以降低。舉例來說，鈦雷射積層製造不僅能生產出更輕、更高級的零件，還能藉由消除焊接縫中的多餘金屬來簡化生產，同時還能大幅減少金屬材料的浪費。2013 年，中國工業開始創下利用雷射積層製造技術，製造出最大鈦零件的記錄 [547]。

殲 -20 的研發工作剛展開時，中國的軍事航空部門，或者退一步說是更廣大的科技部門，在最頂尖的先進技術上都

還遠遠落後其他國家。然而在開始要研發第六代後繼機型的此時此刻，中國無論在國內生產毛額或高科技的製造和研發規模上，已經毫無疑問地與美國分屬世界前兩大的領先國家。因此雖然殲-20或許很有可能受到米格-1.42的影響，性能要求也受到F-22和F-35的預期能力所影響，但屆時要接替殲-20的第六代戰機機型，很有可能成為全球第一架第六代戰機，並影響其他國家之後的第六代戰機研發方向。楊偉觀察到，儘管中國的軍事航空部門一直透過殲-20計畫努力消弭與美國的差距，但接下來在研發第六代戰機時的情況就完全不同了。預計中國將成為引領潮流的先鋒和先行者。他說：「過去在設計軍用飛行器的時候，因為我們的研發能力還比較落後，所以只能遵循前人的腳步走，但現在我們已經有能力設計和製造出我們自己想要擁有的東西。[548]」

　　隨著中美兩國都將推出第六代戰機在即，預計殲-20和F-35也會開始整合一系列第六代戰機的技術。這將遵循第四代戰機開始整合第五代航電、感測器、武器，有時甚至包括超巡航等飛行性能屬性的先例，隨著行業接近將它們的下一代繼任者投入服務。正如這些強化版的第四代戰機在2000年代初期會被稱為四代半戰鬥機一樣，殲-20和F-35最終也可能被視為五代半戰鬥機，因為它們相對於基準的第五代戰機，如F-22，其優勢將繼續增強。事實上，俄羅斯的主要目標似乎是在蘇愷-57上測試第六代戰機技術（如極音速和定向能量武器），將蘇愷-57提升到五代半的水準，因為就目前可預期的未來，俄羅斯真正意義上的第六代戰機

不太可能出現 [549]。除了戰鬥機本身的強化，在殲 -20 上採用第六代戰機技術也可能是爲了要進行測試，以協助第六代後繼機型的開發——就像預計在第六代升級版的戰鬥機被交付前，F-22 都不會從美軍機隊提前退役。F-22 也在 2022 年時被證實將擔任美國次世代制空權戰鬥機技術的研發測試平台 [550]。與 殲 -20 和 F-35 不同， F-22 在提前退役之前預計不會整合第六代技術，除非用於測試目的。

由於一般預期第六代戰機的成本會非常高，而且投入服務的機體數量較少 [551]，所以第五代或五代半設計的戰鬥機可能會在第六代戰機時代，扮演相當重要的角色。五角大廈預測所謂每架次世代制空權戰鬥機「數億美元」的成本，被認爲只提及採購成本，不包含各種營運成本或伴飛「僚機」無人機，因此第六代戰機的機隊規模預計會非常小。如果 NGAD 戰鬥機的營運成本和 F-22 差不多，那麼機隊規模可能接近 200 架，具體數量取決於五角大廈要爲第六代戰機的機隊，削減 F-35 等其他武器計畫多少的軍費開銷。而五角大廈投資第六代機隊的意願，很可能在很大程度上取決於其對威脅的感知。比方說蘇愷 -57 可以被認爲構成了多大程度的威脅、F-35 在應對殲 -16 和蘇愷 -35 這類高階第四代戰機威脅的成效好不好、中國人民解放軍空軍預計要裝備多少架殲 -20，以及預計較少數量的 NGAD 戰機能有效對抗較大的殲 -20 艦隊有多大能力？

中國國防工業不斷展現其有能力以極低成本、極短時間，開發出同等級武器系統，而且通常較少出現可靠性問

題。這主要歸功於中國國防工業的規模更大，具備更健全的生產和研發基礎，以及購買力優勢，所以中國的國防發展處於極有利的位置，比美國花更少成本、以更快速度，開發出問題較少的第六代戰機。就拿現在已經看到的殲-20 的成果來說，殲-20 在正式服役前的研發成本據估計只有 F-35 的 7.9%——是 44 億美元之於 555 億美元——這是好幾項顯示中美效率相差甚遠的指標之一。所以大型的殲-20 機隊具有可行性，而大型的 F-22 機隊則不具可行性[552]。除此之外，F-35 還存在數以百計的缺陷，這些缺陷不僅導致五角大廈反覆拒絕對其進行全面生產認證，而且在該戰鬥機能夠為高強度衝突做好準備之前，還增加了數百億美元的額外開發成本[553]。

　　除了研發成本，採購成本同樣顯示出中美兩國國防部門之間的巨大差異。美國空軍負責武器裝備採購的副助理部長卡梅隆·霍爾特少將，最近一次在 2022 年指出：「按購買力平價計算，中國花費一美元所能獲得的軍事力量，美國要花費二十美元。」他強調，中美購買力平價的差異和美國「非常中央集權且微觀管理的撥款系統」，都將嚴重限制了美軍與解放軍競爭的能力[554]。這個說法與美國戰略司令部司令約翰·海騰上將的警告如出一轍，即中國正在以令人難以置信的速度和成本效益，進行新武器的研發計畫，而美國卻可能面臨越來越大的落後。「進度緩慢、造價昂貴，這就是現實……我指的是整個流程……整個流程都已經崩壞……我們必須加快腳步，但我們並沒有這麼做，這讓我感到非常

沮喪。你看看眼前的威脅，如果我們沒辦法走得比威脅者更快，那就是不對。」他將美國國防部門的表現，與冷戰時期進行了對比[555]。

所以目前主流趨勢都強烈顯示，中國第六代戰機的研發不僅會比競爭對手美國更快，耗費的成本也更低，而且之後解放軍還能負擔數量更為龐大的第六代戰機機隊；而美國空軍卻只會擁有數量很少的第六代戰機。另外由於中國國防工業具備巨大的優勢，中國第六代戰機的武器裝備和輔助資產（例如「僚機」無人機）也很有可能比美國同類產品更經濟實惠，開發起來也更省事。

除了中國和美國，在第六代戰機的研發上，基本上並不存在其它有可能和中美兩國一較高下的挑戰者。歐洲的製造商缺乏第五代戰機的相關經驗，就連第四代戰機的研發計畫都存在許多重大缺陷；戰鬥機研發的產業面、行政面和研發面也都存在明顯不足，一切跡象都顯示歐洲在第六代戰機研發上的無能為力。以專利申請作為技術水準的指標，在2017年殲-20投入服役時，中國大陸和美國分別占全球專利申請的40%和19%（日本和韓國分別占10%和6%），而歐洲集體只占5%（五年後，中國的份額增長到47%，而美國的份額下降到17%）。這是歐洲技術地位明顯下降的多個指標之一，嚴重限制了其在如戰鬥機航空等領域同等水準上的競爭能力。[556] 法國、德國、西班牙在2018年宣布要聯手進行第六代戰機的研發後，很快就傳出他們遇上嚴重問題的報導。2022年7月，這項聯合研發計畫的主要承包商

達梭航太的執行長艾瑞克‧特拉皮爾宣布，由於研發過程中碰到的各種問題，研發中的第六代戰機預計要在 2050 年代才有機會完成 [557]。所以法德西第六代戰機的研發，將落後中美兩國大約四分之一個世紀。同樣在 2018 年，英國、瑞典和義大利也宣布要攜手研發第六代戰機。該計畫名爲「暴風」，表面上看起來比較有組織，但由於一系列因素，其中包括機身設計帶有尾翼，似乎不太可能被視爲眞正的第六代戰機。它更有可能是一種先進的第五代或是五代半戰鬥機，可能配備有一些第六代水準的航電系統。

　　至於俄羅斯，關鍵新興技術領域的工業基礎和研發規模更爲有限，與歐洲面臨差不多的重大缺陷，而中國和美國在關鍵新興技術的研發上，置於所有其他國家不可及的地位。蘇愷 -57 第五代戰機計畫的嚴重拖延，再加上莫斯科儘管在握有大量預算盈餘的情況下，也始終不願意大量投資開發全新的戰鬥機，以及其他因素共同導致該國家在第六代戰機的開發上，也已經遠遠落後中美兩國。因此，在 2010 年代，第六代技術的整合成爲蘇愷 -57 計畫的最重要目標之一。

　　殲 -20 計畫在首飛後的十年中，取得了卓越的進展，使中國在第五和第六代戰機領域成爲和美國可以等量齊觀的競爭對手，爲中美在第六代領域將世界上的其他競爭者更遠地拋在後頭奠定了基礎。這一點在美國逐漸被認識到，未來的中國戰鬥機被普遍稱爲 NGAD 唯一預期的同級競爭對手，就像殲 -20 和 F-35 的情況一樣。

殲 -20 的海外部署情況

由於戰鬥機航空或許被普遍認為是最能代表國家軍事力量的象徵，殲 -20 的成功不僅是中國國家自豪的巨大源泉，也讓許多非西方世界國家為之振奮。對於那些受西方轟炸的伊拉克、南斯拉夫、利比亞和其他許多國家，並威脅要轟炸其他國家而感到不滿的國家來說，殲 -20 為他們帶來了希望。殲 -20 計畫的成功表明，即使在俄羅斯的第五代戰機計畫未能真正有意義實現的情況下，冷戰後往西方傾斜的空中霸權趨勢還是可以被中國扭轉。這讓中國的影響力因為日益強大的第五代戰機技術得以超出自身領土，不但讓中國有能力出口四代半戰鬥機給別的國家，甚至讓中國有機會成為第五代戰機的主要出口國。中國之前所有重型戰鬥機都是蘇聯蘇愷側衛家族戰鬥機的衍生機型，因此被禁止在國際市場上與俄羅斯出產的側衛戰鬥機競爭，而做為中國第一款完全自主研發的重型戰鬥機，殲 -20 是中國第一款有可能出口海外市場的重型戰鬥機。

從殲 -20 計畫的早期階段就清楚地看出，這架戰鬥機原本並沒有出口的打算。正如《中國日報》在 2018 年 3 月的報導：「中國航空工業集團正在測試另一款第五代戰機 FC-31，並希望藉此開拓先進戰鬥機的國際市場。解放軍空軍已經明確表示，不會允許殲 -20 的出口。」這就讓殲 -20 成為了世界上唯一一架正在生產，但並不對外出售的戰鬥機。中國能將造價如此昂貴的戰鬥機僅保留給自己國內使用，反映

出在所有主要國防部門中，作為全球兩個最大國防部門之一，中國的國防部門是最不依賴出口的。有能力保留頂級系統供國內使用，因此成為國力和經濟健康的重要指標。例如，蘇聯先前有能力不出口其頂級戰機／攔截機類別，但經濟下滑迫使其在 1980 年代末期進行政策變更，最終在 1990 年向中國出售蘇愷 -27。而在隨後的十年中，更極端的衰退推動了國防部門對出口的極大依賴，甚至也開始願意販售最敏感先進的科技和技術[558]。

在 2030 年代，隨著對第六代後繼機型的進展，殲 -20 有可能會開始提供出口。屆時解放軍空軍對更多殲 -20 的需求很可能會減少。這與美國在 1990 年代 F-22 生產開始後，積極向更多客戶推銷 F-15 的做法類似，也與蘇聯在頂級戰鬥機／攔截機米格 -25 的後繼機型米格 -31 準備生產後，開始向國外提供米格 -25 的做法相似。戰鬥機出口的潛在益處有很多，包括可以加強並提高與主要安全合作夥伴之間的互通性、讓生產線能夠保持營運更長一段時間、為國防工業提供更大的規模經濟效益、為進一步的研發提供資金，以及展示中國具有足以向國際提供高階硬體軍備的能力。

殲 -20 的出口可能受到各種地緣政治因素的影響，銷售可能會帶來出口收入之外的一系列戰略利益。隨著中國與一些傳統的西方安全夥伴形成更緊密的經濟、政治和安全關係，殲 -20 的銷售可能確立了西方在關鍵地區的影響力逐漸減弱。尤其是在波灣地區，那裡的國家被拒絕獲得 F-35，但隨著沙烏地阿拉伯和阿拉伯聯合大公國與中國之間日益強

化的經濟、戰略和安全關係，到了 2030 年代，這兩個國家有可能成為中國第五代戰機的買家。阿拉伯聯合大公國於 2022 年向中國訂購練 -15 獵鷹戰鬥機，並無視華府警告要將其踢出 F-35 的客戶名單，毅然決然採用華為生產的通訊基礎設施，實際上可能是朝著這個方向邁出的初步步驟。沙烏地阿拉伯也於 2022 年 3 月與中國合資生產無人機，長期以來一直運營中國彈道導彈，並從 2010 年代末開始加速改善與北京的戰略關係，中國已成為其最大的貿易夥伴。沙特皇家空軍的戰機機隊是世界上僅有的幾個主要由重型戰機（即 F-15）組成的之一，而由於這些飛機似乎沒有明顯的西方後繼機型，到了 2030 年代，殲 -20 或 FC-31 可能成為一個自然的選擇。

雖然能夠負擔和接收重型第五代戰機的國家不多，進而限制了潛在客戶的數量，但阿爾及利亞空軍做為目前非洲能力最強、資金最充足的空軍，是最有可能向中國訂購戰鬥機的候選國家之一。除了許多輕型戰鬥機，阿爾及利亞在 2020 年代初期還維持著一支龐大的重型戰鬥機機隊，機隊中的戰鬥機包括 70 多架蘇愷 -30、36 架蘇愷 -24M 和 15 架米格 -25，後兩者都明顯比殲 -20 更大，且估計的營運成本相當或更高。阿爾及利亞與中國有著長期的戰略和安全關係。在整個 2010 年代，中國武器裝備在阿爾及利亞軍備庫存所佔的比例快速增長。2011 年當北約對阿爾及利亞鄰國的利比亞發起軍事行動後，阿爾及利亞軍方意識到西方國家可能會對其發動類似攻擊[559]，因此極力強調要建立可以以

小博大、反制外國勢力入侵本土的不對稱軍力，作法就包括了向中國購買 DWL-002 對空搜索雷達、CX-1 反艦巡弋飛彈和中電易聯的 CHL-906 電子作戰系統等硬體。儘管阿爾及利亞軍從 2020 年起就對俄羅斯的蘇愷 -57 表現出了濃厚興趣，但殲 -20 可能會成爲一種更具吸引力的選擇，可以替代其俄羅斯競爭對手，或與其一起使用。

官方有關可能出口殲 -20 的少數言論之一，出現在 2022 年 3 月的第一週，時任巴基斯坦內政部長的謝赫‧拉希德‧阿邁德表示：「我們擁有殲 -10C⋯⋯如若天意，有一天⋯⋯我不確定是何時，殲 -20C 也將來到巴基斯坦，成爲世界上最現代化的飛機。」雖然通常可以輕鬆忽略此類評論，但艾哈邁德部長在僅四個月前，曾做出類似的孤立且意外的聲明，聲稱巴基斯坦將購買殲 -10C 並在三月中旬之前投入使用——而這一說法很快得到了證實。鑒於巴基斯坦空軍仍然是中國戰鬥機的主要客戶，此類採購至少可能已在考慮之列。

殲 -20 驚人的維護成本，加上巴基斯坦空軍對輕型戰鬥機的完全依賴（其中大部分輕型戰鬥機的尺寸只有殲 -20 的三分之一），意味著如果想要接收殲 -20，巴基斯坦可能需要大幅縮減機隊的戰鬥機數量。然而正如一位印度分析師在爲《俄羅斯報》撰寫的文章中指出：「即使是一支匿蹤戰機中隊——大約 14 架戰機——也能給巴基斯坦空軍帶來心理上的優勢，同時終結〔印度幾十年來〕⋯⋯作爲該地區擁有最先進戰機的記錄。[560]」在這種情況下達成的出口交易並

非完全前所未有，它反映了發展中國家在此前沒有使用重型戰鬥機的情況下，意外購買高端重型戰鬥機的不斷增長的一部分趨勢。這些發展中國家包括越南、埃及、衣索比亞、厄利垂亞、烏干達、委內瑞拉、印尼和馬來西亞都意外開始訂購起了蘇愷側衛家族的戰鬥機。在此之前這些國家都只裝備輕型戰鬥機，尺寸只有側衛戰鬥機的一半甚至更小。如果提供，殲 -20 將成為巴基斯坦可以獲得的第一款重型戰鬥機，因為出於政治原因，美國和俄羅斯都拒絕提供自己的重型戰鬥機。不過雖然殲 -20 有可能被出售給巴基斯坦，但該國更有可能將目光放在另一款更輕型的第五代戰機。未經證實的報導長期以來一直指示，中國正在開發這樣一款戰鬥機，作為 JF-17 的出口取代型[9]。

除了出口，殲 -20 預計為中國的安全夥伴提供獨特的機會，進行對抗先進隱形飛機的操作訓練。正如美國空軍國家空天情報中心的中國高級分析師韋恩・烏爾曼觀察到的那樣：「隨著中國空軍獲得減小雷達截面的飛機，將允許制定對抗低可觀測威脅系統的戰術、培訓和程式。[561]」這類支援並非史無前例，之前解放軍空軍就曾向巴基斯坦部署殲 -10C 和殲 -11B，用於分別協助訓練和模擬印度空軍飆風

---

⑨ 如果中國的安全夥伴有能力購買和使用殲 -20，會被認為是迫切需要它們來滿足安全需求，這也可能明顯影響銷售的可能性。例如，上世紀 70 年代，美國首次向伊朗和以色列批准出口其頂級第四代機 F-14 和 F-15，主要是為了應對蘇聯和阿拉伯對其制空優勢的挑戰。

和蘇愷-30的能力。殲-20在未來可能被用於模擬第五代戰機的能力，在與可能面臨 F-35 等飛機的國家進行的演習中。

殲-20 在 2021 年 8 月的「西方／互動」演習中的參與，為俄羅斯軍隊提供了與第五代戰機協同作戰的第一手經驗[562]，五個月後，分析人士推測，在軍事整合日益緊密的背景下，俄羅斯可能會尋求與殲-20 一起進行更多的訓練。在北約的 F-35 機群迅速增長的背景下，以及由於預計俄羅斯在可預見的未來不會裝備一款具有可比擬隱形性的戰鬥機，制定反匿蹤戰術的發展將受到高度重視[563]。

左轉彎的殲-20。（微博用户「野生灰熊」攝）

第六章

輔助計畫：殲-20 成爲網路中心戰的一環

網路中心戰的時代

進入 2000 年代和 2010 年代，空戰的各個層面都愈來愈以網路爲中心發展。而這個趨勢將持續到第五代戰機時代的後期，更進一步邁入第六代。比較 F-35 和殲-20 與 1990 年代研發出來的 F-22 戰機航電設備，或許最能看出網路中心戰能力在 1990 年代末期到 2000 年代初期的世紀之交，到底經歷了哪些飛快的進展與轉變。自世紀之交以來，網路中心化戰爭能力的迅速提升，最好的例證或許是將 F-35 和殲-20 的航空電子設備與上世紀 90 年代研發的 F-22 進行比較。而 F-22 卻很難共用資訊，F-22 會需要一架專門用來「翻譯」訊息的飛行器伴飛，才能將自身收集到的各種訊息分享出去。但卽便如此，這種所謂「翻譯」能力的技術也耗費了

很多時間才被研發出來，並要到 2020 年代初期才終於被實現 [564]。

正如太平洋空軍副司令（退役）大衛‧德普圖拉中將在 2016 年觀察到的，關於第五代戰機的角色及其與前輩的區別，它們「不是戰鬥機……它們是具有作為戰鬥雲端資訊節點能力的飛行感應射手──一個由平台組成的宇宙，不僅包括空中，還包括在海上和陸地上運行的平台，它們可以進行網路連接。」所有空戰資產的運作方式都愈來愈朝著網路中心戰的方向發展，意味著頂尖戰鬥機單位的能力不僅由飛機本身的特性決定，還由其周圍網路中友方資產的特性決定。因此，對於中國空軍的殲 -20 的戰鬥力，只有了解一些將與其一起運行的互補資產範圍，才能得到充分理解。正如空軍部長弗蘭克‧肯德爾在 2022 年總結的：「這不僅僅是關於戰鬥機對戰鬥機。這是一個比那更複雜的方程式。[565]」

2016 年 8 月，在首批殲 -20 交付給解放軍空軍後不久，當被問及殲 -20 與 F-35 相較如何時，美國空軍參謀長大衛‧L‧戈德費因將軍強調，在網路中心化戰爭時代，當戰鬥機被設計為與廣泛的國防網路下的各種支援資產進行連接時，這個問題就顯得不那麼相關了。一位曾經駕駛 F-117 的飛行員，他的回答正好可以用來總結網路中心戰如何改變空戰形式。戈德費因以冷戰後期的戰鬥機為例，如 1983 年加入美國空軍的 F-117：

「它是單一領域，是一個封閉系統，是一種順序應用空

中力量的方式，因為我〔F-117 飛行員〕總是會先於地面或海上的其他人之前。現在你問到 F-35，殲 -20 是一種完全不同的思維方式。它在飛行員甚至爬梯子之前就開始在網路中交流。它開始比較資訊，開始在飛行員的面罩上放置符號。

這種符號不僅在顯示器上複製，而且在它連接的網路中的任何地方都有。因此，當我們應用第五代技術時，不再只關乎一個平台，而是關乎一系列系統和網路，這就是給我們帶來非對稱優勢的原因，這就是為什麼當我聽到 F-35 對比殲 -20 時，這幾乎是一個無關緊要的比較，因為你真的要考慮的是網路對網路。這就是資訊時代的戰鬥。[566]」

解放軍空軍上一次經歷的大規模戰爭，也就是 1950 年到 1953 年的韓戰期間，戰鬥機是在目視距離內作戰，沒有攜帶雷達或飛彈，主要依靠地面雷達和控制中心提供支援，也沒有其他輔助戰機伴飛。然而到了 2010 年代，情況已大為不同。與殲 -20 在中國空軍精英部隊中的直接前身米格 -15 不同，殲 -20 本身儘管擁有強大的性能，但如果沒有其他各類的軍事資產鼎力相助，該匿蹤戰機就無法保證中國空域的安全。殲 -20 需要的支援不只包括其他級別的戰鬥機，還包括更重要的資產，例如提供目標資料和航線通訊的衛星和空中預警管制機、用於空中加油的空中加油機，以及透過非動能攻擊補強戰鬥機火力的電子戰飛機。

隨著冷戰結束後空戰方式的急劇轉變，為了配合殲 -20 計畫，一系列互補的資產和關鍵技術相應地並行開發，這些

都是決定殲-20能否成功執行各種任務的關鍵。從2010年殲-20的初次亮相到2017年開始入伍服役，中國國防部門的國際地位和武器裝備性能都獲得了極大的提升，該提升的部分也反映在頂尖解放軍前線部隊，特別是海軍和空軍的能力，都產生了革命性的變化。正如香港分析師在殲-20首飛十週年紀念活動上所言，殲-20的問世不僅「震驚了世界，改變了區域的權力平衡」，而且「帶動了從航空母艦到超音速飛彈等先進國產硬體的研發製造浪潮。[567]」

通訊衛星、世界上最強大的飛彈驅逐艦[568]、規模更大更先進的空中預警管制機機隊、運-20重型運輸機、新一代飛彈和戰鬥機感測器等計畫，都標誌著中國人民解放軍和中國國防部門已經從不起眼的中等水準參與者，躍升為全球領先的有力競爭者。在2010年前，上述這些計畫的成果與其所提供的能力，外界要不是從來不曾預想過，就是認為會需要更長一段時間的準備才會被中國實現，而且實現的規模也會比較小、功能不會那麼先進；因此，儘管中國武裝力量在2010年不太適合引入和營運像殲-20這樣性能強大的戰機，但在這十年間的轉變，在其他主要軍事力量中沒有相似之處，確保了世界上第一架非美國的第五代戰機能夠有效地作為同類先進資產網路的一部分加以利用。隨著人工智慧、數據鏈路和量子通訊等技術的預期進步，殲-20及其支援輔助資產的航空電子設備也將有所改良。下文將探討做為共同作戰網路的一份子，某些支援殲-20行動最重要的資產有何價值，以及它們的能力是如何趨於成熟。

① 黃色底漆的殲 -20。（微博用户「机外停车 Rabbit」攝於 2016
年 9 月國慶日活動）

② 殲 -20 黃色底漆的第一批生產飛機，圖於 2016 年 9 月國慶日
服役前發布。（微博用户「机外停车 Rabbit」）

真人駕駛的輔助機型

　　儘管與韓戰時期的前代戰鬥機相比，廿一世紀的戰鬥機在雷達和控制裝置方面的自主能力要強得多，但空中預警管制機仍被視為讓戰鬥機力量倍增的關鍵。隨著空戰變得更加以網路為中心，空中預警管制機的重要性也大幅提升。因此，當美國太平洋空軍司令、空軍上將肯尼斯・維巴赫在 2022 年 3 月確認殲 -20 與其他第五代戰機的首次遭遇時，他特別強調了對中國戰鬥機與指揮控制能力互相搭配的深刻印象，尤其是中國頂級空中預警管制機空警 -500 所發揮的輔助作用。維巴赫說：「我們對殲 -20 及其所搭配的指揮控制能力印象深刻，」他發現「該地區的飛機……都被中國的空中預警管制機指揮和控制得相當不錯。[569]」他補充：「空警 -500 對部分長程飛彈的發射，可以發揮重要作用。解放軍的一些超長程空對空飛彈發射，受到空警 -500 的支援。截斷解放軍的空中預警管制機與其他資產所形成的網路能力，對我來說非常有趣。[570]」據估計，當時大約有 25 到 28 架空警 -500 在解放軍中服役。空警 -500 在很短的生產週期內，其中包括不到四年的高產生產，就成為了美軍以外，部署數量最龐大的一款空中預警管制機。《環球時報》所援引的專家在七個月後強調，空警 -500 與殲 -20 配對，將有助於確保在靠近中國領土操作時甚至超過其他第五代單位的優勢[571]。

　　在觀察到美國空軍 E-3 空中預警管制機於波灣戰爭的沙

漠風暴行動中，爲美國空軍戰鬥機部隊提供的關鍵優勢後[572]，原本沒有空中預警管制機的中國人民解放軍空軍，於是在 1990 年代將該飛機列爲優先發展項目。解放軍因此於 2004 年將第一架空中預警管制機空警 -2000 投入使用[573]。十五年後，中國的空中預警管制機機隊規模已經發展到擁有 40 多架飛機。空警 -500 引入了新的精密程度，使中國的空中預警和指揮能力達到了前沿水準。 因此該機於 2015 年投入使用，就成爲一個重要的里程碑。在技術複雜性方面幾乎沒有競爭對手，該飛機於 2018 年被宣布完全投入運營，據報道該年生產速度有所加快[574]，之後在 2022 年推出了增強型變體空警 -500A。其生產規模是先前的空中預警和指揮飛機的兩倍多。空警 -500 的引入很可能影響了美國空軍關於何時退役其龐大但日益過時的 E-3「哨兵式」機隊，並用現代化的 E-7「楔尾鷹」替換的決定——這被認爲是與新的中國飛機相當的技術水準。該決定於 2023 年最終敲定，此前維巴赫將軍等官員一再強調 E-3 的極端局限性，以及最新中國空中預警和指揮平台的高度複雜性[575]。

　　爲了補充空中預警和指揮平台，預計新一代衛星將執行許多相同的功能，以支援戰鬥機部隊，並且能夠在更廣泛的區域內，具有更高的生存能力。 這一點由美國空軍依賴衛星能力來彌補 E-3 機群突然縮減的情況，並在更多 E-7 機可用之前充當過渡階段得以證明。中國在衛星通訊技術的許多領域中處於強勢地位，正如「密丘斯」衛星所展示的那樣，這具有潛力爲中國人民解放軍的單位，包括殲 -20 戰機，提

供在這方面的關鍵優勢。

除了空中預警管制平台，空中加油機的機隊也獲得了一些不那麼緊急，但仍然相當重要的投資。空中加油機未來會擴大殲-20已經很長的作戰半徑，從而便利其在橫跨西太平洋地區以及更遠處的操作。然而，由於多種原因，中國空軍對部署空中加油機的優先順序還是遠低於美國空軍。例如，中國軍隊對力量投射的重視程度要低得多，因此預計殲-20不會像美國戰鬥機的主要設計目的那樣，被部署在中國境外遙遠的地方進行攻擊行動。此外，解放軍隊上的重型遠距戰鬥機相對於輕型戰鬥機的比例，遠高於任何西方空軍，是美國空軍的兩倍多；這就意味著中國戰鬥機的平均續航距離也遠高於美國或北約戰鬥機的平均續航力。即使在重型戰機中，中國的殲-20和蘇愷-27「側衛」家族戰鬥機的續航力，也比西方對手的 F-15 和 F-22 ——尤其是後者——長得多。殲-20在使用內部燃料時的航程是 F-22 的兩倍以上。因此，雖然加油機被認為是西方軍隊在空中作戰時不可或缺的裝備，但中國戰鬥機不僅很少使用加油機，甚至連西方戰鬥機在太平洋作戰中必不可少的外掛油箱，也很少見於中國戰鬥機。

中國加油機機隊的主力是由轟-6轟炸機機體改裝而成的衍生機型所組成。在 2020 年代初，共有 13 架轟-6 改裝的加油機，與透過烏克蘭二手採購的三架蘇聯製造伊留申 IL-78 共同服役。即使以較小國家的標準來看，這也是一支規模非常小的機隊。相當重視力量投射的美軍，則擁有超過 450 架加油機[576]，這些平均而言比中國的同類機型更大、

① 殲 -20 於 2018 珠海航展亮相。（取自中國軍網／王衛東）
② 運 -20A 。（維基共享資源／中國人民解放軍空軍提供）

航程更遠。解放軍未來的加油機機隊，很可能是由目前世界上尚在生產中的最大型軍用運輸機，運 -20 運輸機所改造而成的加油機組成。運 -20 於 2016 年開始服役，運 -20 的改型加油機運油 -20 到 2021 年底已經正式投入使用 [577]。隔年 3 月 28 日，殲 -20 透過運油 -20 進行空中加油的畫面首度公開。從 2020 年代初期開始，運 -20 和殲 -20 以及直 -20 通用直升機和轟 -20 轟炸機一起，被愈來愈多媒體稱爲「20 系列」軍用機，它們分別代表了不同軍用機機型在各自領域發展上的重要里程碑。2022 年 11 月的珠海航展上，20 系列當中的殲 -20、運 -20 和直 -20 首次同台亮相。

殲 -20 預計將在 2020 年代末期或 2030 年代初期獲得新一代載人駕駛飛機的支持，這些飛機同樣受益於高續航能力和下一代感測器，以在競爭激烈的空域中保持生存能力。中國人民解放軍空軍很可能在 2020 年代後半，被交付首架洲際遠程轟炸機轟 -20，該機與其美國競爭對手 B-21「突襲者」並行研發。由於 B-21 的研發進度一再被推延，這兩種飛機可能在彼此之間相隔幾個月內投入使用。兩款機型都是採取全翼式匿蹤設計。相對於 B-21 會被用於指揮控制並在電子作戰中扮演重要角色，轟 -20 則很有可能會像前代的轟 -6 一樣，被用來改造成加油機、電子作戰飛機或甚至是指揮管制飛機，協助殲 -20 或其他戰鬥機執行作戰任務。這將充分發揮其預期的非常遠航程、龐大而強大的感測器套裝、巨大的搭載能力和先進的匿蹤能力。

雖然轟 -20 的機體設計有可能被改造成可以輔助殲 -20

執行任務的多款專用飛機，但轟炸機本身就也是一系列可能間接輔助殲-20完成空中優勢任務的新型資產之一。早在廿世紀初期，朱利奧‧杜黑等空軍理論家就一直強調，遠距轟炸機對於制空權的取得至關重要，因爲它們能夠在敵方空中單位最易受攻擊的時候，也就是他所說的通過「摧毀鳥巢中的蛋」來決定性地消滅敵方空中力量[578]。與此同時，英國戰略家 J‧C‧斯萊塞預測，要取得空中優勢的最佳手段是「以轟炸機和戰鬥機聯合出擊」——當時還沒有發明出巡弋飛彈和彈道飛彈來補足轟炸機的能力[579]。這對中國的地位具有特殊的相關性，因爲在戰爭爆發的情況下，其主要潛在對手美國將在太平洋遠離本土進行戰鬥，其補給線拉得很長，資產集中在有限數量的設施中。因此，殲-20部隊在空中面臨的逆境程度將在很大一部分取決於轟炸機，例如轟-20，以及反地面導彈，例如東風-17和東風-26彈道導彈，能否橫跨整個太平洋的區域——從台灣的台中一路延伸到美國關島的整個範圍——成功摧毀敵方艦隊、空軍基地和輔助設施。轟-20預期的先進匿蹤能力、巨大的武器酬載和續航力，並有能力使用最先進的導引武器，將使其成爲關鍵。

電子作戰飛機是另一類載人駕駛平台，預計在殲-20作戰中發揮重要角色。除了先進的主動電子掃描陣列雷達可提供強大的電子作戰潛力，許多廿一世紀戰鬥機還裝備了專用的電子作戰套裝，有可能內建於機體內部，或做成專門用於發動電子攻擊的外部夾艙。不過專門用來執行電子作戰任務的飛機，通常可以提供更強大的電子作戰支援，以增強戰鬥

肯尼斯‧S‧維巴赫於 2017 年視察關島的安德
森空軍基地。（取自國防視覺資訊發布服務）

機部隊的戰鬥力。在 2021 年已經入伍服役的殲 -16D 電子作
戰飛機繼承了原本殲 -16 的高飛行性能、高續航距離和有限
的匿蹤能力，但機身內又安裝了天線和共形電子作戰陣列，
並在機身外側搭載了可分析雷達頻率和定位雷達發射裝置的
訊號干擾電子戰吊艙。雖然殲 -16D 具備攻擊敵機的能力，
但其優化用於空中防禦壓制。除了電子攻擊，殲 -16D 還可
裝備 YJ-91 和 LD-10 導彈，用於通過追蹤敵方雷達發射信
號來摧毀防空資產。

　　殲 -16D 在國外投入使用的唯一一款相當的電子作戰飛
機是 EA-18G「咆哮者」，該機型基於 F-18E/F「超級大黃蜂」
戰鬥機為基礎進行研發，在美國海軍和澳大利亞皇家空軍服
役。除了澳大利亞擁有的 11 架 EA-18G 外，中國是世界上

唯一裝備此類飛機的空軍。早在殲-16D入伍服役之前，專家們就廣泛預測其運用能夠為殲-20部隊提供重要優勢[580]。隨著該飛機於2021年底投入使用，《環球時報》在頭條中強調，殲-16D的主要目的是「與殲-20協同作戰」，預測共同部署這兩種互補的飛機「將帶來巨大的作戰效能」[581]。未來也很有可能出現以殲-20S機體做為基礎研發的電子攻擊噴射機。

除了戰鬥機，機體更大的其他軍用機也可能被改造成電子作戰飛機。一個著名的案例就是從2018年初開始出現，採用電子作戰配置的解放軍空軍轟-6G轟炸機。這些電子作戰機的作戰方式，與殲-16D等電子攻擊噴射機不同，它們

2021年珠海航展的殲-16D
電子戰飛機。（微博用戶
「太湖啥个」攝）

在較近距離交戰時的生存力較低，無法跟上跨音速戰鬥機部隊的飛行速度，缺乏反輻射飛彈並更注重防禦性能 [582]。大型電子作戰飛機的主要任務是利用反制裝備保護大範圍區域內的友軍資產不受敵方電子攻擊，並在情況允許時破壞敵方在該區域內的通訊及衛星資產連線 [583]。

無人駕駛的輔助機型

無人空中載具自 2000 年代初期以來一直是優先發展項目，被視為協助解放軍實現軍隊資訊化目標的關鍵 [584]。到了 2010 年代中期，中國在軍用無人機的技術能力上日益展現出了領先優勢，既可與美國分庭抗禮又遙遙領先其他的競爭對手。據估計，中國人民解放軍在 2010 年代末期裝備的高性能中型和重型無人機，在世界上的所有軍隊中種類最齊全，其中有許多還是設計獨一無二的飛行器，在其他國家都找不到同類產品。著名的案例包括 2019 年亮相的無偵 -8 偵察平台，是世界上首款被投入實際應用的極音速無人機；另外配備各種大型感測器的大型神鵰無人機，則可部署於高空環境，並利用資料鏈路提高解放軍軍事網路的狀態意識能力。

新一代高空感測器和偵察無人機（如 2021 年首次亮相的高空無人偵察機無偵 -7）有望補充解放軍不斷增強的衛星和空中預警管制能力，以及日漸壯大的戰鬥機雷達和資料鏈路能力，最大化解放軍的狀態意識能力。這些能力是解放軍作戰網路獲取目標資料、提高對潛在威脅的認識，並使各單

位更有效協調行動的關鍵。殲 -20 部隊做為上述資產網路中的一份子，在與缺乏類似支援輔助系統網路的敵機交戰時，將獲得巨大優勢。

　　無人飛行器預計將成為五代半和第六代戰鬥航空時代的一大重點。而在無人機的使用上，一個正在興起的應用趨勢就是真人駕駛戰鬥機與無人駕駛「僚機」的搭配使用。未來殲 -20、F-35、蘇愷 -57 這些第五代戰機的後繼機型，預計都會整合類似的無人機輔助以強化戰鬥力。屆時每架真人駕駛戰鬥機預計會有四到六架無人機伴飛，而這些無人機可以利用感測器，最大限度地提高飛行員的狀態意識能力；無人機上配備的武器裝備，讓每名飛行員可以操控的火力增加到數倍以上；無人機可能更加優異的匿蹤性和相對於真人駕駛戰鬥機的高度可拋棄性，都讓無人機的部署可以更靠近敵人防線。僚機無人機預計也會攜帶像電子作戰設備、定向能量武器這類關鍵輔助設備。有些無人機預計會專門被研發用來做為誘餌，負責吸引敵方火力以保護其他價值更高的隊友。如此一來，未來機隊的整體規模可能會變得更大，可是真正需要真人駕駛的戰鬥機數量卻減少很多。屆時大概會有 80% 的下一代戰鬥機部隊，是由無人駕駛的「僚機」飛行器所組成。

　　做為「僚機」升空飛行的無人機，預計將於 2020 年代中後期開始入伍服役，中國龐大而複雜的無人機工業完全有能力為殲 -20 及其後續機型，提供超越對手的重要無人機優勢。所謂的無人機優勢，最一開始「僚機」無人機預計是先

推出半自動無人機，之後再隨著人工智慧的進一步發展，逐漸過渡到使用接近完全自主操控的無人機階段。雙座型的殲-20S預計會是同代戰鬥機中，第一架有無人機控制員座位的戰鬥機。解放軍的無人機技術也會受益於中國在人工智慧發展上的大幅領先（詳見第四章），因此殲-20研發計畫特別有可能引領世界，開創真人駕駛與無人駕駛飛行器搭檔的全新出勤模式。

特別值得注意的是，2006年11月，瀋陽飛機工業集團「暗劍」無人機研發計畫所研發出戰鬥機尺寸的無人機正式亮相。暗劍無人機預計將從2020年代末期開始，在空中與殲-20部隊並肩作戰，並在各種距離的空對空戰鬥中為殲-20提供支援。這種鴨式雙尾機的設計採用DSI進氣道，似乎是為了強調其高機動性和有效使用防空飛彈執行高階空優任務所設計。暗劍無人機亮相後，外界普遍開始猜測它有可能最後會被發展為無人、完全自動駕駛的下一代戰鬥機。

後來亮相的飛鴻-97A匿蹤無人機採用更傳統的戰鬥機機體設計，看起來是專門為了執行空對空的「僚機」任務所研發。在透過電腦生成的展示畫面中可以看到，飛鴻-97A與殲-20結成網路以編隊方式飛行，聯手執行穿透敵軍防禦網或與敵方第五代戰機部隊交戰的任務。因為在設計上著重匿蹤性和機動性，飛鴻-97A既可當成殲-20的僚機，預計也可以自主攜帶飛彈，執行空對空與打擊任務。

其他還有一系列無人機也有潛力作為殲-20的「僚機」，儘管許多該飛機的飛行性能其實並不適合用來執行空優任

務。其中最值得注意的是匿蹤型攻擊 -11 飛翼式無人機。其未來的改型機很有可能攜帶用於超視距空對空作戰的感測器和武器，而雖然攻擊 -11 的飛行速度較低，可能會使其與俱備超音速巡航能力的殲 -20 部隊在配合上有所侷限，不過在 2020 年代初期，從俄羅斯的蘇愷 -70 到波音澳大利亞為澳洲皇家空軍設計的 MQ-28 等「僚機」無人機的標準飛行速度，也都只停留在次音速。除了攻擊 -11，2022 年 11 月公開的雲影 -5000T 也採用了飛翼匿蹤設計，但外界目前對於這架無人機的用途都還不清楚，目前猜測有可能是用來搭檔殲 -20 的輔助機型。另一種顯著的次音速無人機無偵 -10 雲影，這

攻擊 -11 匿蹤無人機。（微博用戶「秦浩博」攝）

似乎旨在提供電子戰所需之協助，並配備了次要導彈武器。

由於殲 -20 的通訊設備和資料鏈路有望繼續獲得現代化更新，所以和無人機之間的協調和共用資料能力也只會不斷增強。影響所及不只限於伴飛在殲 -20 附近的「僚機」無人機，還包括其他距離更遠的輔助資產，例如神雕高空感測器無人機以及無偵 -7 與無偵 -8 偵查平台。人工智慧的進展將是改善網路協調並讓輔助飛機可以更具自主運作能力的關鍵。與「僚機」無人機的整合預計將成為殲 -20 和 F-35 有別於其他第五代戰機的關鍵發展之一，讓它們邁向第六代戰機的性能水準。

第四代戰鬥機的「殲 -20 DNA」

雖然許多中等規模國家的空軍通常一次只會花錢採購一個級別的戰鬥機，例如法國訂購飆風戰鬥機、土耳其訂購 F-16，或瑞典訂購獅鷲獸戰鬥機，這樣的艦隊雖然更容易維護和培訓，但也存在更大的限制，而且在大多數情況下的機隊都會完全由輕型戰鬥機所組成。相反來說，對於希望獲益於不同類型戰鬥機以性能互補產生優勢的國家來說，包括那些希望部署高性能重型戰鬥機的國家，平行採購多個級別的戰鬥機是很常見的作法。值得注意的例子是美國空軍的 F-15 和海軍的 F-14，它們以有限的數量購入，作為與更輕的 F-16 和 F-18 高低搭配的一部分。最一開始只有美國和蘇聯為了重型機與輕型機的搭配，生產具有互補性的飛機，例如蘇聯

就生產了蘇愷-27和米格-29。後來到了2000年代，中國也生產了殲-11和殲-10。法國在1980年代時，也曾嘗試生產類似輕型加重型組合的戰鬥機型，但最後以失敗告終，並被證明是無法負擔的。因為法國原本想研發的重型幻象4000戰鬥機與輕型幻象2000戰鬥機的搭配組合，最後被證明不符成本。

美國空軍在2010年代未訂購任何F-35A之外的其他戰鬥機系列。這既是由於F-22本身存在太多問題，不適合下單訂購，也是因為作為F-35補充的第六代重型戰鬥機仍處於相對早期的開發階段。與此同時，美國海軍在冷戰結束後就放棄了重型機加輕型機的組合模式，轉而使用一支完全由中型F-18E/F戰鬥機所組成、營運成本更低的機隊。俄羅斯空軍也是如此，在蘇聯解體後的前三十多年中，幾乎所有俄羅斯空軍新接收到的戰鬥機，都屬於蘇愷側衛家族，而且一直到2010年代以前採購的數量都非常少。國防預算和機隊規模的萎縮，導致俄羅斯放棄了重型機加輕型機的組合，轉而專注於以重型戰鬥機所組成的小型機隊。因此冷戰結束後，美國和俄羅斯的機隊機型大幅減少，結束了並行的高低搭配採購，採購的類型多樣性大幅減少。

與此形成鮮明對比的是中國，在冷戰結束後的幾十年當中，中國機隊和生產線的多樣性明顯增加，這使得殲-20得以與另外兩款互補的戰鬥機類型同時開發和採購：瀋陽飛機工業集團研發的殲-16和成都飛機設計研究所研發的殲-10C。殲-16是一款改良先進的蘇愷-27衍生型，也是

世界上第五代之前最強大的戰鬥機之一。殲-10C明顯輕巧，且是中國首款自主研發的第四代戰機殲-10A的演進版本。到了2020年代中期，儘管殲-20的生產大幅增加，但仍只裝備了中國人民解放軍一部分空中旅。然而，由於中國國防部和空軍開發並大規模採購了該兩款與殲-20具有相似先進感測器和網路中心戰能力水準的第四代半戰鬥機，因此殲-20作為更廣泛網路的一部分，能夠更有效地運作。

殲-16和殲-10C最頂尖的功能，都是來自為殲-20所開發的新技術，包括同等複雜度的航空電子設備和使用相同武器的基礎。這一定程度顯示了作為中國首個第五代戰機專案的殲-20在推動戰術航空工業方面所做出的貢獻。從殲-20座艙內部上方一塊獨特的綠光顯器，到控制裝置、座艙內顯示器、頭盔瞄準具和武器裝備，殲-16和殲-10C有非常多顯而易見的共通性。複合材料技術、資料鏈路、感測器以及殲-20研究計畫在其他眾多領域率先取得巨大進展的新興技術，都被用於強化基本版的殲-10和蘇愷側衛家族戰鬥機，提供革命性的新能力①。於是乎，中國和美國就成為唯二兩個有能力在推出首款第五代戰機的同時，還可以推出配備第五代航電設備的四代半戰鬥機，例如殲-16或F-16E/F的國

---

① 這與為美國的F-22和F-35發展的技術明顯嘉惠了較舊的F-15、F-16和F-18計畫的方式相類似，而為已取消的蘇聯米格-1.42計畫、S-32和後來的蘇愷-57開發的技術也被類似地用於增強俄羅斯的蘇愷側衛家族戰鬥機，甚至其轟炸機——例如，圖-22M3M轟炸機使用了幾乎與蘇愷-57自身相同的通訊裝備。

① 殲 -16 戰鬥機。（取自微博「空军在线」）

② 搭載渦扇 -10B 發動機的殲 -10C。（取自微博「央广军事」）

③ 殲 -10C 右轉彎。（取自中國軍網）

家。相比之下，儘管俄羅斯和歐洲國家依靠先進的航電技術和材料科學發展四代半戰鬥機，但從當前時點開始發展獨立的第五代戰機可能需要幾十年，甚至可能永遠無法實現。

殲 -10C 和殲 -16 的生產規模也比俄羅斯任何一款戰鬥機，以及美國除了 F-35 以外其他戰鬥機的生產規模大多了。兩款戰鬥機的大規模採購促進了解放軍空軍前線部隊的現代化，比僅依賴殲 -20 可能實現的速度快多了。駕駛殲 -20 的飛行員通常也可以駕駛殲 -16 和殲 -10C，由於這三款機型所使用的航電設備和常見武器都類似，使得在操作的適應上會比去駕駛更老一點的機型，例如殲 -11B 或殲 -10A 更容易上手。五角大廈 2020 年的報告中強調，殲 -20 在與殲 -16 和殲 -10C 一起出動執行任務，再加上空警 -500 從旁輔助的時候，就會變得非常難對付 [585]，這三款機型戰鬥機經常一起參與演習，展示了高度互補的能力。

之前也有分析師預期，在較老舊的殲 -11B 單座機於 2018 年終止生產後，殲 -11D 這種更先進的蘇愷側衛家族衍生機型也將開始入伍服役。與殲 -16 相比，殲 -11D 是一種更專門的空中優勢單座型戰鬥機，成本也被認為會比較高。儘管殲 -11D 原型機的影像一直持續發布到 2010 年代末，但普遍推測已經做出了不生產這種戰鬥機的決定，以集中精力發展與採購殲 -20。如果比較殲 -20 所能帶給中國人民解放軍空軍在各項性能上，尤其是匿蹤性能方面的好處，以及它在服役期間所耗費的所有成本，可以肯定的是使其比殲 -11D 更具成本效益。殲 -11D 反而被用作開發海軍更先進版本的

殲-15 艦載戰鬥機，卽殲-15B 的基礎，而最初的基準殲-15 是基於殲-11B 開發的。作爲改進蘇愷側衛家族戰鬥機機隊的一種較爲經濟的替代方案，中國空軍海軍的相對新型殲-11B 從 2010 年代晚期開始集成第五代水準的航空電子設備和武器，升級裝備被指定爲殲-11BG，被認爲與殲-11D 的航空電子設備和武器密切相關。更新殲-11B 的感測器和資料鏈對於在與殲-20、殲-16 和殲-10C 等飛機共同網路中實現更無縫操作至關重要，並在很大程度上縮小了性能差距。

另一種獲益於「殲-20 DNA」（在部分非正式場合會使用的說法）的戰鬥機設計是中國和巴基斯坦聯合開發的 JF-17 Block 3。它來自「超輕」重量級，比殲-10C 甚至更小。該機爲出口而建，於 2019 年 12 月首飛，大致相當於瑞典獅鷲獸 E/F ——而較大的殲-10 在某種程度上相當於 F-16。

巴基斯坦空軍的殲-10CE。
（微博用户「菠小将」提供）

該戰機的設計優先考慮極低的維護需求和運營成本，儘管飛行性能普通，但其使用基於殲-20技術的航電和武器，包括KLJ-7A主動相控陣列雷達，仍然使其具有潛在的威力。

據《環球時報》稱，舊版JF-17型號（約生產了約150架）也可以升級爲Block 3的先進航電和武器[586]。除了出口，JF-17 Block 3項目在危機發生時爲中國人民解放軍空軍提供了一個購置廉價戰時生產戰機的選擇，使其能夠更快擴充戰機營，且維護需求、培訓要求和後勤足跡較低。

以殲-10和殲-16輔助殲-20

2020年代初期，在中國被稱爲「藍天三劍客」的殲-20、殲-16和殲-10C共同構成了中國人民解放軍空軍戰鬥機機隊的核心戰鬥力。該三款戰鬥機同時開發，並在三年內開始投入使用。

殲-10C從根本上改善了原本2000年代殲-10A相對平庸的性能，讓殲-10C成爲世界上未達第五代標準的單引擎戰鬥機中，性能最強的戰鬥機之一，並多次被證明具有很強的作戰能力，特別在空對空作戰任務中具有傑出表現。2020年6月，部分未經證實的報導宣稱，殲-10C在與中國人民解放軍空軍近期剛自俄羅斯採購而來的蘇愷-35進行模擬戰鬥時，取得了壓倒性勝利，而蘇愷-35一直都是俄羅斯空軍的頂級作戰用戰鬥機型。考慮到殲-10C的機體尺寸只有蘇愷-35的一半左右，且遠未達到解放軍空軍的頂級戰鬥

機，這是一個重大的成就。據報導，降低的雷達可見性在幫助殲-10C「與蘇愷-35的對抗中取得成功」方面發揮了重要作用，透過允許中國戰鬥機首先偵測並開火，「在導彈攻擊的模擬中取得了優勢」。殲-10C受益於更先進的電子設備、感測器和武器系統，以及難以通過其輻射訊號被探測到的雷達[587]。

殲-10C所採用的飛彈很可能提供了巨大的優勢。在視距範圍內，霹靂-10的整體能力遠超過蘇愷-35所使用的R-73/74飛彈，並能以更刁鑽的角度攻擊目標。具有更長射程的霹靂-15在主動電子掃描陣列雷達和衛星輔助慣性導引的加持之下，射程距離是蘇愷-35所用的R-77-1飛彈的兩到三倍，提供了更大的優勢。2021年12月，殲-10C在與蘇愷-35和殲-16的對抗中屢屢獲勝，是殲-10C自2018年加入解放軍空軍服役以來，這架單引擎噴射機連續第三年在模擬戰鬥中獲勝[588]。

殲-16從2014年或2015年開始服役，是迄今為止世界上最先進的蘇愷-27衍生型。儘管沒有出口海外，但中國生產殲-16的速度是包括俄羅斯自行生產的蘇愷-27家族戰鬥機在內，所有海外重型飛機的兩倍左右。以年產量來說，殲-16在世界上排名第四，但只看重型戰鬥機的話，殲-16的產量是排名世界第二，僅次於殲-20。從2018年起，因為出自同座工廠的前代型號殲-11B即將終止生產，所以產能轉讓給了殲-16，於是殲-16開始以更快的速度交付給解放軍服役。殲-11B是中國最後一款仍在使用機械式掃描

中國人民解放軍空軍蘇愷-35側衛-E。
（取自微博「空军在线」）

陣列雷達的老式戰鬥機，也是中國最近一款終止生產的戰鬥機[589]。

　　英國皇家國防安全聯合軍種研究所研究員兼中國國安問題專家賈斯丁·布朗克在介紹殲-16的性能時說：「殲-16戰鬥機幾乎在所有重要性能上，都完全優於俄羅斯的側衛戰鬥機〔愷-27衍生型〕⋯⋯殲-16不僅比俄羅斯的側衛戰鬥機更輕、更強，在空對地方面還能使用能力更強的多用途彈藥⋯⋯而且搭配主動電子掃描陣列雷達使用的空對空武器也更有效。[590]」在執行距離更遠的任務時，殲-16的高酬載、續航航程和飛行高度可與殲-20比肩，而使用比殲-10大更多的雷達，讓殲-16能夠為整體狀態意識做出更大貢獻。儘管採用了大量的匿蹤技術，特別是雷達吸收塗層的使用，但殲-16的雷達截面積仍高於殲-10和殲-20，因此在演習中

會被用來當成誘使敵方部隊與我方蓄勢待發的匿蹤戰機交戰的誘餌。

霹靂-XX 空對空飛彈對殲-10C 來說太重，對殲-20 的飛彈艙來說又太大，因此可以搭載霹靂-XX 的殲-16，可以在殲-20 部隊中發揮重要的輔助作用，協助消滅諸如空中預警管制噴射機和空中加油機等支援機型。西方國的家戰鬥機在東亞地區執行任務的時候，因為主要陸地之間的距離較遠，而它們通常的續航能力較低，因此極度依賴空中加油。這使得裝備霹靂-XX 導彈的殲-16 在抑制對手戰鬥機行動方面特別有效，為東海和南海地區的殲-20 提供了寶貴的支援。蘭德公司 2008 年的一份研究特別強調，殲-16 做為中國「加油機殺手」的價值。研究中發現，要維持 130 架作戰用 F-22 從關島飛到台灣，美國空軍每小時就需要出動三到四架次的加油機，運送 260 萬加侖燃油。即使假設所有 F-22 都順利完成任務而且作戰表現完美，過程中預計損失的加油機數量也將使美軍戰鬥機無法返回基地，並導致美軍的猛禽戰鬥機損失慘重。關島在當時被認為是距離基地最近、有機會在解放軍打擊下倖存的地點 [591]。所以透過限制加油機在幅員遼闊的空域內作業，裝備霹靂-XX 的殲-16 就可以在東海和南海上空，非常有效的輔助殲-20 部隊進行作戰。

① 殲-16 戰鬥機。（微博用戶「XMN-5380」攝）
② 殲-20 帶領殲-10C 及殲-16 的編隊。（取自微博「空军知识」）
③ J-10C with PL-15 and K/JDC01A Laser Designator Pod 配 備 霹靂-15 及 K/JDC01A 雷射指示吊艙的殲-10C。（王國云攝／取自中國軍網）

其他第五代戰鬥機

　　與成都飛機 611 研究所的殲 -20 同時進行研發，競爭對手瀋陽飛機設計 601 研究所在 FC-31 計畫下，開發了一款中型重量的第五代戰機，首次飛行日期為 2012 年 10 月。 這種更為保守的設計相對於殲 -20，預計具有明顯較短的射程、雷達尺寸和武器載荷，但也伴隨著更低的運營成本和更小的後勤負擔。不少分析師猜測該計畫可能會生產一款較輕型的殲 -20 對手，作為高低搭配的一部分，一些 CSIS 的分析師認為這兩者「被設計成以類似於美國計畫部署 F-22 和 F-35 的方式相互補充。」儘管如此，到了 2020 年初，這似乎不太可能 [592]。空軍之前對中型重量戰鬥機的興趣不高，而且艦隊中沒有明確適合這種飛機的位置。空軍對該計畫表現出的態度與其高度重視的殲 -20 形成了鮮明對比。

　　做為世界上第一架中型的第五代戰機，FC-31 的首飛時間因為與殲 -20 的首飛時間非常接近，因此被許多分析師認為是成都 611 所和瀋陽 601 所並未採取地域分工合作，而是同一時間互相競爭發展同類的戰鬥機。然而，這是基於一個極具質疑性的假設，也就是 FC-31 真的有可能取代殲 -20，獲得解放軍的支持 [593]。自 1990 年代以來，解放軍對下一代戰鬥機的要求，正強烈表明了空軍需要一個可以超越 F-22 類型的高階重型空中優勢平台，而 FC-31 的設計似乎並未滿足這項需求。

　　到了 2020 年代初期，外界預期 FC-31 主要會被當成艦

載戰鬥機使用，用來配合現代化的殲 -15。2023 年初的報告顯示，FC-31 已經進入系列生產，預計將於 2025 年左右入伍服役——屆時將部署於中國第一艘超級航空母艦山東號。從第一架原型機就能看出來，FC-31 包含機頭下雙輪在內的起落架結構特別堅固，代表一開始就有意要讓 FC-31 在航母上發揮一定作用。2021 年 10 月，FC-31 首次亮相且升空飛行 [594]。此外，由於鑑載型和陸基型 FC-31 具有共通性，陸基型 FC-31 還是有可能用來實現解放軍海軍地面戰鬥機部隊的現代化，最終取代蘇愷 -30MK2 和殲 -11BGH。

從第一架原型機的出現到正式開始生產之前，FC-31 在設計上出現了很大的變化。殲 -20 的新型反覆運算上許多先進技術，例如可以改善空氣動力性能並進一步降低雷達截面積的扁平化座艙罩設計，也被應用在 FC-31 的機體設計上。FC-31 投入生產後，中國成為第一個同時生產兩款第五代戰機型的國家，並有潛力永久保持地位。甚至在 2030 年前，中國還有可能同時生產三款第五代戰機，外界普遍預期中國在 2030 年前會再推出一款輕型的單引擎戰鬥機，做為主打海外出口市場的 JF-17 戰鬥機的低成本後繼機型；甚至可能使用該款輕型單引擎戰鬥機與殲 -20 組成輕型機加上重型機的搭檔組合，就像單引擎輕型的殲 -10 被開發為殲 -11 的輕型對應物一樣。新款的輕型單引擎戰鬥機預計也會使用渦扇 -15 發動機做為動力來源，將與殲 -20 自身的發動機裝置實現共通性。

2022 年 2 月，一款基於 FC-31 設計的戰鬥機被確認已

為出口而開發，使中國得以進入第五代戰機市場，而無需向海外提供殲 -20。這樣的計畫將利用殲 -20 為航空工業帶來的聲望，同時滿足更廣泛客戶群的預算。FC-31 在海外和中國航母航空部隊的部署，有望顯著增強中國人民解放軍空軍、海軍以及海外安全合作夥伴之間的互通性，這與美國空軍 F-35 機隊從 F-35 在海軍、海軍陸戰隊和盟國艦隊的廣泛部署中獲益頗多的情況類似。

中國在邁向第五代戰鬥航空工業所面臨到的一項重大劣勢，就是殲 -20 部隊要與解放軍空軍之外的同代戰鬥機並肩作戰的機會非常有限。相較之下，美國空軍的 F-35 部隊不只可以參考十年前 F-22 開始服役時，為 F-22 擬定的戰術運用，還可以與美國海軍、美國陸戰隊，及遍布全球其他四大洲正大量且快速成長的海外 F-35 飛行員，交換演練心得並共享資訊。這個情況在 2020 年代後期有可能產生改變，因為俄羅斯蘇愷 -57 部隊的羽翼漸豐，中俄兩國軍隊之間的協同作戰程度日益上升，就像兩國在太平洋地區的聯合演習及巡邏規模和頻率都在增加。長久以來，北約主要成員國為互相之間空戰資產的密切整合設下了新標準，中俄日益增強的協同作戰程度似乎也同樣是為了讓這些資產整合成共同的「戰鬥雲」──殲 -20 在 2021 年 8 月的中俄聯合軍事演習中，首次以網路形式與俄羅斯軍事資產並肩作戰。儘管如此，蘇愷 -57 非常緩慢的服役速度，和相較於其他第五代戰機截然不同的設計理念，很有可能會限制解放軍空軍把和俄羅斯進行聯合軍演時學到的經驗，套用到解放軍空軍的適用性。

因爲中國只有北韓這一個雙邊條約盟國，而北韓又受到聯合國的禁運武器限制，所以中國的第五代戰機想要像美國的 F-35 一樣，出口到世界上很多地方並建立起龐大的盟友網路是比較難的。其他與中國關係比較密切的國防安全夥伴，例如寮國、柬埔寨和哈薩克，要不是國防運算或軍力不足，就是所處的地理位置不適合實際參與潛在衝突區的聯合行動。因此，中國人民解放軍空軍自己的殲 -20 機隊，要獨自對抗其他第五代戰機水準對手的負擔就更重了。相比之下，如果太平洋地區發生一場重大戰爭，預計有超過六個國家的 F-35 戰機將加入美國領導的戰爭軍力。雖然相對中立的協力廠商國家，如越南、泰國或巴基斯坦可能會購買蘇 -57、FC-31 或未來的單引擎匿蹤戰機，將爲解放軍帶來

FC-31 的第二架技術示範機。
（微博用戶「9 谢艺航 6」攝）

更多演習機會，但它們缺乏在國防規劃中共同戰略目標的好處，這是部署 F-35 的國家通常所共有的。因此，中國人民解放軍海軍將成爲提供共用經驗的主要力量，並在必要時爲解放軍空軍的殲 -20 機隊提供第五代水準的作戰支援。

第七章

殲-20 帶來的挑戰與回應方式

殲-20 對美國力量帶來的挑戰

殲-20 與其他第五代戰機目前已知的首次遭遇，同時也是第一次有兩架分屬不同陣營的第五代戰機在空中遭遇，被證實於 2022 年 3 月 14 日發生在中國東海的上空。美國太平洋空軍司令、空軍上將肯尼斯‧維巴赫就中國人民解放軍空軍殲-20 的行動表示：「我們發現他們駕駛得非常好。我們最近發生了──我不會稱之為交戰──不過在中國東海的上空，我方的 F-35 和中國的殲-20 發生了一次距離相對來說很接近的接觸，而我們對於殲-20 所展現出來的指揮和控制能力，印象相當深刻。[595]」這番言論很罕見地讓外界得以一窺美國空軍對於中國下一代戰鬥機的主流看法。在過去十一年，殲-20 的研發速度與其所展示能力的精密程度，一直令

西方的分析師感到驚艷。

除了維巴赫的這番評論，美國國防部隨後提交給美國眾議院的報告指出，殲 -20 擁有「高度機動性、匿蹤特性、內置武器艙、先進的航電系統、可以強化狀態意識的感測器、先進的雷達追蹤與目標鎖定能力，以及高度整合的電子作戰系統。[596]」

當美國的輕輕型戰鬥機 F-35 主要用於空對地任務，而 F-22 遭到減產、俄羅斯的蘇愷 -57 預計不到 2024 年無法組建完整中隊的情況下，中國的殲 -20 成為世界上唯一一架被廣泛部署和生產的第五代空優戰鬥機，標誌了中國成功奪得空中戰場強勢地位的重要象徵。這固然是中國進步的結果，但同樣也是美國和俄羅斯自身衰敗所造成的後果。俄羅斯大幅度地推遲了蘇愷 -57 的研發並放棄米格 -1.42，而美國則是明明已經投入很長一段時間的研發生產，卻依舊未能將 F-22 發展成一個具有可行性的後繼機型去完全取代 F-15。美俄的衰敗，讓中國有機會將殲 -20 發展為世界上的空對空戰鬥機之首。在 1980 年代時，不會有人料想今天會是這樣的局面，因為當時蘇聯和美國相對世界上其他國家可能被撼動，但情況在 1990 年代雙方國防部門和工業基礎都經歷了嚴重萎縮後發生了變化。結果到了 1990 年代，美俄兩國的國防部門和工業基礎都急劇萎縮。因此殲 -20 的服役標誌了自第二次世界大戰以來，美國或俄羅斯以外國家生產的戰鬥機，第一次被認真視為世界上最強大的空優戰鬥機。

雖然殲 -20 和 F-35 是世界上唯二尚在生產中並以中隊

規模在軍中服役的第五代戰機，在許多特性的複雜度上也不相上下，但美國及其盟國依靠 F-35 去應對中國殲 -20 所帶來的競爭壓力效果有限。這既是因為 F-35 研發計畫原本就面臨的巨大問題（詳見第二章），也因為 F-35 沒有針對空優任務進行優化的事實所造成的一項後果。正如美國空軍前參謀長馬克‧威爾許上將所言，F-35「從未被設計成下一代空戰機器。它被設計成多用途、資料集成平台，可以在空對地領域執行各種任務，包括破壞敵方集成的空防系統。它具備空對空能力，但並不打算成為一款空中優勢戰鬥機，那就是 F-22 的任務。[597]」美國空軍作戰司令部司令麥克‧侯斯塔吉上將也提出類似警告：「如果我不保持 F-22 機隊的有效性，那麼 F-35 機隊實際上將變得無關緊要。F-35 不是作

美國空軍 F-35 發射 AIM-120 空對空飛彈。
（克理斯多夫‧歐庫拉攝／美國空軍提供）

為一個空中優勢平台建造的。它需要 F-22。[598]」

　　侯斯塔吉將軍預測，雖然 F-35 並不是最適合扮演空中優勢角色的戰鬥機，但 F-15 及其輕型對應機型 F-16 到了 2024 年就會被淘汰。而數量非常稀少而且還在不斷萎縮的 F-22 則一直是空軍中妥善率最差的機型，而且 2010 年代對 F-22 現代化的投資仍然非常有限，因此 F-22 機隊在戰爭中的可行性愈來愈受到質疑。結果就是 F-35 機隊承受沉重的負擔，而 F-35 在東亞的快速部署一再被認為是為了應對中國日益增長的空戰能力，特別是殲 -20 機隊不斷擴大持續成長的軍力。F-35 被依賴並不是因為它是對抗中國空軍實力的最佳戰機，而是因為美國及其盟友的其他選擇仍然明顯不太合適[599]。

　　讓殲 -20 所帶來的挑戰更加迫在眉睫的，是美國第五代戰機機隊的規模嚴重不足，甚至遠低於當年歐巴馬政府時期的預測數字。國防部長勞勃‧蓋茲曾在 2009 年時表示：「預計美國到 2020 年將擁有近 2,500 架各種類型的有人作戰飛機。其中，近 1,100 架將是最先進的第五代 F-35 和 F-22。相比之下，預計中國到 2020 年將沒有第五代飛機。」他補充：「到了 2025 年，中美之間的差距只會愈來愈大。美國將擁有約 1,700 架最先進的第五代戰機，而中國的第五代戰機數量屈指可數。[600]」中國空軍不僅在 2020 年的四年以前就接收了第一架殲 -20，而且美國第五代機隊的實力仍然遠低於預期。

　　即使到了 2022 年 1 月，就在殲 -20 加快交付速度之前，

美軍約有 660 架第五代戰機正在服役,但它們的戰備率都很低,其中三分之二以上是 F-35,還需要好幾年的準備時間才能執行高強度作戰,而且存在嚴重的性能問題。殲 -20 機隊當時估計有近 200 架戰鬥機。在服役的 F-35 中,約有 40% 也就是 189 架飛機,是問題比較嚴重的早期生產機型。因為問題實在是太多了,這些戰鬥機被認為應該永遠無法在實際戰鬥中變得可用。其中許多戰鬥機由於結構缺陷,預計只能被使用於計畫服役年限中的一小段時間,所以中美雙方第五代戰機在數量上的差距又變得更小[601]。

到了 2025 年,戰鬥機數量失衡的狀況對美國來說應該會更加棘手,因為殲 -20 生產規模的大幅擴大,將使中國人民解放軍空軍接收第五代戰機的速度直逼美國空軍、海軍和陸戰隊加總起來的兩倍,而 2023 年 F-35 交付量的大幅削減,只是讓這個情況變得更加嚴重。預計屆時向解放軍海軍交付的 FC-31 戰鬥機,將使中國成為世界上第一個同時量產兩種後第四代戰機的國家,進一步擴大中國在潛在的東亞戰爭中第五代戰機數量上的優勢。2022 年 4 月,在確定美國空軍計畫提前多年即將讓 F-22 退役的一個月後,首次有跡象表明 FC-31 研發計畫可能已經開始進入系列生產[602]。

美國對殲 -20 計畫的期望、其成功的意義,以及該戰鬥機將如何影響東北亞和其他地區的權力平衡,都隨著殲 -20 計畫的發展而產生了重大變化。在首架技術示範機的影像被首度公開後,中國軍事學者兼作家理查‧費雪在接受美國有線電視新聞網 CNN 採訪時表示,影像的公布很有可能是有

意爲之。他強調，尤其是推力和非加力後燃速度等方面，極有可能超越 F-22，並堅決主張美國「應該恢復 F-22 的生產，而且不只要恢復生產，還應該開發更先進的 F-22 機型」以應對挑戰。至於影響 F-35 計畫的重大問題，費雪進一步警告說：「F-35 需要重新來過。它需要與這架戰鬥機（殲 -20）競爭。」他總結：「自二戰以來，美軍從未在沒有空中優勢保證的情況下投入戰爭。中國是一個正在崛起的大國，中國

① 駕駛艙中的殲 -20 飛行員。（取自「航空新視野 - 赤卫」微博）

② 2012 年最後一架 F-22 交付給位於阿拉斯加的埃爾門多夫 - 理查森聯合基地後的美國空軍中校保羅·莫加。（大衛·貝達德攝／美國空軍提供）

的目標是要在全球範圍內，挑戰美國的地位。殲 -20 將使中國在軍事層面上做到這一點……就我個人而言，我絕不接受這樣的情況發生。[603]」

在殲 -20 開始服役前，因為還不確定該戰鬥機會扮演怎樣的角色，五角大廈認為中國人民解放軍空軍試圖以匿蹤技術做為核心，將「一支原本專精於本土作戰的空軍部隊，轉變為一支攻守兼備的空軍部隊。[604]」2014 年，美中經濟與安全審查委員會在提交給國會的報告中稱，殲 -20「比所有亞太國家目前部署的其他任何戰鬥機都還要先進。[605]」美國海軍戰爭學院的一份報告在當年強調，殲 -20 服役後將「立即成為所有東亞大國部署的戰鬥機當中，最先進的一架戰鬥機。[606]」這些評價與中國國內的評價如出一轍，一個早期最著名的例子，就是中國人民解放軍空軍大校申進科在首批殲 -20 交付的數週後表示，新型戰鬥機「是為了滿足未來戰場的需要而研發，」將「進一步提升空軍的整體作戰能力。[607]」

對抗殲 -20 的訓練

以殲 -20 所代表的中國對美國空中優勢的挑戰，不僅引發了與研發和其他相關投資的決策，還影響了美國軍隊和一些盟友為未來的空中戰爭進行訓練的方式。從殲 -20 開始在中國人民解放軍空軍服役後不久，就可以看到這樣的端倪。2018 年 12 月的第一週，在喬治亞州薩凡納的美國空軍航空

優勢中心出現了一架由美國陸戰隊出資打造的等比例殲-20模擬機，據《陸戰隊時報》報導，該模擬機是為視覺和感測器訓練所建造[608]。模擬機與原型機存在明顯不同，飛行操控裝置、排氣噴嘴和起落架是最明顯的偏差之處[609]。或許比模型表面所見的軍事意義更重要的，是其背後所代表的涵義，而且美國或許也有意將這個涵義傳遞給中國。那就是隨著殲-20計畫的日漸成熟，美方也愈來愈將殲-20視為「未來的威脅」，並將其融入訓練和戰爭計畫當中。

在 2019 年 5 月，美國空軍宣布計畫以第五代 F-35A 重新啟動其第 65 侵略者中隊，這是一個旨在模擬敵方戰鬥機能力的部隊，以提供不同的「紅對藍」空戰訓練。這項宣布是在批判性的報告之後，包括國防部審計長在四月的後審計報告，關於飛行員訓練的狀態，特別是其面對 21 世紀挑戰的相關性不足[610]。侵略者部隊於 2022 年 6 月在內華達州的內利斯空軍基地啟動，該基地是美國空軍領先的試驗訓練設施。裝備該部隊 F-35A 的決定從一開始就清楚地表明，提供針對隱形戰鬥機的訓練將是第 65 中隊的主要角色。 作為世界上唯一的非美國活躍隱形戰鬥機，幾乎毫無疑問殲-20是主要目標。 因此，將 F-35 分配給一個侵略者部隊被廣泛視為標誌著美國空軍日益將中國計畫視為一個關注點。

從第 65 中隊過往駕駛的戰鬥機也可以看出，美國空軍認為當前哪些級別的戰鬥機是最迫在眉睫的挑戰。例如從 2005 年起，第 65 中隊就在用 F-15 模擬蘇愷側衛家族戰鬥機，更早之前則是駕駛 F-5E 虎 II 戰鬥機模擬先進改良型的蘇聯

米格-21。如果不是中國的第五代戰機計畫，第65中隊很有可能不會這麼急著部署F-35。內利斯空軍基地發言人克莉絲·蘇卡克少校在談到引進F-35的決定時表示：「F-35所具備的更多新能力，將透過多種訓練和演習場景，增強美國和友邦空軍本來就已經強大的模擬對手戰鬥機的能力。[611]」

第65侵略者中隊指揮官布蘭登·納烏塔中校後來透露：「F-35自計畫啟動以來，一直都在扮演紅色空軍」——紅方指的是在「紅藍對抗」中模擬交戰對手的一方——但他也強調利用匿蹤戰機組成一支專門的侵略者中隊仍有相當重要的益處。納烏塔在中隊正式重啟後的一個月後表示：「第65侵略者中隊現在讓我們能夠以更專業和更有組織的方式進行〔模擬對手能力〕。我們將能夠為上場作戰的空軍（聯軍和盟軍）提供一個可以被標準化複製的模板，讓大家都能在同一個水準上進行訓練。」第65中隊的目標是在2023年1月左右，擁有初始作戰能力[612]。

在宣布重啟第65侵略者中隊十三個月後的2020年6月22日，空戰司令部司令麥克·霍姆斯上將表示，訓練用的F-22可能會被T-7和T-50等現代教練機取代，所以約有60架F-22可以用於作戰任務並重新分配給需要的單位。此外，霍姆斯上將還宣布正在考慮將飛行員訓練時間，從原本的四十個月縮短到二十二個月，騰出更多飛機用於所謂「重鑄計畫」下的其他用途。霍姆斯建議，這些F-22可以用於侵略者訓練。由於單引擎的F-35主要設計用於打擊任務，其在所有方面的飛行性能都遠遠不如殲-20。隨著殲-20搭載

了新型發動機，其飛行性能獲得顯著提升，這使得殲-20 與 F-35 之間的差異變得更加明顯。相比之下，F-22 能夠更接近地匹配殲-20 的機動性和最高飛行高度，但無法匹配其先進的航電系統，並且缺乏分散式孔徑系統和頭盔瞄準器等關鍵功能。

　　兩個月後的 2020 年 8 月，又有報告出現，顯示美國軍方正在為可能與中國隱形戰鬥機進行空對空戰鬥的情況做準備，空軍和海軍越來越多地尋求在訓練中模仿殲-20 的隱形能力。美國空軍開始使用 F-117 匿蹤噴射戰鬥機來完善反匿蹤戰術。F-117 原本在 2006 年就已經退役，所以交由私人承包商駕駛，比 F-35 或 F-22 更容易用於訓練。2019 年 12 月，F-117 戰鬥機與美國空軍第 64 侵略者中隊的 F-16 一起執行飛行任務。2020 年 5 月，F-117 在太平洋負責擔任紅方，與海軍的航母群進行對抗演練。海軍航母群正在進行正式部署前，最複雜也最深入的整合訓練。只有 59 架 F-117 機身曾進入美國空軍服役，雖然飛行性能上遠遜於殲-20 甚至是 F-35，但該戰鬥機有潛力讓人員熟悉如何瞄準匿蹤戰機。2021 年 1 月，美國空軍正式批准 KC-135 同溫層加油機與 F-117 執行空中加油任務。這被廣泛解讀為進一步計畫使用退役飛機進行更多反隱形訓練的跡象。

　　2020 年 11 月，美國空軍開始使用由擴增實境（AR）軍事訓練技術商 Red 6，和國防航太自動化技術商 EpiSci 公司開發的訓練程式。該訓練程式會將看起來很真實的人工智慧駕駛殲-20 影像，投影到飛行員的擴增實境頭盔顯示器[613]。

如此一來，受訓中的飛行員就可以在他們於紅藍對抗中面對美國空軍 F-35 前，對於如何與第五代匿蹤戰機交戰，做好一定程度的準備。為了訓練藍軍學習對抗匿蹤戰機的技巧，上述的虛擬實境練習任務也被視為內利斯空軍基地在 2021 年 8 月舉辦的 2021 年紅旗演習中的一部分。紅旗演習是美國空軍在 1975 年起為侵略者中隊舉辦的年度重點空戰訓練活動。內利斯基地第 64 侵略者中隊指揮官克里斯·芬肯斯達中校就此次演習表示：「因為我們的重點是放在大國競爭，所以我們要確保這些擔任藍軍（我軍）的飛行員做好準備，而我們能做的就是儘可能營造最貼近現實的訓練氛圍。」一份空軍的新聞稿中指出，在稍早的模擬衝突中「紅軍獲得了勝利」——不過隨著反匿蹤戰術和相關技術的改進，這個情況預計會有所改變 [614]。

值得注意的是，F-22 在紅旗演習中被安排在「藍軍」陣營，負責對付「紅軍」陣營當中的 F-35。負責駕駛藍方 F-22 的飛行員派翠克·鮑德斯上尉說：「讓它們（F-35）加入紅方」會讓原本就已經很複雜的局面，變得更加「錯綜複雜」。他解釋：「當紅方出現一架匿蹤戰機，會讓我們的工作因為加上要辨識出匿蹤戰機的位置、想辦法保護我方盟軍方面、保護地面資產或是要在時限內繼續執行任何當下的任務，所以變得更加困難。」他補充：「即使我們駕駛的是 F-22，要掌握對 F-35 位置的良好狀態意識還是具有一定難度。[615]」

2022 年 6 月，隨著第 65 侵略者中隊重新啟動，其 F-35 展示了一種與殲-20 使用的顏色方案非常相似的塗裝，就和

當初第 65 中隊的 F-15 曾採用類似俄羅斯蘇愷 -27 配色塗裝方案的概念如出一轍。這再次顯示了殲 -20 和中國就是美國空軍優勢主要面對的新興挑戰者。俄羅斯人和蘇聯人及他們的米格和蘇愷戰鬥機，曾佔據該地位長達六十多年，後來蘇聯後的衰退、俄羅斯航空工業發展的極度放緩，讓中國輕鬆超越俄羅斯。儘管如此，由於美國空軍其他單位對 F-35 的需求，因此侵略者中隊只被分配到 11 架 F-35，而且這幾架戰鬥機都來自具有嚴重缺陷的早期生產機型，所以應該永遠無法被用於前線作戰。

　　為了提供進一步的訓練並促成對第五代戰機的武器最佳化測試，美國空軍從 2022 年開始想辦法取得另一架匿

布蘭登·納烏塔中校與第 65 侵略者中隊啟用紀念典禮上模仿殲 -20 塗裝的 F-35A。（一等兵喬西·布萊茲攝／美國空軍提供）

蹤目標無人機，以取代對 F-16 的無人改裝。這種被指定爲 QF-16 的飛機之前用於測試防空武器，但在對手現在部署隱形飛機的時代，它的性能已經不足以應付訓練需求。新無人機的主要要求除了相當程度的自主性外，還包括以下內容：「第五代代表性目標組合應能提供一個遙控的、可摧毀的資產，具有威脅代表性的 RF（射頻）發射、EA（電子攻擊）發射、雷達截面（RCS）特徵、紅外（IR）特徵，以及內部攜帶的可消耗品。[616]」

雖然美國空軍投入了大量資金調整訓練模式，以應對中國以領導者之姿在第五代戰機航空領域的崛起，但這些努力卻因對戰鬥機艦隊的巨大壓力而受到削弱，這主要是由於美國自己的第五代項目問題所致。尤其 F-22 和 F-35 碰到的進度大拖延和成本超支，加上採購率只達到預期水準的零頭，迫使空軍讓第四代機型服役的時間遠遠超出預期。而隨著這些第四代戰機的老化，操作成本和維修需求也急速上升。到了 2023 年，由於 F-22 和 F-35 的服役數量遠低於原本預期，美國空軍機隊中 F-15 和 F-16 的平均服役年限分別是三十八年和三十二年，早已超出其計畫的服役壽命。而且除非老舊機型被直接退役而不予以替換，否則服役年限還會被拉得更長 [617]。

喬瑟夫・瓜斯特拉中將是美國空軍領導階層中，強調機隊機齡增加會對飛行員飛行時數造成嚴重影響的幾位人物之一 [618]。對於那些已經轉型使用第五代戰機的部隊來說，第五代戰機更低的妥善率和更高的維護需求，意味著這些部隊

第 135 戰鬥機中隊模仿殲 -20 的塗裝。（美國空軍檔案／中士勞倫斯‧西納複製）

飛行員的處境往往也好不了多少 [619]。他強調：「我們現在正朝著問題加速前進。」他警告，戰鬥機部隊的戰備狀態可能會「失足落海」。當一份由瓜斯特拉共同撰寫的空軍智庫米契爾航太研究所政策報告在 2023 年 6 月出版時，前太平洋空軍副司令大衛‧德普圖拉中將等人強調，中國飛行員駕駛的戰鬥機平均年齡比美國空軍的要新幾十年，飛行時數也比美國空軍的飛行員多。他還強調，訓練得多「絕對有差」，

這會讓中國人民解放軍空軍就第五代戰機層級的戰事準備上，具備更強大的優勢[620]。

殲-20 與美國的第六代制空戰鬥機計畫

除了刺激美國展開對抗中國第五代戰機的投資訓練意外，殲-20 計畫及其對中國國防部門所表明的情況也為美國下一代空中優勢（NGAD）第六代戰機計畫增加了相當的緊迫性。這就像是 1980 年代的蘇聯蘇愷-27，同樣為 NGAD 的前身，也就是催生出 F-22 的先進戰術戰鬥機計畫，增添了急迫性一樣。2020 年 9 月，美國空軍採購負責人威廉‧羅柏透露，NGAD 計畫的技術示範機「已經取得很大進展，全方位的飛行示範機已經在真實世界展開飛行」，並且「在飛行過程中打破了多項記錄。」空軍部長法蘭克‧肯德爾後來將其稱為「X- 飛機計畫，打造該架示範機的目的是為了降低生產計畫所需的部分關鍵技術風險。」他還證實該示範機的首批合約大約在 2015 年發出[621]。

美國空軍和海軍航空部隊冷戰後的三十年來，愈來愈強調對敵防空壓制而不是空中優勢，這主要基於假設即蘇聯防禦部門不再存在，空中同級挑戰者會隨著時間的推移進一步減少。殲-20 設計的成功是逆轉這一趨勢的主要因素。2015年，時任美國海軍作戰部長的強納森‧格林納特上將曾表示，美國第六代戰機將在很大程度上側重電子戰能力和防空壓制。他說：「你知道，匿蹤技術被捧得太過頭了。我不想

說匿蹤技術已經過時，但面對現實吧，如果有架戰鬥機在空氣中快速移動，擾亂空氣中的分子並產生熱量——我才不管發動機的溫度可以被降到多低——這架戰鬥機就是會被探測到……它必須具備攜帶有效酬載的能力，才能部署各種武器；它必須能夠壓制敵方的防空系統，才有辦法深入戰區。」他補充：「我不認為這架戰鬥機會具備超快的速度，因為再快也快不過飛彈。[622]」隨著殲 -20 計畫的成熟，對第六代戰機專注於空中防禦壓制和淡化隱形的說法顯著減少。NGAD愈來愈被視為一種專門用來對付中國第五代和第六代戰機的設計。

NGAD 的直接前身，研發出 F-22 的先進戰術戰鬥機計畫，在 1990 年代明顯受到了俄羅斯國防部門和武裝力量急劇惡化的影響。俄羅斯的衰退使得可能比 F-22 更早生產並且性能更優的米格 1.42 設計變得不可行，而因為沒有任何嚴肅的挑戰者，F-22 遭受了削減和延誤，這在很大程度上似乎源於自滿。為削減成本而移除的技術包括從紅外線跟蹤系統到次級雷達。由於國會不斷砍經費，美國空軍從 1991年後不得不多次重新調整研發計畫的架構——也就是《空軍雜誌》所謂的「計畫動盪」[623]。事實上，冷戰結束也普遍被認為是洛克希德‧馬丁公司相對保守的 F-22 設計方案之所以會雀屏中選，而不是選擇開發由諾斯羅普‧格魯曼公司（諾格）設計，造價更高、匿蹤性更強、速度更快並更具野心的 F-23 方案的原因。

當 F-22 的研發因為缺乏競爭而飽受挫折，中國主要透

① 米格 -25 狐蝠攔截機。（維基共享資源／取自 Airliners.net 網站）

② 懷疑拍攝到 611 所第六代機技術示範機的照片。（微博用户「沉默的山羊」提供）

過殲 -20 計畫所展現出來的戰術戰鬥航空領域進展，則是刺激了 NGAD 研發計畫的發展。這個情況有點像 F-22 計畫的直屬前身，F-15 的研發背景。這可能反映了美國 F-15 項目，作為 F-22 的直接前身，是如何在蘇聯第三代米格 -25 的展示性能面前修訂其能力要求，使之更加雄心勃勃，並加快其發展。米格 -25 被認為是 1970 年代初最頂尖的戰鬥機／攔截機，沒有一架美國空軍飛機能夠可靠地與之對抗 [624]。對 F-15 設計有深入了解的專家們描述了該專案是如何「被米格 -25 福克斯巴特原型機的出現所激發……米格 -25 為了維持 3 倍音速的性能而建造，它在 1965 年至 1977 年間打破了多項世界性能紀錄……米格 -25 的非凡性能對西方來說是一個不愉快的驚喜，就像 1950 年的米格 -15 一樣。米格 -25 的揭露效果是增加了 F-X 規格中對空中優勢的強調。[625]」因此，雖然 F-22 項目的結果在許多方面令人失望，但與此形成鮮明對比的是，F-15 相對於其前輩具有真正革命性的優勢，被認為是美國冷戰軍事航空的領先成就之一，並且成為了史上生產週期最長的戰鬥機。五十年後，中國正在研發的殲 -20 及其後繼機型，也將同樣「激勵」美國的 NGAD 計畫。

殲 -20 相較於 F-22 和 F-35 的關鍵優勢主要其實不在於中國技術上的先進，而是因為中國國防部門更加將最新科技或技術迅速且有效率地應用在最新的軍武平台上。這與中國民間工業基礎和科技部門所享有的優勢高度相似，正是這些優勢讓中國可以發展出世界最大的民用工業基礎和科技部

門。或許決定 NGAD 設計在恢復美國空中優勢方面成功與否的最大因素，將是它能否打破影響該國所有主要冷戰後新設計武器項目的趨勢，特別是在航空領域，能夠應用技術而不受到像 B-2、F-22 和 F-35 那樣的眾多嚴重性能故障、延誤和成本超支的困擾。殲 -20 的成功，以及它為中國未來專案（包括其第六代戰機）所樹立的先例，大大提高了賭注，這意味著，與在開發過程中沒有預期的同級競爭對手的 F-22 和 F-35 不同，NGAD 同樣表現不佳的餘地要小得多。

因此美國眾議院軍事委員會等多個機構在 2020 年代初期就曾多次提出關切，認為第六代戰機研發計畫必須避免出現嚴重影響美國冷戰後三大軍用飛機計畫（F-22、F-35 和 B-2）的關鍵問題——也就是「預期外的成本增加」和「在交付後才發現問題一堆」的狀況。這甚至導致其發出威脅，以確保第六代項目不走上類似的道路，威脅要削減高達 85% 的資金 [626]。眾議院撥款委員會表示，NGAD 計畫的問題可能不亞於 F-35，因此應該繼續維持對老舊機型的投資。這顯示了當初 F-35 的延誤和缺陷帶來多麼惡劣的印象，迫使美國海軍必須耗費比原本預期更多的鉅款，持續採購第四代的 F-18，等待 F-35 真正變成美軍可以放心託付的主力戰鬥機，已經比計畫晚了十多年 [627]。

軍事網站《動力》的許多分析師在 2020 年指出，由於受到中國戰鬥機計畫的挑戰，NGAD 計畫的發展，會需要採取與 F-22 截然不同的方法：「現實是，美國在同級對手中保持空中優勢的可持續性已經變得極其不確定，以至於真

的沒有其他選擇。已經成爲『改變或滅亡』的情況。[628]」他們在 2022 年後來觀察到，五角大樓對於其應對殲 -20 的能力所持的任何信心似乎「與該戰機的實際能力或其可能的使用方式關係不大」，而是基於對美國第六代戰機預期將帶來的能力的信心[629]。美國空軍暨太空部隊協會的月刊上，同樣單獨提到了殲 -20，強調美國會需要一架第六代戰機來專門應對兩種威脅──中國的殲 -20 和新一代的地面防空系統[630]。空軍參謀長查爾斯・布朗在針對殲 -20 討論時強調，如果美國空軍不能迅速部署第六代戰機，那麼殲 -20 可能會害美國空軍「擔心得睡不著」，並強調美國在面對中國的進步時，「保持我方優勢」的至關重要性[631]。

2021 年 10 月，空戰司令部司令馬克・凱利上將甚至將 NGAD 計畫的急迫性和重要性，與二戰時打造原子彈的曼哈頓計畫相提並論。他強調：「應該要有更強烈的緊迫感，並且全國上下共同努力。」形容美國軍方是依靠想像中的空中優勢來展開行動這個說法並不誇張。因爲中國對美國空中優勢的挑戰迫在眉睫，美國空軍面臨著「在空中優勢上屈居第二」的風險。[632]」凱利曾在九個月前警告，中國的第六代戰機可能會比美國更快準備就緒[633]。他重申，美國能是否能率先部署第六代戰機，仍存在許多不確定性[634]。主要因爲殲 -20 計畫不只在戰鬥機性能上的成功，連研發速度、成本效益以及開始服役後的後續設計改良效率都太過驚人，而且背後支持一切的中國國防業界和高科技領域的高速進展，讓中國立於建造出更優良未來戰鬥機的基礎之上。這些

因素足以讓美國在 1990 年代和 2000 年代一直沾沾自喜的情緒煙消雲散。

2022 年 6 月 1 日，NGAD 研發計畫宣布已經進入工程、製造和研發階段，同時美國空軍部長法蘭克‧肯德爾宣布該戰鬥機可在 2030 年前投入使用，並著重強調必須讓其儘快服役①。當時並沒有揭露那個公司是 NGAD 計畫的主要承包商，也沒有宣布是否會有一個主要承包商[635]。不過在十四個月後，諾斯羅普‧格魯曼公司宣布退出競爭，所以幾乎可以肯定洛克希德‧馬丁公司將獲得承包商資格[636]。當時的分析師強調，美國空軍打算削減計畫中的作戰中隊數量，並開始 F-22 的非常早期退役，這讓 NGAD 專案「肩負重任」[637]。但這也就意味著一旦 NGAD 計畫只要面臨當時 F-35 曾經歷過一半的延誤、缺陷和其他性能問題，必須承擔的後果將會更嚴重；美國會面臨將顯著空中優勢拱手讓給中國的風險。由於美國空軍已經放棄擴充戰鬥機機隊的計畫，想要提高作戰率的努力又屢屢失敗[638]，再加上大幅削減 F-22 計畫，並考慮大砍 F-35 的訂單，因此 NGAD 計畫可能是美國空軍扭轉其相對於中國，在戰鬥航空領域地位下降趨勢的最後機會。

肯德爾部長在宣布 NGAD 計畫進入工程、製造和研發階段的四個月後承認，該計畫只是「在我的口頭表達方式」

---

① 關於次世代制空權戰鬥機計畫的配套「僚機」，肯德爾提到了正在為美軍戰鬥機開發人工智慧飛行員的「王牌戰鬥機進化」計畫，以及為未來戰鬥機開發專用「僚機」無人機的澳洲「空權協同系統」計畫。這些都是正在進行中的重要開發項目的例子。

進入了該階段，實際上 NGAD 根本還沒發展到那個程度[639]。卽使該計畫已經進入下一個階段，也無法保證它能如期完工。連相對單純的 F-35，雖然當初能夠從已經試驗過和測試過的 F-22 中挪用許多最複雜的技術，從開始進行工程、製造和研發階段，到在空軍服役時具備有限的初始作戰能力，都要耗費十五年的時間。F-35 的先例和同樣也曾停滯不前的 F-22，都顯示 NGAD 計畫要到將近 2040 年左右才能投入使用。在肯德爾做出上述坦白的幾天前，美國空戰司令部司令馬克‧凱利才警告，中國完全有能力比美國更早開始部署第六代戰機：「我今天無法告訴你們中國正在發生什麼，除了他們正在爲 10 月的第二十次全國黨代會做準備。但我可以告訴你們肯定沒有對六代空中優勢與否進行辯論。我還可以告訴你，他們正在按計畫進行。」爲了讓外界了解下一代戰鬥機的競爭已經到了何等激烈的程度，他說空軍需要「確保我們至少比競爭對手早一個月取得第六代空中優勢戰鬥機。[640]」殲 -20 在研發和服役時間的進度一直快得遠超預期，這在很大程度上解釋了美國會如何預測其後繼機型的研發進度。

6 月下旬，肯德爾部長宣布，NGAD 計畫將遵循更傳統的研發路線放棄了讓飛機每隔幾年就進入服役的極具雄心的更新版本計畫，這一計畫曾引用 1950 年代的「世紀系列戰鬥機」的先例。他解釋：「我們現在正在研發的次世代制空權戰鬥機……需要花費更長的時間……這不是一個簡單的設計……而是一項漫長而艱鉅的工作。[641]」根據預測，次世代

制空權戰鬥機的每架機體造價高達數億美元，是截至目前為止世界上最昂貴的戰鬥機；也因此更加劇了外界對於次世代制空權戰鬥機一旦開始服役，美軍整體的真人駕駛戰鬥機機隊規模，將進一步大幅縮減的猜測[642]。隨著 2022 年稍早，美軍宣布現正服役中的戰鬥機將大規模退役，一開始主要來自於運營成本較高的 F-22 和 F-15 類別，再逐步退役其他級別戰鬥機，預計進一步減少美國空軍的年度運營費用。肯德爾強調，這是「我們正在努力實現轉型」的一部分，主要重點是在為可能與中國人民解放軍展開的交戰做好準備[643]。據推測，既有戰鬥機退役帶來的成本削減和空軍預算的大幅增加，被認為是為 NGAD 計畫等頂尖研究計畫提供經費的必要舉措。

對付殲 -20 的武器計畫

　　除了美國對第六代戰機技術的投資，中國快速成長的第五代戰機能力，尤其是殲 -20 所帶動的挑戰，也是影響美軍後續一系列更進一步的採購決策。該決策是想讓美軍更快具備對抗對手匿蹤機隊能力的關鍵因素。2017 年時，美國海軍據傳正在考慮要將一套紅外線搜索及追蹤系統，裝設於 F-18E/F 超級大黃蜂第四代戰機，使其面對低雷達截面積目標時具備更優異的對戰能力。此舉就被普遍解讀是針對 2017 年稍早，殲 -20 開始加入解放軍機隊服役的回應[644]。不過將 F-35C 整合至美國航母戰鬥群進度的嚴重耽誤，以及

讓 F-35C 具備完整操作妥善率的更嚴重耽誤，也是促成美國海軍作成上述決策的其他理由。

2022 年 1 月，美國空軍宣布要針對部分 F-22 機隊進行有史以來最全面的升級計畫，內容包括遲來的紅外線搜索及追蹤系統的整合，以及可促進感測器更佳整合的航電系統升級等 [645]。鑒於 F-22 相較其他軍事資產相對有限的連網及資料共享能力，在網路中心戰時代將是一大缺失，美國空軍官員特別強調，網路中心戰能力的提升會是 F-22 升級計畫的重點。至於 F-22 缺乏頭盔瞄準系統，在現代戰鬥機當中實屬獨特且會讓 F-22 在可視距離交戰中處於極端劣勢的缺陷。問題的方案仍在考慮中，儘管它們可能最終不會獲得資金支持 [646]。新軟體的更新預計也會進一步促進 F-22 與全新 AIM-260 空對空飛彈的整合，被認為將可消弭與殲 -20 採用的霹靂 -15 飛彈之間的性能差距 [647]。

殲 -20 相對於 F-22 主要的作戰優勢是源自於航電系統和武器裝備，尤其是其更新的雷達、分散式孔徑系統、雷達截面積和現代資料鏈。在這些技術方面，殲 -20 和 F-35 的水準被認為大致相當。正如 2021 年時，在模擬對抗戰中駕駛 F-22 對抗 F-35 的飛行員派翠克・鮑德斯上尉所說，F-35「看起來對任何目標都具備比較強大的偵測能力，純粹只是因為它們搭載比較新穎的雷達和比較強大的航電系統。」他認為：「這確實又增加了一層複雜性。[648]」如果說尚未進行現代化改造的 F-22 預計在面對殲 -20 時，會遭遇它面對 F-35 時的類似劣勢，那麼將 F-22 的航電系統升級到和 F-35 差不

多水準，或許就能重振 F-22 做爲美國最有能力執行空中優勢任務戰鬥機的地位。特別是感測器融合和紅外線搜索追蹤系統預計將解決長期限制其對抗隱形目標能力的主要缺點。頭盔瞄準系統也特別重要，因爲在隱形飛機之間的衝突中，視距範圍內交戰的可能性要高得多。作爲世界上航程距離最短的重型戰鬥機，不利於在幅員廣大的太平洋戰區，爲 F-22 開發隱形外掛油箱支架的報導也一直受到相當程度的關注。

　　F-22 的進化甚至與 2000 年代末期所做出的預測大相逕庭。時任 F-22 飛行員的美國空軍准將保羅・莫加在 2008 年時曾表示：「根據我所看到和聽到的所有訊息，我認爲我們至少還有二十年時間才會眞正面臨一個重大或迫在眉睫的敵對第五代戰機威脅。當那些技術最終趕上美國現在的水準時，你知道會怎樣嗎？我們的 F-22 也往前進化了。二十年之後我將坐在我的辦公桌前，會有其他年輕飛行員駕駛新的 F-22；而他們所駕駛的 F-22 絕對跟現在的 F-22 不一樣。這是一定的，新的 F-22 會把現在的 F-22 打得滿地找牙。[649]」這番言論發表在 2009 年國防部正式宣布停產 F-22 的一年前，都還認爲 F-22 會獲得分散式孔徑系統和頭盔瞄準器支援等性能升級。如果 F-22 像 F-15 和 F-4 一樣有一個長期的生產運行，透過長壽的生產週期來確保機體設計與航電系統的持續升級，那麼殲 -20 將面臨一個更加強大的競爭對手。直到 2009 年，對 F-22 的升級長期被視爲防範敵對國家發展第五代戰機，而雖然對戰鬥機航電設備的遲來升級被視爲對殲 -20 專案的回應，但它們未能解決諸如缺乏分散式孔徑系

統和戰鬥機雷達陳舊等關鍵缺陷，更不用說與機身相關的缺點，如過度的維護需求和非常有限的續航能力。

F-22 的維護需求和其他問題，令其整個機隊依舊計畫在 2030 年代中期退役。所以美國空軍在多大程度上願意從 2020 年代中期開始投入鉅資，對 F-22 機群進行大規模的現代化改造，仍有待觀察。按照樂觀的估計，可能有接近 100 架 F-22 將會被升級到新標準。 屆時，將有 500 多架配備類似先進航電設備的殲 -20 投入使用。 F-22 較低的可用率只會加劇這種數量上的劣勢。

除了 F-22，美國也正為了迅速改善 F-35 的性能而做出多方努力——畢竟由於 F-35 還在生產中，改良它的工作還比 F-22 直接單純。在這一過程中最顯著的里程碑之一是 2023 年 1 月確認該戰鬥機將接收一種新雷達，即 AN/APG-85，這將把原計畫生產的 3,000 架 AN/APG-81 雷達削減到一小部分。由於認為殲 -20 的 1475 型雷達相較於 F-35 原始雷達有明顯優勢，因為它在複雜程度上相當，體積更大，估計傳輸／接收模組多 25-37.5%，F-35 的新雷達可能會大幅縮減這個差距。F-35 計畫的延誤使得許多新技術自 AN/APG-81 設計以來已經成熟，預計 AN/APG-85 將實現其中許多技術，這可能顯著提高可靠性、電子戰性能和態勢感知。新雷達所使用的氮化鎵系統也提供了另一個可以大幅緩解訊號強度與功耗衝突的選項。新雷達的開發商諾斯洛普‧格魯曼公司形容該雷達將「有助於確保空中優勢」。雖然 F-35 最初是以空對空作戰為次要角色開發的，但這一聲明

是多個聲明之一，表明了項目重點的轉變，而殲 -20 項目是影響這一轉變的主要因素之一 [650]。

除了新雷達外，2020 年代初，為 F-35 更換問題重重的 F135 發動機也在積極考慮中。現有的 F135 引擎只能提供冷卻戰鬥機所需的一半能量，而由於 F-35 下一生產區塊的電力需求將大大增加，發動機在不久的將來將造成更大的不

AN/APG-81 雷達天線。（維基共享資源／美國國家電子博物館提供）

足。發動機很快就耗損的情況更進一步加劇 F-35 妥善率低，以及使用年限內操作與維修成本高昂的問題 [651]。一個優越的新替代發動機預計將改善 F-35 的飛行性能與續航距離，並解決上述問題，從而縮小 F-35 與殲 -20 之間存在的一些性能差距。較近期的 F-35 改良重點主要聚焦在透過新式飛彈掛架增加攜彈量與火力 [652]，以及進一步強化目前已經領先世界的電子戰能力 [653]。F-35 性能增強速度和影響遠超其他任何西方戰鬥機。殲 -20 作為一個非常有力的第五代戰機對手的存在，或許是進行 F-35 重大升級投資的最佳論據。相比之下，在 F-22 生產期間，這是提升其性能的宣導者顯然缺乏的論據，導致在那個時期的改變相對較少。這對 AN/APG-85 尤其如此，因為已經非常有能力的 AN/APG-81 仍然相對較新，並且只完成了其計畫生產運行的一小部分。如果不是因為 F-35 要對抗快速擴張和現代化的中國隱形戰鬥機機群，過早地轉向全新雷達的做法很難證明是合理的。

由於美國和中國的第五代戰機一直都是在空中預警管制平台的輔助下執行任務，所以分析師推測殲 -20 應該促進了這些飛機獲取新一代的投資，以提高態勢感知並提供針對隱形目標更優秀的探測能力。太平洋空軍司令肯尼斯・維巴赫上將在 2022 年 3 月，就 F-35 與殲 -20 的首次遭遇表示，美軍部署在該區的 E-3 哨兵式空中預警管制機已經面臨嚴重的陳舊問題，強烈暗示就是因為 E-3 機太過時，在 F-35 與殲 -20 遭遇時「我們的預警機才會沒看到殲 -20。」維巴赫解釋：「原本我們所依賴的 E-3 機上感測器已經無法應付廿一世紀

的威脅，尤其在面對像殲-20或其他類似的匿蹤平台時，E-3 的感測能力根本不足以看見那些平台的距離，也就無法為我方戰鬥機提供預警優勢。」他強調：「這就是什麼我希望添購 E-7 的原因。」維巴赫特別指出，E-3 的維修問題已經嚴重影響妥善率，這往往就導致太平洋空軍根本就沒有空中預警管制機可用[654]。在維巴赫發表上述言論的一年內，使用了優越的電子設備與感測器的 E-7 楔尾鷹空中預警管制機，就被選為 E-3 的後繼機型。添購 E-7 的經費是來自美國空軍一筆意料之外的額外預算，而這筆預算主要又是來自其他項目計畫成本縮減所剩餘的經費。美軍在相對突兀的情況下做成此一採購決策的本質，或許正代表了這個決定是為了應對新的威脅——殲-20[655]。

殲-20 設計和其主要武器霹靂-15 導彈，也被廣泛報導是刺激美國投資研發新型雷達導引空對空飛彈的主要原因。新型雷達導引空對空飛彈不但能縮短跟霹靂-15 射程距離上的差距，而且飛彈上裝設的性能更強大感測器也能進一步增加飛彈對匿蹤戰機的鎖定能力。美方官員也對霹靂-15 明顯較佳的性能有所警覺。美國空軍空戰司令部司令赫伯特‧卡萊爾在 2017 年 9 月時曾說：「看看我們的對手和他們所研發出來的武器，像 PL-15 ——那個武器的射程……我們如何應對這一點，我們該採取什麼措施來應對這一威脅？」他在隔天的一則採訪中強調：「霹靂-15 ——那個導彈的射程——我們必須能夠超出其導彈的射程。[656]」《航空週刊》的專家形容，霹靂-15「迅速激起美國空軍啟動自 1970 年

代以來的第一個新型空對空飛彈研發計畫」——指的就是被美方官員直接表示是做為回應霹靂 -15 飛彈的 AIM-260 飛彈計畫 [657]。AIM-260 的研發工作在 2017 年時祕密展開，並於 2019 年正式對外宣布，預計會像 2015 年時開始的霹靂 -15 飛彈那樣，整合慣性導航所需之主動電子掃描陣列雷達。而為了應對霹靂 -15 飛彈在更早之前的衍生型就已經達成的優異性能，作為一種成本較低、可更快完成開發的對應產品，AIM-120D 的改進型號 AIM-120D3 也被優先考慮進行快速開發，主要是為了應對霹靂 -15 相對於先前型號所取得的優勢。這與空軍官方聲明相符，即 AIM-260 是「為了保持在對手空中威脅投資之前」，旨在補充而非取代 AIM-120 [658]，可能是因為以相當數量的採購無法負擔。AIM-120D3 並不被認為與霹靂 -15 相當，但其劣勢不如之前的 AIM-120 型號那麼明顯。

美國之外的反應

除了美國，殲 -20 設計及其所預示的中國空中戰力的顯著擴張，也引發了在東亞運營的許多軍隊的回應。中華民國國軍是台灣武裝部隊的官方名稱，在技術上依舊尚未解除對中國人民解放軍和中國大陸的戰爭狀態，在 2000 年代曾多次嘗試從美國購買 F-35 [659]。而隨著殲 -20 計畫的快速發展，這些嘗試在下一個十年加速。2011 年 9 月，在殲 -20 首飛的八個月後，中華民國國防部軍政副部長楊念祖出訪美國，重

申台北當局欲採購 F-35，同時欲繼續升級之前已經購買的 F-16 的意向[660]。而由於中國殲 -20 計畫的進展速度遠遠超過預期，台北當局又更加積極努力地想要取得與殲 -20 同一代的戰鬥機。這呼應台灣在 1990 年代為應對中國人民解放軍空軍 1991 年首次獲得蘇 -27，並使機隊的戰鬥機能力水準一舉提升了兩個世代，而向美國與法國採購多架第四代戰機做為回應。

自 1970 年代起，台北當局想向美國採購先進武器的程序一直都很麻煩，因為中華民國的領土被聯合國以及包括美國在內的所有聯合國會員國，認為是屬於中國領土的一部分，中華民國政府也不被視為具有國家地位的國際社會行為者。而在中華民國憲法主張整個中國大陸都是屬於中華民國之下的固有疆域，而非只主張台澎金馬地區領土正當性的情況下，又讓缺乏聯合國承認的台北當局在軍備武器的採購上，面臨更多爭議。在小布希政府與歐巴馬政府時期，中華民國想要購買更現代化 F-16 衍生機型的提案都因此遭拒——甚至連 1992 年老布希政府時期原本核准要賣給台灣的 F-16，都被降級成續航距離更短的 Block 20 機型。當川普政府上任後，台北又開始積極奔走想要向美國購買 F-35。川普政府在 2017 年年末與北京當局的緊張關係逐漸升高[661]，而隨著美中關係日益緊張，華府內部對於對台軍售案的支持聲浪也愈來愈高。2018 年初，有參議員就將對台軍售案形容成是踏出「在中國威脅之下捍衛民主」的一步[662]。而在美國與中華民國內部，支持對台販售 F-35 的論點裡面，很

常提到殲 -20 所帶來的威脅。

到了 2018 年 4 月，川普政府已經確定不會將 F-35 賣給台灣，主要原因之一就是華府認爲一旦將 F-35 賣給台灣，解放軍就很有可能取得該戰鬥機的技術機密。中華民國空軍過去就發生過數起西方生產的軍機，被叛逃飛行員駕駛到中國大陸的先例，而許多台灣人民抱持的強烈親中情緒，也增加了中華民國空軍一旦獲得任何與 F-35 有關的資訊，就會很快轉達給北京當局知曉的可能性 [663]。隨後，中華民國空軍轉向採購 F-16 的現代化型號，F-16 Block 70/72，於 2019 年 12 月簽訂了購買 66 架飛機的 82 億美元合約。到 2030 年左右最後一架飛機預期交付時，F-16 將已在美國空軍服役 52 年，即便在 2010 年代，該設計也愈來愈被美國及盟國官員描述爲快速走向過時 [664]。美國空軍本身已於 2005 年停止採購 F-16，並從 2010 年開始減少其 F-16 機隊 [665]。美國在生產飛機方面面臨的嚴重延誤只會加劇這一情況，合約條款確保延遲交付不會面臨任何罰款 [666]。

台北當局針對每一架 F-16 付出去的費用，據部分消息來源估計，比殲 -20 的還要高，儘管這種飛機的體積不到殲 -20 的一半，且落後一個世代。無論是台灣或美國的軍事分析師普遍都認爲，這次採購遠非台北防務需求的成本效益之選，而且由於 F-16 在台灣海峽戰爭中的作用相對有限，與中華民國空軍更青睞的 F-35B 不同，這次採購被廣泛批評爲出於政治動機 [667]。然而，這次採購對美國大有裨益，既避免了出售 F-35 的風險，又爲在南卡羅來納州格林維爾

開設新的 F-16 生產線提供了關鍵資金，儘管這種老式戰鬥機在世界其他地方的需求相對有限。對於中華民國空軍來說，購買 F-16 將使其能夠淘汰麻煩纏身的法國幻影 2000 戰鬥機，這是其艦隊中最新和最昂貴的機型，超過 10% 的交付機型已經墜毀。法國沒有提供類似美國為 F-16 提供的升級配套，這意味著即使幻影機隊沒有這樣的可靠性問題，也幾乎沒有其他選擇，而糟糕的生產品質導致的引擎渦輪葉片裂紋等問題使幻影機的運營成本大約是 F-16 的四倍。儘管增強的新 F-16 遠未能解決中華民國空軍頂級戰鬥機部隊所面臨的壓倒性劣勢，它們將提供更高的態勢感知能力對抗隱形目標，以及更強的免疫能力對抗解放軍自己裝備有 AESA 雷達的戰鬥機干擾。它們也遠比 F-35A 更可靠，擁有更小的後勤足跡和維護需求，更不用說維護特別密集的 F-35B 了。在 2023 年 8 月，消息透露台灣新採購的 F-16 也將被改裝以攜帶紅外線搜索和追蹤系統，這將使原始採購成本增加6%，新感測器將提供改進的中距離對抗隱形目標的能力。分析人士幾乎一致解讀這一舉措為進一步指示，準備應對與殲 -20 及其他隱形戰機的潛在衝突正在被優先考慮[668]。

儘管已經購買了 F-16，種種跡象依舊顯示台北當局還是會繼續爭取採購 F-35。2019 年 9 月 23 日，國防部長嚴德發在立法院外交及國防委員會接受備詢時，針對空軍的現代化規劃表示：「根據軍方的預測威脅評估，我們未來將需要F-35。[669]」關於 F-35 採購問題的討論，很大程度上還是圍繞在與殲 -20 相關的問題與其性能。隨著先進的 F-16 變體

被宣傳為提供「通往 F-35 的路徑」，即透過降低華盛頓對 F-35 銷售的抵抗，普遍猜測這可能是台北首先追求 F-16 交易的重要動機之一 [670]。殲 -20 計畫的要求顯然有部分是基於需要輕鬆超越 F-35，原因之一是在 1990 和 2000 年代初期的預測，中華民國空軍可能會從 2015 年左右開始部署戰機。在當時，F-35 是計畫要在 2000 年代末期進入美國空軍服役。然而中華民國空軍至少在 2030 年前都不會配備 F-35 的結果，就確保了中國人民解放軍空軍在空戰領域強大的技術優勢只會繼續茁壯下去。

除了台灣，日本政府在殲 -20 首飛後十一個月的 2011 年 12 月宣布，有意購入 42 架 F-35。日本政府作成這項決策背後的主要因素，應與中國人民解放軍空軍開始具備第五代戰機能力有關。到了 2018 年，日本政府將 F-35 的採購規模擴大到 147 架，代表 F-35 將成為日本自衛隊作戰飛機機隊未來數十年的主力戰鬥機。在過去兩個世代，日本主要依賴 F-4 和 F-15 重型雙引擎戰鬥機構成其機隊主力，但由於美國國會對於上述機型原本的繼任機型 F-22 施加了出口禁令，輕型的單引擎 F-35 就變成日本想要避免戰鬥機停留在第四代技術水準的唯一採購選項。在美國空軍的戰鬥機中，雖然重型的 F-4 和 F-15 在各自時代分別是在飛行性能、最高飛行高度、續航力、導彈載荷和雷達尺寸方面的領導者，而 F-35 作為其所在世代中較輕型的單引擎飛機，使許多分析人士將日本向其轉變視為國家空中力量地位的相對下降。

為了能夠部署與專為空對空交戰特別進行過優化的

殲 -20 同等級的戰鬥機，日本在 2010 年代展開了自行研發雙引擎匿蹤戰機的工作，並在 2016 年 4 月到 2018 年 3 月間進行了技術示範機的飛行測試。名為三菱 X2 心神的此款戰鬥機，值得注意的是它使用了國產發動機。在考慮過生產本土自製的颱風戰鬥機，或者 F-22 的衍生機型，但後來又否決這些方案後，日本決定要投入打造全新的下一代匿蹤戰機三菱 F-X。外界普遍認為，殲 -20 計畫的成功促成日本投入新戰鬥機的開發，並塑造了專案要求，轉向一款完全第五代、優化用於空中優勢的戰鬥機[671]。然而，由於資源和經驗有限，在手段與經驗上的限制，讓日本在 2022 年時將 F-X 計畫與英國、瑞典及義大利共同進行的暴風戰鬥機計畫合併②。

對於中國的另外兩個鄰國印度和越南，與北京有重大領土爭端，殲 -20 計畫預計也將對他們的第五代戰機採購計畫造成影響。越南媒體自 2017 年初就曾多次報導，越南當局計畫在 2020 年代末期或 2030 年代初期購入俄羅斯的蘇愷 -57，只不過報導中並沒有特別指出殲 -20 是導致越南當

---

② 除了美國，北約的歐洲成員國也開始將各國的 F-35 部署到太平洋地區以作演習之用，包括在日本領土上。例如義大利在 2023 年 8 月就首次將其 F-35 部署到了日本。隨著德國準備從 2026 年開始自美國接收 F-35，日本還向德國提供該戰鬥機的運營資訊。自 2022 年開始將其較老的颱風戰鬥機部署到太平洋執行任務後，預計德國在 F-35 進入服役後不久也將執行同樣的部署。隨著美國感受到來自中國對其在太平洋的軍事主導地位的日益挑戰，歐洲國家將愈來愈多地為試圖維持該地區對西方有利的力量平衡做出貢獻，其中 F-35 的部署是最重要的例子之一。

局作成此一決策的原因。與此同時，印度儘管在 2018 年退出了開發新型蘇愷 -57 變體並購買其組成技術共同所有權的複雜項目，但仍被認為很可能從俄羅斯生產線購買蘇愷 -57 第五代戰機，或像之前對蘇愷 -30 以及幾型冷戰時期的戰鬥機一樣，採購自印度本土的許可認證生產線[672]。殲 -20 計畫的快速進展被印度分析師及熟知印度國防的海外專家引述為促成印度加速第五代戰機採購計畫的原因[673]。殲 -20 的研發同時也被認為影響了印度在 2018 年簽訂價值 53 億美元的俄羅斯 S-400 防空系統合約的決定。S-400 防空系統當初的設計目的，就是為了對付 F-22 這類的匿蹤戰機。

殲 -20 挑戰西方對中國高科技的認知

在殲 -20 首次亮相後，它在西方評論中廣泛受到貶低，這延續了西方媒體對中國武器專案的長期報導趨勢和態度。分析人士和評論員普遍聲稱，這款戰鬥機是對其他多種飛機技術的複製或以之為基礎，包括 F-22、F-35、米格 1.42、第五代之前的 F-117 和米格 -31，甚至最不可能的法國的陣風和泛歐的颱風戰戰鬥機[674]。隨著 F-22 長期以來是美國和西方軍事優越性的象徵，而西方世界被廣泛認為對中國在技術和經濟上日益崛起的平等地位處於否認狀態[675]；殲 -20 作為中國對猛禽的直接對等物出現，被合理化為必須基於西方的設計和技術。這與西方對殲 -20 的前身殲 -10 的反應非常相似，儘管殲 -10 在其時代並非非凡成就，並且明顯源自

1960 年代的殲 -9 項目，但在西方卻被廣泛聲稱是對已取消的以色列拉維戰鬥機的複製。儘管以色列飛機體型更小，設計為地面攻擊機而非以空中優勢為重點的多用途戰鬥機。

殲 -10 的機體尺寸大約比獅式戰鬥機大上 40%，在尺寸上的百分比差異是 F-15 與 F-18 尺寸百分比差異的兩倍，而在角色作用上的差異又更加明顯。殲 -10 所採用的渦扇 -10B 發動機功率是獅式戰鬥機 PW1120 發動機功率的 160%，這樣的性能差距就算放在不同世代之間的戰鬥機做比較，差距都算是非常大，所以光是這個事實就應該足以破解殲 -10 是模仿獅式的謠言。獅式戰鬥機的發動機性能不如殲 -10，不只是因為體積尺寸比較小，也是因為獅式戰鬥機本身的設計是用於對地攻擊與近空輔助，只具備非常有限的次級空對空作戰能力 [676]。當殲 -10 從各方面看起來都更像是 F-16 同級戰鬥機的時候，獅式戰鬥機在對美國空軍進行提案時，則是被包裝成 A-10 攻擊機的後繼機型 [677]。在中國戰鬥航空領域發展，開始與西方世界長久以來對中國塑造的「一個極端不創新國家」的形象論述背道而馳時，將殲 -10 解釋為獅式戰鬥機的複製品，或者提出殲 -20 只不過是 F-22 複製品的說法，反而比較符合西方世界一直以來對中國的印象，這些說法也就因此更容易被採納，並因此用來對中國加以詆毀，就算這些說法背後的理論依據，其實非常薄弱。

殲 -20 相比殲 -10 又是更獨特的一款戰鬥機，而它做為第一架非美國製匿蹤戰機的事實，也讓廣大的西方媒體很快就將殲 -20 與 F-22 和 F-35 之間的共通性拿出來做比較，宣

稱殲-20是靠不正當手段取得的美方技術所打造而成。事實上，匿蹤戰機之間的相似性是由隱形技術的普遍科學規則所決定的，這意味著只有非常有限的邊緣對齊、脊線、鋸齒、斜置控制面、混合翼配置和進氣道幾何形狀的組合，可以用來塑造戰鬥機，以便在最小化其雷達截面的同時獲得高動力性能。一比較就會發現，其實殲-20和美國匿蹤戰機在外觀上的差異，比美國匿蹤戰機與其他國家匿蹤戰機之間的差異還要大。

西方對中國高科技的根深蒂固但日益過時的看法，這些看法源於對東亞和共產主義國家幾十年的老套刻板印象，似乎極大地影響了許多對殲-20能力的評估，導致這種飛機持續被低估。殲-20及其周圍網路能力的迅速增長，以及未來中國戰鬥機預期的能力，這些戰鬥機採用了許多相同的技術，因此在戰鬥中對中國的對手來說可能是非常令人不快的驚喜。這個情況之前也不是沒有發生過，因為自從2010年代初期，中國高科技領域從5G技術到極音速滑翔載具，早就已經透過一次又一次的「史普尼克危機」，不斷刷新西方分析師的眼界。

做為中國人民解放軍空軍最頂尖的空中優勢戰鬥機，殲-20直接且最全面接受過戰鬥測試的前代機型米格-15，開創了一個先例，嚴重挑戰並最終打破了西方世界關於中國戰鬥航空業界的普遍看法。美國空軍中校厄爾‧J‧麥吉爾在提及米格-15於韓戰戰場登場前的狀況時表示：「回過頭來看，在米格-15出現時，西方世界顯然沒有任何一個人

把米格 -15 當一回事的這項事實非常值得留意⋯⋯雖然米格 -15 在更早之前的蘇聯圖希諾航空展就已經亮相，但西方世界一開始的反應都是將米格 -15 貶斥爲次等戰鬥機。光從北約給米格 -15 的代號『柴捆』（一綑無用的木柴），就能看出西方世界一開始對這架戰鬥機的輕蔑態度。然而，當米格 -15 出現在朝鮮半島的上空，原本的不感興趣很快就變成震驚和敬畏。[678]」包括《航空時代》在內的媒體就強調，米格 -15 所展現的性能正是蘇聯戰鬥機設計師們與「多數美國人對共產國家戰鬥機設計師印象完全相反」的證明[679]。美國記者 I・F・史東強調，業界專家「開始愈來愈意識到」西方盟軍「在朝鮮半島上空遭遇的米格 -15，不是只是蘇聯設計師冒險犯難在祕密警察的眼皮子底下，從西方模仿或剽竊的戰鬥機設計。[680]」從殲 -20 和中國國防部門被詆毀的程度，以及多項顯示該戰鬥機具備極高性能的指標來看，殲 -20 一旦被投入戰場實際應用，很有可能會造成和當年米格 -15 一樣的衝擊。而殲 -20 設計勝於海外其他國家戰鬥機的後繼改型機更新速度，也就意味著殲 -20 的改型機愈晚被部署，其與競爭對手的相對地位可能會愈高。

　　就如同 F-22 被視爲無人能敵的美國軍事霸權最廣爲人知且強大的象徵，在 2005 年開始加入美軍服役時甚至沒有其他任何一個國家，開始研發可以與之匹敵的戰鬥機原型機。殲 -20 計畫既快速又成功的進程發展，與它有機會可以一爭世界最頂尖戰鬥機頭銜的潛力，都反映了當代的地緣政治演變趨勢。殲 -20A 自 2019 年起已經正式進入生產，是第

一架真正符合所有操作標準的第五代戰機。相較之下，F-35無法超音速巡航，而 F-22 無法發射大離軸角飛彈、無法使用紅外線感測器或作為更廣泛網路的一部分正常運作，蘇愷 -57 則是匿蹤能力相對有限，而且也不具備超音速巡航能力。殲 -20A 完全沒有上述侷限。

　　中國人民解放軍空軍一旦部署大規模的重型第五代戰機機隊，曾預計將會對中國與其鄰國，尤其是與美國之間的關係，帶來重大的戰略影響。2009 年時美國空軍的一場發表會就言明：「像 F-22A 和 F-35 這樣的第五代戰機是我們國家防禦和威懾能力的關鍵要素。只要敵對國家認識到美國空中力量可以不受懲罰地打擊它們的關鍵中心，所有其他美國政府的努力都將得到加強，這降低了軍事對抗的需要。[681]」殲 -20 的出現不但終結了美軍的這項優勢，同時還迅速讓中國人民解放軍具備類似的優勢，增加中國嚇阻他國挑釁或干涉其位於台灣海峽以及中國南海和東海等號稱是其固有疆域熱點地區的能力。洛克希德・馬丁航空部總裁詹姆斯・A・布萊克韋爾在 1997 年聲稱，公司的新型戰鬥機非常強大，以至於「F-22 首先消滅的將是敵人對戰爭的渴望」，而殲 -20 在多個關鍵熱點地區同樣能夠做到這一點 [682]。

　　與美國一起獨佔鰲頭，在開發最複雜和標誌性的武器平台之一方面，極大地提升了中國工業、科技領域和解放軍的聲望，這其中的一個表現形式就是在流行媒體中，就像 F-22 相在特別多 2000 年代後期，在 2000 年代末的主流電影中，從《鋼鐵人》到《變形金剛》，獲得了大量的銀幕時間一樣，

殲 -20 同樣也在 2010 年代晚期和 2020 年代初期的許多中國電影當中現身，例如《空天獵》和《流浪地球 2》。這種戰鬥機甚至在 2023 年成為了自己的電影《長空之王》的核心，受到的待遇廣泛被比作好萊塢在 1986 年對美國冷戰時期最負盛名的戰鬥機 F-14 在《捍衛戰士》中的對待。

中國軍事軟實力的發展與中國人民解放軍意圖打造的世界軍事強權形象，具有遠超過中國領土的潛在影響力，而

空警 -500 空中預警管制平台。
（微博用户「航空君」攝）

殲 -20 就是中國軍事力量最強大且最容易辨識的象徵。事實上，早在 2011 年，台灣專家就預測，殲 -20 的成功，加上如空警 -500 等一系列能力強大的支持平台的發展，將改變亞太地區的政治格局，而中國軍力的吸引力將顯著增加鄰國與北京建立夥伴關係的吸引力 [683]。因此，預計殲 -20 將繼續在改變有關中國軍事能力的敘述中扮演核心角色，不僅對潛在對手，也對潛在夥伴而言。

① 殲 -20A 與部署在射擊位置的霹靂 -10。（微博用戶「B747SPNKG」）
② 空警 -500 預警機。（取自中國軍網／高宏偉、張斌）

參考文獻

Endnotes

1. Li, Xiaobing, *China's Battle for Korea: The 1951 Spring Offensive*, Bloomington, Indiana University Press, 2014 (p. 11).
    Hanley, Charles J., *Ghost in Flames: Life & Death in a Hidden War, Korea 1950-53*, New York, Public Affairs, 2020 (p. 31).

2. Salisbury, Harrison E., *The New Emperors: China in the Era of Mao and Deng*, New York, Avon Books, 1992 (p. 106).

3. Testimony of Dean Acheson, Hearings held in executive session before the U.S. Senate Foreign Relations Committee during 1949–1950 (p. 23).
    Truman, Harry S., *Memoirs, Volume Two: Years of Trial and Hope, 1946–1953*, New York, Doubleday & Company, 1956 (p. 66).
    Harris Smith, Richard, *OSS: The Secret History of America's First Central Intelligence Agency*, Berkley, University of California Press, 1972 (pp. 259–282).
    Fleming, Denna Frank, *The Cold War and its Origins, 1917–1960*, Crows Nest, Allen and Unwin, 1961 (p. 570).
    Tuchman, Barbra W., *Sitwell and the American Experience in China 1911–1945*, London, MacMillan, 1970 (pp. 666–677).
    'Letter to Congressman Hugh de Lacy of State of Washington,' *Congressional Record*, January 24, 1946, Appendix, vol. 92, part 9 (p. A225).

4. Epstein, Israel, *My China Eye: Memoirs of a Jew and a Journalist,* San Francisco, Long River Press, 2005 (p. 251).
    Bodenheimer, Thomas and Gould, Robert, *Rollback!: Right-wing Power in U.S. Foreign Policy,* Boston, South End, 1989 (p. 18).
    Philips, Steve, *The Cold War: Conflict in Europe and Asia,* Oxford,

Heinemann, 2001 (pp. 71–72).

Spurr, Russel, *Enter the Dragon: China's Undeclared War Against the U.S. in Korea, 1950-1951*, New York, William Morrow, 2010 (p. 106).

5. Appleman, Roy E., *South to the Naktong, North to the Yalu: United States Army in the Korean War*, Washington DC, Department of the Army, 1998 (p. 755).

6. Hanley, Charles J., *Ghost in Flames: Life & Death in a Hidden War, Korea 1950-53*, New York, Public Affairs, 2020 (pp. 144-145).

7. Li, Xiaobeing, *China's Battle for Korea: The 1951 Spring* Offensive, Bloomington, Indnian University Press, 2014 (p. 68).

    Futrell, Robert F., *The United States Air Force in Korea 1950-1953*, Washington DC, Office of Air Force History, 1983 (p. 339).

8. Stokesbury, James L., *A Short History of the Korean War*, New York, William Morrow, 1998 (pp. 55-56).

9. Hanley, Charles J., *Ghost in Flames: Life & Death in a Hidden War, Korea 1950-53*, New York, Public Affairs, 2020 (p. 267).

10. *Ibid* (p. 268).

11. Li, Xiaobeing, *China's Battle for Korea: The 1951 Spring* Offensive, Bloomington, Indnian University Press, 2014 (pp. 61, 69).

12. Futrell, Robert Frank, *The United States Air Force in Korea, 1950-1953*, Washington DC, Office of Air Force History, 1983 (pp. 689-690).

    Williams, William J., *A Revolutionary War: Korea and the Transformation of the Postwar World*, Chicago, Imprint, 1993 (pp. 144-145).

    Shen, Zonghong et al., 《中國人民志願軍抗美援朝戰士》, [*A History of the War to Resist America and Assist Korea by the Chinese People's Volunteers*], Beijing, Military Science Press, 1988 (p. 319).

13. Li, Xiaobeing, *China's Battle for Korea: The 1951 Spring* Offensive, Bloomington, Indnian University Press, 2014 (p. 121).

    Hanley, Charles J., *Ghost in Flames: Life & Death in a Hidden War, Korea 1950-53*, New York, Public Affairs, 2020 (pp. 269, 280).

14. *Ibid* (p. 421).

15. *Washington Post*, May 14, 1952.

16. *News and World Report*, December 15, 1950.

17. Stone, I. F., *Hidden History of the Korean War*, Boston, Little, Brown and Company, 1988 (p. 341).

18. McGill, Earl J., *Black Tuesday Over Namsi: B-29s vs MiGs - The Forgotten Air Battle of the Korean War*, Solihull, Helion & Company, 2012 (Chapter 4: The Machinery of War).

19. *Ibid* (Chapter 9: Analysis, Conclusions and Reflections).

20. Hanley, Charles J., *Ghost in Flames: Life & Death in a Hidden War, Korea 1950-53*, New York, Public Affairs, 2020 (p. 358).

21. Appleman, Roy E., *Escaping the Trap: The U.S. Army X Corps in Northeast Korea, 1950*, College Station, A&M University Press, 1990 (pp. 367-368).
Hastings, Max, *Korean War*, London, Michael Joseph, 1988 (p. 170).

22. Chan, Minnie, 'China's air force turns 70 with tales of its dare-to-die Korean war pilots,' *South China Morning Post*, November 10, 2019.

23. *Ibid.*

24. McGill, Earl J., *Black Tuesday Over Namsi: B-29s vs MiGs - The Forgotten Air Battle of the Korean War*, Solihull, Helion & Company, 2012 (Chapter 9: Analysis, Conclusions and Reflections).

25. Hanley, Charles J., *Ghost in Flames: Life & Death in a Hidden War, Korea 1950-53*, New York, Public Affairs, 2020 (p. 269).

26. *Ibid* (p. 375).
Zhang, Xiaoming, *Red Wings over the Yalu: China, the Soviet Union, and the Air War in Korea*, College Station, Texas A&M University Press, 2003 (p. 132).

27. Joiner, Stephen, 'The Jet that Shocked the West, How the MiG-15 grounded the U.S. bomber fleet in Korea,' *Air & Space Magazine*, December 2013.

28. Stone, I. F., *Hidden History of the Korean War*, Boston, Little, Brown and Company, 1988 (p. 339).

29. Ridgway, Matthew B., *The Korean War*, Garden City, Doubleday, 1967 (p. 186).

30. Nash, Chris, *What is Journalism? The Art and Politics of a Rupture*,

London, Palgrave Macmillan, 2016 (p. 91).

31. *New York Times*, January 20, 1952.

32. *Aviation Week*, December 17, 1951.

    New York Daily Compass, January 3, 1952.

33. Stone, I. F., *Hidden History of the Korean War*, Boston, Little, Brown and Company, 1988 (p. 434).

34. Hanley, Charles J., *Ghost in Flames: Life & Death in a Hidden War, Korea 1950-53*, New York, Public Affairs, 2020 (p. 359).

    Associated Press, February 14, 1952.

35. Hanley, Charles J., *Ghost in Flames: Life & Death in a Hidden War, Korea 1950-53*, New York, Public Affairs, 2020 (p. 350).

    Associated Press, February 2, 1952.

36. *New York Times*, January 20, 1952.

37. Hanley, Charles J., *Ghost in Flames: Life & Death in a Hidden War, Korea 1950-53*, New York, Public Affairs, 2020 (p. 348).

38. Xu, Yan, 《第一次較量：抗美援朝戰爭的歷史回顧與反思》[*The First Test of Strength: A Historical Review and Evaluation of the War to Resist America and Assist Korea*], Beijing, Chinese Broadcasting and Television Press, 1990 (p. 207).

    Qi, Dexue et al., 'Enlightenment on Defeating a Strong Enemy with Inferior Weapons and Equipment in the Korean War,' 《軍事歷史》 [*Military History*], no. 6, 1999 (p. 33).

39. Stone, I. F., *Hidden History of the Korean War*, Boston, Little, Brown and Company, 1988 (p. 343).

40. *Ibid* (p. 344).

41. *New York Times*, December 9, 1951.

42. *Washington Post*, May 22, 1952.

43. Bruning Jr., John R., *Crimson Sky: The Air Battle for Korea,* Dulles, Brassey's, 1999 (p. xiv).

    Crane, Conrad C., *American Airpower Strategy in Korea, 1950-1953,* Lawrence, University Press of Kansas, 2000 (p. 107).

44. Bruning Jr., John R., *Crimson Sky: The Air Battle for Korea,* Dulles, Brassey's, 1999 (p. xiv).

45. Zhang, Xiaoming, *Red Wings over the Yalu: China, the Soviet Union, and the Air War in Korea*, College Station, Texas A&M University Press, 2003 (p. 201).

46. Wang Dinglie et al.,《當代中國空軍》[*China's Current Air Force*], Beijing, China Social Science Press, 1989 (pp. 208, 209).

47. *Ibid* (p. 210).

48. *Ibid* (p. 210).

49. Zhang, Lin and Ma, Changzhi,《中國元帥徐向前》[*Chinese Marshal Xu Xiangqian*], Beijing, Communist Party of China Central Academy Press, 1995 (p. 404).

50. Hastings, Max, *Korean War*, London, Michael Joseph, 1988 (p. 170).

51. Ham, Paul, *Hiroshima Nagasaki: The Real Story of the Atomic Bombings and their Aftermath*, New York, Doubleday, 2012 (pp. 488–490).

52. Harvey, Ian, 'FBI Files Reveals Winston Churchill's Secret Bid to Nuke Russia to Win Cold War,' *War History Online*, November 17, 2014.

53. Acheson, Dean G., *Present at the Creation: My Years in the State Department*, London, W. W. Norton, 1969 (pp. 463-464).
    Far Eastern Air Forces HQ to MacArthur, 8 November 1950, RG 6 Far East Command, Box 1, General Files 10, Correspondence Nov-Dec 1950, MacArthur Memorial Library, Norfolk VA.

54. Jackson, Robert, *Air War Over Korea*, London, Ian Allen, 1973 (p. 61).

55. Harden, Blaine, 'The U.S. war crime North Korea won't forget,' *Washington Post*, March 24, 2015.

56. Thames Television, transcript for the fifth seminar for: *Korea: The Unknown War*, November 1986.

57. LeMay, Curtis and Cantor, MacKinley, *Mission with LeMay*, New York, Doubleday, 1965 (p. 382).

58. Wilson, Ward, 'The Bomb Didn't Beat Japan ... Stalin Did,' *Foreign Policy*, May 30, 2017.

59. Truman, Margaret, *Harry S. Truman*, New York, William Morrow & Company, 1973 (pp. 495–496).
    'USE OF A-BOMB IN KOREA STUDIED BY U.S.—TRUMAN,' *Pittsburgh Press*, November 30, 1950 (p. 1).

The President's New Conference, November 30, 1950, The American Presidency Project, University of California at Santa Barbara.

60. 'Thaw in the Koreas?,' *Bulletin of Atomic Scientists*, vol. 48, no. 3, April 1992 (pp. 18, 19).

Weintraub, Stanley, *MacArthur's War: Korea and the Undoing of an American Hero*, New York, Free Press, 2000 (p. 263).

Millet, Alan R., *Their War for Korea*, Washington DC, Brassey's, 2002 (p. 169).

61. Grosscup, Beau, *Strategic Terror: The Politics and Ethics of Aerial Bombardment*, London, Zed Books, 2013 (Chapter 5: Cold War Strategic Bombing: From Korea to Vietnam, Part 4: The Bombing of Korea).

Levine, Alan J., *Stalin's Last War; Korea and the Approach to World War III*, Jefferson, McFarland & Company, 2005 (pp. 278, 280)

62. Pape, Robert A., *Bombing to Win; Air Power and Coercion in War*, Ithaca, Cornell University Press, 1996 (p. 146).

63. Dingman, Roger, *Atomic Diplomacy during the Korean War*, Cambridge, The MIT Press, 1988 (pp.75-76).

Adams, Sherman, *Firsthand Report: The Inside Story of the Eisenhower Administration*, London, Hutchinson, 1962 (p. 102).

Eisenhower, Dwight D., *The White House Years: Mandate for Change, 1953-1956*, New York, Doubleday, 1963 (pp. 179-180).

64. Wang, Yan, 《彭德懷傳》 [*Biography of Peng Dehuai*], Beijing, Today's China Press, 1993 (pp. 502, 506).

65. Journal of the American Intelligence Professional, unclassified articles from: *Studies in Intelligence*, vol. 57, no. 3, September 2013 (pp. 22-28).

66. 'Two CIA Prisoners in China, 1952–1973,' Website of the Central Intelligence Agency, News & Information, April 5, 2007.

67. 'Idaho Crash Reveals Secret U 2 Training of Chinese,' *New York Times*, August 30, 1964.

'Pilotless U.S. Plane Downed, China Says,' *New York Times*, November 17, 1964.

Journal of the American Intelligence Professional, unclassified articles from: *Studies in Intelligence*, vol. 57, no. 3, September 2013 (pp. 22-28).

68. *Ibid* (p. 28).

69. *Ibid* (p. 28).

70. Rupprecht, Andreas, *Modern Chinese Warplanes: Chinese Air Force – Comat Aircraft and Units*, Houston, Harpia, 2018 (p. 17).

71. Kirby, William C., 'The Internationalization of China: Foreign Relations at Home and Abroad in the Republican Era,' *China Quarterly*, no. 150, June 1997 (p. 458).

72. Buttler, Tony and Gordon, Yefim, *Soviet Secret Projects: Fighters Since 1945*, Hinckley, Midland Publishing, 2005 (pp. 75-77, 80, 81, 92, 107).

    Mason, R. A. and Taylor, John W. R., *Aircraft, Strategy and Operations of the Soviet Air Force*, London, Jane's, 1986 (pp. 66, 134, 137).

    'How Soviet Leader Nikita Khrushchev Let America Win the Race to Develop the Best Fighter Jets,' *Military Watch Magazine*, February 9, 2021.

    Lambeth, Benjamin S., *Russia's Air Power at the Crossroads*, Santa Monica, RAND, 1996 (pp. 33-34).

    Grinyuk, Dmitri and Butowski, Piotr, 'An Unusual Conversation at the Main Staff,' *Krylia Rodiny,* no. 11, November 1991.

73. Didly, Douglas C. and Thompson, Warren E., *F-86 Fabre vs MiG-15: Korea 1950-1953,* Oxford, Osprey, 2013 (p. 77).

74. Gao, Charlie, 'In 1971, Indian Mig-21's Beat Some American-Built F-104A Starfighters. Was It a Fluke?,' *National Interest,* August 5, 2018.

75. 'How Soviet Leader Nikita Khrushchev Let America Win the Race to Develop the Best Fighter Jets,' *Military Watch Magazine,* February 9, 2021.

76. Lake, Jon, *Jane's How to Fly and Fight in the Mikoyan MiG-29 Fulcrum,* New York City, Harper Collins, 1998 (Introduction).

    Lake, Jon, *MiG-29: Soviet Superfighter,* London, Osprey, 1989 (p. 7).

77. Gordon, Yefim, *Sukhoi Su-27*, Hinckley, Midland Publishing, 2007 (p. 13).

    Farley, Robert, 'Why The F-15 Must Fear Russia's Su-27 Fighter,' *National Interest,* February 1, 2020.

    Gordon, Yefim and Komissarov, Dmitry, *Sukhoi Su-57*, Manchester,

Hikoki Publications, 2021 (p. 7).

78. Gordon, Yefim, *Sukhoi Su-27*, Hinckley, Midland Publishing, 2007 (pp. 514-515).

79. *Ibid* (pp. 515-516).

80. *Ibid* (p. 514).

81. *Su-27 for DCS World*, Moscow, Eagle Dynamics, 2014 (p. 3).

82. Lake, Jon, *Su-27 Flanker: Sukhoi Superfighter*, London, Osprey, 1992 (p. 88).

83. Gordon, Yefim, *Sukhoi Su-27*, Hinckley, Midland Publishing, 2007 (pp. 6, 525).

   Su-27 for DCS World, Moscow, Eagle Dynamics, 2014 (p. 3).

   Lake, Jon, *Su-27 Flanker: Sukhoi Superfighter*, London, Osprey, 1992 (p. 111).

84. Gordon, Yefim, *Sukhoi Su-27*, Hinckley, Midland Publishing, 2007 (p. 25, 517).

85. *Ibid* (p. 519).

86. Gordon, Yefim and Davidson, Peter, *Sukhoi Su-27 Flanker*, North Branch, Specialty Press, 2006 (p. 18).

   Gordon, Yefim, *Sukhoi Su-27*, Hinckley, Midland Publishing, 2007 (pp. 517-518).

87. Lake, Jon, *Su-27 Flanker: Sukhoi Superfighter*, London, Osprey, 1992 (Introduction).

88. Gordon, Yefim and Davidson, Peter, *Sukhoi Su-27 Flanker*, North Branch, Specialty Press, 2006 (p. 22).

89. Lilley, James and Shambaugh, David L., *China's Military Faces the Future,* Abingdon, Routledge, 2015. (pp. 96-99).

   Lake, Jon, *Su-27 Flanker: Sukhoi Superfighter,* London, Osprey, 1992 (Introduction).

   Ilin, Vladimir, 'Air Bases of Russia: Lipetssk – One of the Aviation Centres of Russia,' Vestnik Vozdushnogo Flota, March 14, 1995, in: Foreign Broadcast Information Service Military Affairs 95-148-S, March 14, 1995.

90. Gordon, Yefim, *Sukhoi Su-27*, Hinckley, Midland Publishing, 2007 (p.

524).

91. *Department of Defense Appropriations for 2002: Hearings Before a Subcommittee of the Committee on Appropriations House of Representatives*, One Hundred and Seventh Congress, First Session, Subcommittee on Defense, Washington DC, U.S. Government Printing Office, 2004 (p. 813).

92. Lake, Jon, *Su-27 Flanker: Sukhoi Superfighter*, London, Osprey, 1992 (Introduction).

93. Gordon, Yefim, *Sukhoi Su-27*, Hinckley, Midland Publishing, 2007 (pp. 522-523).

94. *Ibid* (p. 522).

95. *Ibid* (pp. 533-534).

96. *Ibid* (pp. 531-534).
   Baldauf, Scott, 'Indian Air Force, in war games, gives US a run,' *Christian Science Monitor*, November 28, 2005.

97. Gons, Eric Stephen, 'Access Challenges and Implications for Airpower in the Western Pacific,' Santa Monica, RAND, 2011 (pp. iii, 1).

98. 'Flashback: 1991 Gulf War,' BBC News, March 20, 2003.
   'Sanctions Blamed for Deaths of Children,' Lewiston Morning Tribune, December 2, 1995.
   Stahl, Lesley, 'Interview with Madeline Albright,' 60 Minutes, May 12, 1996.

99. Press, Daryl G., 'The Myth of Air Power in the Persian Gulf War and the Future of Warfare,' *International Security*, vol. 26, no. 2, October 2001 (pp. 5-44).

100. Khalilzad, Zalmay and Shapiro, Jeremy, *The United States Air and Space Power in the 21st Century*, Santa Monica, RAND, 2002 (Chapter Three).

101. 《解放軍報》 (*Jiefangjun Bao*), January 25, 1991.

102. Biddle, Stephen, *Military Power: Explaining Victory and Defeat in Modern Battle*, Princeton, Princeton University Press, 2006 (p. 20).
   Cordesman, Anthony H., 'The Real Revolution in Military Affairs,' *Centre for Strategic and International Studies,* August 5, 2014.

103. 'Air-Sea Battle Doctrine: A Discussion with the Chief of Staff of the

Sir Force and Chief of Naval Operations,' *Brookings Institute,* May 16, 2012.

104. *The Mirror* (Hong Kong), January 22, 1991.

Lam, Willy Wo-Lap, 'Iraq war hands lessons to China,' *CNN,* April 15, 2003.

105. Erickson, Amanda, 'The last time the U.S. was on "the brink of war" with North Korea,' *Washington Post,* August 9, 2017.

Cumings, Bruce, *Korea's Place in the Sun,* New York, W. W. Norton and Company, 1997 (p. 428).

106. Schmitt, Eric, 'In a Fatal Error, C.I.A. Picked a Bombing Target Only Once: The Chinese Embassy,' *New York Times,* July 23, 1999.

'Truth behind America's raid on Belgrade,' *The Guardian,* November 28, 1999.

Sweeney, John and Holsoe, Jens and Vulliamy, Ed, 'Nato bombed Chinese deliberately,' *The Guardian,* October 17, 1999.

107. 'An Economic Analysis of the Changes in China's Military Expenditure in the Last Ten Years,' *Jingji Yanjiu* [Economic Studies], no. 6, June 20, 1990 (pp. 77-81).

Jencks, Harlan W., 'Chinese Evaluations of "Desert Storm": Implications for PRC Security,' *The Journal of East Asian Affairs,* vol. 6, no. 2, Summer/Fall 1992 (p. 462).

108. Foreign Broadcast Information Service Daily Report-China 90-153 (pp. 36-38).

Jencks, Harlan W., 'Chinese Evaluations of "Desert Storm": Implications for PRC Security,' *The Journal of East Asian Affairs,* vol. 6, no. 2, Summer/Fall 1992 (p. 463).

109. *South China Morning Post,* March 25, 1991 (pp. 1, 11).

110. *Xinhua,* March 16, 1991.

Foreign Broadcast Information Service Daily Report-China 91-054 (pp. 27-28).

Jencks, Harlan W., 'Chinese Evaluations of "Desert Storm": Implications for PRC Security,' *The Journal of East Asian Affairs,* vol. 6, no. 2, Summer/Fall 1992 (p. 463).

111. *Ibid* (p. 463-465).

Foreign Broadcast Information Service Daily Report-China, 91-041 (pp. 33-35).

Luo Xiaobing, 'Strengthening National Defense Building Is Important Guarantee for Economic Development...,' *Jiefangjun Bao,* February 6, 1991.

112. *Jiefangjun Bao*, March 28, 1991.

113. *Hong Kong Standard,* April 16, 1991.

Beijing Radio, April 16, 1991.

Jencks, Harlan W., 'Chinese Evaluations of "Desert Storm": Implications for PRC Security,' *The Journal of East Asian Affairs*, vol. 6, no. 2, Summer/Fall 1992 (p. 465).

114. Tyson, James L., 'Workers of the World, Compute: China Revamps Industry,' *Christian Science Monitor*, July 16, 1991 (p. 4).

115. Rupprecht, Andreas, *Modern Chinese Warplanes: Chinese Air Force – Comat Aircraft and Units*, Houston, Harpia, 2018 (pp. 37, 38).

116. International Institute for Strategic Studies, *The Military Balance*, Volume 103, 2003 (p. 115).

117. 'Aerospace Nation: Gen Kenneth S. Wilsbach,' *Mitchell Institute for Aerospace Studies* (YouTube Channel), March 15, 2022.

118. Erickson, Andrew S. and Lu, Hanlu and Bryan, Kathryn and Septembre, Samuel, 'Research, Development, and Acquisition in China's Aviation Industry: The J-10 Fighter and Pterodactyl UAV,' *Study of Innovation and Technology in China: University of California Institute of Global Conflict and Cooperation*, no. 8, 2014.

119. Freedberg Jr., Sydney J., 'Chinese Air Force Tries Hard But Plays Catch-Up With US; Watch PLA Espionage,' *Breaking Defense*, September 18, 2012.

120. Pace, Steve, *F-22 Raptor: America's Next Lethal War Machine,* New York, McGraw Hill, 1999 (p. 7).

121. [See for cost cutting cancellation of F-22's IRST and side facing radars] Rogoway, Tyler, 'No, The Su-57 Isn't "Junk:" Six Features We like On Russia's New Fighter,' *The Drive,* April 20, 2018.

122. Younossi, Obaid et al., *Lessons Learned from the F/A-22 and F/A-18E/F Development Programs,* Santa Monica, RAND, 2005 (p. 4).

Niemi, Christopher J., 'The F-22 Acquisition Program: Consequences for the US Air Force's Fighter Fleet,' *Air & Space Power Journal,* vol. 26, no. 6, November-December 2012 (pp. 53-82).

123. Vartabedian, Ralph and Hennigan, W. J., 'F-22 program produces few planes, soaring costs,' *Los Angeles Times,* June 16, 2013.

124. *Ibid.*

125. *F-22 Pilot Physiological Issues: Hearing Before the Subcommittee on Tactical Air and Land Forces of the Committee on Armed Services House of Representatives,* One Hundred and Twelfth Congress, Second Session, Hearing on September 13, 2012, Washington DC, U.S. Government Printing Office, 2013 (p. 63).

126. O'Hanlon, Michael E., 'The Plane Truth: Fewer F-22s Mean a Stronger National Defense,' *Brookings Institute,* September 1, 1999.

Battle Stations, Season 1, Episode 39, F-22 Raptor.

127. Wheeler, Winslow, 'What does an F-22 Cost?,' *Project on Government Oversight,* March 30, 2009.

128. Hollings, Alex, 'From High Operating Costs to Low Production Run: all the Shortfalls that Killed the F-22 Raptor Programme,' *The Aviation Geek Club,* March 17, 2021.

'How much cheaper is the F-15EX compared to the F-35?,' *Sandboxx,* February 7, 2022.

129. Axe, David, 'Hangar Queens! The U.S. Air Force's Old F-15s Keep Flying While Newer F-22s Sit Idle,' *Forbes,* May 19, 2020.

Everstine, Brian W., 'Breaking Down USAF's 70-Percent Overall Mission Capable Rate,' *Air Force Magazine,* May 19, 2020.

130. Niemi, Christopher J., 'The F-22 Acquisition Program: Consequences for the US Air Force's Fighter Fleet,' *Air & Space Power Journal,* vol. 26, no. 6, November-December 2012 (p. 65).

131. 'Documents show Air Force neglected concerns about F-22 pilot safety,' *Public Integrity,* September 27, 2012.

Axe, David, 'US Stealth Jets Choking Pilots at Record Rates,' *Wired,*

June 14, 2012.

Axe, David, 'Air Force to Stealth Fighter Pilots: Get Used to Coughing Fits,' *Wired,* February 25, 2013.

Fabey, Michael, 'USAF Deciphers "Mosaic" Of F-22 Oxygen Supply Problems,' *Aviation Week*, August 1, 2012.

'Air force pilots describe health problems from flying F-22 jet,' *CBS News* (YouTube Channel), May 7, 2012.

132. 'F-22 avionics designers rely on obsolescent electronics, but plan for future upgrades,' *Military Aerospace,* May 1, 2001.

Everstine, Brian W., 'The F-22 and the F-35 Are Struggling to Talk to Each Other ⋯ And to the Rest of USAF,' *Air Force Magazine,* January 29, 2018.

133. Vartabedian, Ralph and Hennigan, W.J., 'F-22 program produces few planes, soaring costs,' *Chicago Tribune*, June 16, 2013.

134. Gertler, Jeremiah, *Air Force F-22 Fighter Program*, Washington D.C., Congressional Research Service Report for Congress, July 11, 2013.

135. 'Air Force Chief Hints at Retiring the F-22 Raptor in Fighter Downsize,' *Miliary.com,* May 12, 2021.

Newdick, Thomas, 'Yes, It's True, The F-22 Isn't In The Air Force Chief's Future Fighter Plans,' *The Drive,* May 13, 2021.

136. 'USAF: F-22 to Be Phased-Out Within Next Decade,' *The Defense Post*, May 21, 2021.

137. Gertler, Jeremiah, *Air Force F-22 Fighter Program*, Washington D.C., Congressional Research Service Report for Congress, July 11, 2013.

Tirpak, John A., 'Most USAF Fighter Mission Capable Rates Rise in Fiscal 2020, Led by F-35,' *Air Force Magazine*, May 24, 2021.

Rogoway, Tyler, 'F-22 Being Used To Test Next Generation Air Dominance "Fighter" Tech,' *The Drive*, April 26, 2022.

138. 'Why the F-35's Low Altitude Ceiling is a Major Drawback: Adversaries Will Almost Always Strike From Above,' *Military Watch Magazine*, August 4, 2023.

139. Tirpak, John A., 'USAF to Cut F-35 Buy in Future Years Defense Plan,' *Air Force Magazine*, May 14, 2021.

'Major Cuts to F-35 Orders Under Consideration: Air Force Chief Wants a Simpler "4+ Generation" Fighter to Replace It,' *Military Watch Magazine*, February 19, 2021.

140. Tirpak, John A., 'All For One and All for All,' *Air Force Magazine*, March 14, 2016.

    Axe, David, 'The F-35 Stealth Fighter's Dirty Little Secret Is Now Out in the Open,' *National Interest*, May 15, 2016.

141. Drusch, Andrea, 'Fighter plane cost overruns detailed,' *Politico*, February 16, 2014.

142. Grazier, Dan, 'Why the F-35 Isn't Ready for War,' *National Interest*, March 20, 2019.

143. Reim, Garrett, 'Lockheed Martin F-35 has 873 deficiencies,' *Flight Global*, January 31, 2020.

144. Grazier, Dan, 'F-35 Design Flaws Mounting, New Document Shows,' *Project on Government Oversight*, March 11, 2020.

145. Guertin, Nickolas H., 2022 Office of the Director, Operational Test and Evaluation Annual Report, January 2023 (p. 62).

146. Grazier, Dan, 'Deceptive Pentagon Math Tries to Obscure $100 Million+ Price Tag for F-35s,' *Project on Government Oversight*, November 1, 2019.

147. Vartabedian, Ralph and Hennigan, W. J., 'F-22 program produces few planes, soaring costs,' *Los Angeles Times*, June 16, 2013.

148. Thomson, Laura, 'The ten most expensive military aircraft ever built,' *Air Force Technology*, May 30, 2019.

    Liu, Zhen, 'J-20 vs F-22: how China's Chengdu J-20 "Powerful Dragon" compares with US' Lockheed Martin F-22 Raptor,' *South China Morning Post*, July 28, 2018.

    'PLA's J-20 fighters years away from mass production,' *Asia Times*, July 31, 2018.

149. Gould, Joe and Insinna, Valerie, 'Ripping F-35 costs, House Armed Services chairman looks to "cut our losses",' *Defense News*, March 5, 2021.

150. 'Technical Challenges Delay Mass Production of F-35 Stealth Fighter

Yet Again,' *Military Watch Magazine*, January 3, 2021.

'America's F-35 Stealth Fighter Delayed From Full Scale Production Again,' *Military Watch Magazine*, October 30, 2020.

'Full Scale F-35 Production Further Delayed: Fighter Suffers More Breakdowns Than Expected – Pentagon,' *Military Watch Magazine*, November 15, 2019.

151. Capaccio, Anthony, 'Pentagon Cuts Its Request for Lockheed's F-35s by 35%,' *Bloomberg*, March 17, 2022.

152. Tirpak, John A., 'F-35 Production Challenged to Keep Up with Demand,' *Air & Space Forces*, July 3, 2023.

153. 'Thunder Without Lightning, The High Costs and Limited Benefits of the F-35 Program,' *National Security Network*, August 2015.

154. Axe, David, 'Pentagon's big budget F-35 fighter "can't turn, can't climb, can't run",' *Reuters*, July 14, 2014.

155. Grazier, Dan, 'F-35 Continues to Stumble,' *Project on Government Oversight*, March 30, 2017.

156. Roy, Ananya, 'F-35 jets have over 200 deficiencies, unlikely to be combat ready by 2018-2019, Pentagon report says,' *International Business Times,* January 17, 2017.

'F-35 "scarcely" fit to fly: Pentagon's chief tester,' *Press TV*, April 3, 2017.

157. Grazier, Dan, 'F-35 Far from Ready to Face Current or Future Threats, Testing Data Shows,' *Project on Government Oversight*, March 19, 2019.

158. McCain, John, 'U.S. Senator, Arizona, Opening statement by SASC Chairman John McCain on the F-35 Joint Strike Fighter Program,' April 26, 2016.

159. Britzky, Haley, 'Acting SecDef Shanahan thinks the F-35 program is "f–ked up" just like everyone else,' *Task and Purpose,* April 25, 2019.

160. *Ibid.*

161. 'F-35's Troubled F135 Engine is Causing Unavailability Rates at 600% of Standard Levels,' *Military Watch Magazine*, September 11, 2022.

162. Parsons, Dan, 'Blistering Highlights From The Latest F-35 Sustainment

Hearing,' *The Drive*, May 9, 2022.

163. Finnerty, Ryan, 'Overtaxed F-35 engines rack up $38 billion in extra maintenance costs,' *Flight Global,* June 2, 2023.

164. 'F-35 Sustainment: DOD Needs to Cut Billions in Estimated Costs to Achieve Affordability,' *Government Accountability Office*, July 7, 2021.

Roblin, Sebastien, 'The Air Force admits the F-35 fighter jet costs too much. So it wants to spend even more.,' *NBC News*, March 7, 2021.

Mehta, Aaron, 'Pentagon "can't afford the sustainment costs" on F-35, Lord says,' *Defense News*, February 2, 2018.

'Lawmakers Are Skeptical About The Services' Focus On Next Generation Fighters Over Existing Designs,' *The Drive*, July 29, 2021.

165. Hadley, Greg, 'New NDAA Takes Aim at F-35 Sustainment Costs, Joint Program Office,' *Air Force Magazine*, December 10, 2021.

166. Newdick, Thomas and Rogoway, Tyler, 'The Air Force Has Abandoned Its 386 Squadron Goal,' *The Drive*, May 4, 2022.

167. 'Why the U.S. Air Force Plans to Buy a 50 Year Old Fighter Jet: F-16 Orders Scheduled for 2023,' *Military Watch Magazine,* January 23, 2021.

Axe, David, 'The U.S. Air Force Just Admitted The F-35 Stealth Fighter Has Failed,' *Forbes*, February 23, 2021.

Gould, Joe and Insinna, Valerie, 'Ripping F-35 costs, House Armed Services chairman looks to "cut our losses",' *Defense News,* March 5, 2021.

Newdick, Thomas, 'Air Force Boss Wants Clean-Sheet Fighter That's Less Advanced Than F-35 To Replace F-16,' *The Drive,* February 18, 2021.

168. Bath, Alison, 'Will the F-35 ever become the primary fighter jet it was supposed to be?,' *Stars and Stripes*, March 1, 2023.

169. Gordon, Yefim and Komissarov, Dmitry, *Sukhoi Su-57*, Manchester, Hikoki Publications, 2021 (p. 96).

170. International Institute for Strategic Studies, *The Military Balance*, Volume 111, 2011 (Chapter Five: Russia).

171. *Ibid* (Chapter Five: Russia).

172. Kots, Andrey, '"Они бы все изменили". Боевые самолеты, без которых оставили Россию' ('"They would have changed everything." Combat aircraft Russia was left without'), *RIA Novosti*, April 2, 2021.

'Схватка за русское небо: Су-57 подрезал крылья "Беркуту"' ('Fight for the Russian sky: Su-57 clipped the wings of the "Berkut"'), *нвивнг* (Accessed November 28, 2021).

Roblin, Sebastien, 'Why Russia's Super-Maneuverable Su-47 "Golden Eagle" Fighter Jet Failed,' *National Interest*, April 27, 2019.

Gordon, Yefim, *Sukhoi S-37 and Mikoyan MFI: Russian Fifth-Generation Fighter Technology Demonstrators*, Hinckley, Midland Publishing, 2001 (p. 4).

173. Buttler, Tony and Gordon, Yefim, *Soviet Secret Projects: Fighters Since 1945*, Hinckley, Midland Publishing, 2005 (p. 160).

174. *Ibid* (p. 160).

175. 'Mikoyan reveals first glimpse of 1.42 multifunction fighter,' *Flight Global*, January 6, 1999.

'Russia's New Su-57 Fighters Cost Just $35 Million Each; Are Fifth Generation Jets Really Cheaper than the Su-35?,' *Military Watch Magazine*, May 19, 2019.

'В США рассказали о предшественнике Су-57' ('In the US, they talked about the predecessor of the Su-57'), *Lenta*, March 21, 2023.

176. Leone, Dario, 'Did you know the Su-57 Felon is the only Fighter Jet Equipped with DIRCM?,' *The Aviation Geek Club*, February 6, 2020.

Rogoway, Tyler, 'No, The Su-57 Isn't "Junk:" Six Features We like On Russia's New Fighter,' *The Drive*, April 30, 2018.

Gordon, Yefim and Komissarov, Dmitry, *Sukhoi Su-57*, Manchester, Hikoki Publications, 2021 (pp. 106, 324).

177. '"Фантом" не догоняет' ('"Phantom" is not catching up'), *Rossiyskaya Gazeta*, November 16, 2018.

'Видимые невидимки: самые известные самолеты-"стелс"' ('Visible invisibles: the most famous stealth aircraft'), *TASS*, November 22, 2017.

Gordon, Yefim and Komissarov, Dmitry, *Sukhoi Su-57*, Manchester, Hikoki Publications, 2021 (pp. 110, 324).

178. Allison, George, 'Russia using new Su-57 jets against Ukraine,' *UK Defence Journal*, January 9, 2023.
   'British Sources Indicate Russian Su-57 Fighters Using Extreme Range R-37M Missiles to Shoot Down Ukrainian Aircraft,' *Military Watch Magazine,* February 28, 2023.
   'Russian Su-57 Stealth Fighters Deployed to Suppress Ukrainian Air Defences – Reports,' *Military Watch Magazine,* June 15, 2022.

179. Gordon, Yefim, *Sukhoi S-37 and Mikoyan MFI: Russian Fifth-Generation Fighter Technology Demonstrators*, Hinckley, Midland Publishing, 2001 (pp. 12, 13).
   Buttler, Tony and Gordon, Yefim, *Soviet Secret Projects: Fighters Since 1945*, Hinckley, Midland Publishing, 2005 (pp. 153-155).

180. 'Air Combat with "Ghosts",' *Aviatsiia i kosmonavtika,* no. 7, July 1991 (pp. 4, 5).
   Lambeth, Benjamin S., *Russian Air Power at the Crossroads*, Santa Monica, Rand, 1996 (p.240).

181. Gordon, Yefim, *Sukhoi S-37 and Mikoyan MFI: Russian Fifth-Generation Fighter Technology Demonstrators*, Hinckley, Midland Publishing, 2001 (pp. 21, 22).

182. *Ibid* (pp. 12, 13, 21, 22, 34).

183. Butowski, Piotr, Su-57 Felon, Stamford, Key Publishing, 2022 (Chapter 1: The First Approach: MiG MFI).

184. Gordon, Yefim, *Sukhoi S-37 and Mikoyan MFI: Russian Fifth-Generation Fighter Technology Demonstrators*, Hinckley, Midland Publishing, 2001 (pp. 12-13, 15, 31).

185. *Ibid* (p. 22).

186. Gordon, Yefim and Komissarov, Dmitry, *Sukhoi Su-57*, Manchester, Hikoki Publications, 2021 (p. 25).

187. *Ibid* (p. 42).
   Buttler, Tony and Gordon, Yefim, *Soviet Secret Projects: Fighters Since 1945*, Hinckley, Midland Publishing, 2005 (pp. 153-155).
   Gordon, Yefim, *Sukhoi S-37 and Mikoyan MFI: Russian Fifth-Generation Fighter Technology Demonstrators*, Hinckley, Midland

Publishing, 2001 (p. 35).

188. Kots, Andrey, '"Они бы все изменили". Боевые самолеты, без которых оставили Россию' ('"They would have changed everything." Combat aircraft Russia was left without'), *RIA Novosti*, April 2, 2021.

Gordon, Yefim, *Sukhoi S-37 and Mikoyan MFI: Russian Fifth-Generation Fighter Technology Demonstrators*, Hinckley, Midland Publishing, 2001 (pp. 19-20, 35).

189. Gordon, Yefim and Komissarov, Dmitry, *Sukhoi Su-57*, Manchester, Hikoki Publications, 2021 (p. 44).

190. *Ibid* (p. 10).

191. Nine, Thomas W., The Future of USAF Airborne Warning & Control: A Conceptual Approach, Maxwell Air Force Base, Air Command and Staff College, Air University, April 1999.

'Mikoyan reveals first glimpse of 1.42 multifunction fighter,' *Flight Global*, January 6, 1999.

192. 'China's J-20: future rival for air dominance?,' *Strategic Comments*, vol. 17, issue 1, 2011 (pp. 1-3).

'Видимые невидимки: самые известные самолеты-"стелс"' ('Visible invisibles: the most famous stealth aircraft'), *TASS,* November 22, 2017.

193. Lukin, Alexander, *China and Russia: The New Rapprochement*, Cambridge, Polity Press, 2018 (p. 154).

194. Johnson, Reuben F., 'Sukhoi Su-57: Will India Join the Program?,' *AIN Online*, February 7, 2018.

'India, Russia to make 5th generation fighter jets,' *Times of India,* January 24, 2007.

Shukla, Ajal, 'India to develop 25% of fifth generation fighter,' *Business Standard,* January 21, 2013.

Gordon, Yefim and Komissarov, Dmitry, *Sukhoi Su-57*, Manchester, Hikoki Publications, 2021 (pp. 363, 364).

195. Wezeman, Siemon T., 'China, Russia and the shifting landscape of arms sales,' *Stockholm International Peace Research Institute,* July 5, 2017.

Menshikov, Stanislav, 'Russian Capitalism Today,' *Monthly Review*, vol. 51. no. 3, 1999 (pp. 82–86).

Millar, James R., 'Can Putin Jump-Start Russia's Stalled Economy?,' *Current History*, vol. 99, no. 639, October 2000 (pp. 329-333).

196. Wezeman, Siemon T., 'China, Russia and the shifting landscape of arms sales,' *Stockholm International Peace Research Institute,* July 5, 2017.

Cooper, Julian, *The Future of the Russian Defense Industry* in: Allison, Roy and Bluth, Christopher, *Security Dilemmas in Russia and Eurasia,* London, Royal Institute for International Affairs, 1998 (p. 96).

197. 'SIPRI Military Expenditure Database,' *Stockholm International Peace Research Institute* (https://milex.sipri.org/sipri).

198. Mañé Estrada, Aurèlia and de la Cámara Arilla, Carmen, 'Is Russia Drifting toward an Oil-Rentier Economy?,' *Eastern European Economics*, vol. 43, no. 5, September-October 2005 (pp. 46-73).

Wagstyl, Stefan, 'Russia: riding with the rentiers,' *Financial Times*, July 8, 2011.

199. 'China's J-20: future rival for air dominance?,' *Strategic Comments*, vol. 17, issue 1, 2011 (pp. 1-3).

200. Gordon, Yefim, *Sukhoi Su-27*, Hinckley, Midland Publishing, 2007 (pp. 253-255).

Gordon, Yefim and Komissarov, Dmitriy, *Mikoyan MiG-31: Interceptor*, Barnsley, Pen and Sword, 2015 (pp. 124-126).

Gordon, Yefim, *Mikoyan MiG-31*, Hinckley, Midland Publishing, 2005 (p. 134).

International Institute for Strategic Studies, *The Military Balance*, Volume 93, 1993 (p. 148).

Kim, Young Jeh, *The New Pacific Community in the 1990s,* Armonk, M. E. Sharpe, 1996 (p. 118).

Blank, Stephen, *The Dynamics of Russian Weapon Sales to China*, Carlisle, US Army War College, Strategic Studies Institute, March 4, 1997 (p. 30).

201. 'China's J-20: future rival for air dominance?,' *Strategic Comments*, vol. 17, issue 1, 2011 (pp. 1-3).

202. *Ibid* (pp. 1-3).

203. 「最新：中國空軍選定下一代戰機由 611 所方案勝出」('Latest: The

Chinese Air Force selected the next generation of fighter jets by the 611 program to win'), 亞東軍事網 , November 5, 2010.

204. Chang, Yihong, 'China Launches New Stealth Fighter Project,' *Jane's Defence Weekly*, December 2002.

205. Knight, Will, 'Chinese Stealth Fighter Plans Revealed,' *New Scientist*, December 2002.

206. Rupprecht, Andreas, 'The PLA Air Force's "Silver-Bullet" Bomber Force,' *Jamestown Foundation China Brief*, Volume 17, Issue 10, July 21, 2017.

Rupprecht, Andreas, *Modern Chinese Warplanes: Chinese Air Force – Comat Aircraft and Units*, Houston, Harpia, 2018 (p. 40).

207. Lim, Louisa, 'China Uncloaks Stealth Fighter Prototype,' *NPR*, January 5, 2011.

Rizzo, Jennifer and Keyes, Charley, 'Is China closer than thought to matching U.S. fighter jet prowess?,' *CNN*, January 6, 2011.

208. *Ibid.*

209. 'China stealth plane still "years away", says Pentagon,' *BBC News*, January 6, 2011.

210. Bodeen, Christopher, 'China's stealth fighter photos cause an international stir,' *NBC News,* January 6, 2011.

211. 'Gates Comments on Chinese J-20,' *Air Force Magazine*, January 10, 2011.

212. Purnell, Danielle, 'Lockheed Martin rolls-out final F-22 Raptor,' *Air Force Reserve Command Official Website*, December 15, 2011.

Wolf, Jim, 'U.S. to mothball gear to build top F-22 fighter,' *Reuters*, December 13, 2011.

Gertler, Jeremiah, Air Force F-22 Fighter Program, Congressional Research Service Report for Congress, July 11, 2013.

213. Bumiller, Elisabeth and Wines, Michael, 'Test of Stealth Fighter Clouds Gates Visit to China,' *New York Times*, January 11, 2011.

214. *Ibid.*

Gates, Robert M., *Duty: Memoirs of a Secretary at War*, New York, Alfred A. Knopf, 2014 (Chapter 14: At War to the Last Day).

215. *Ibid* (Chapter 14: At War to the Last Day).

216. Wines, Michael and Bumiller, Elisabeth, 'Test Unrelated to Gates Visit, China Says,' *New York Times*, January 12, 2011.

217. Levine, Adam, 'Gates: Chinese further along than thought on stealth fighter,' *CNN*, January 10, 2011.

218. 'China's J-20: future rival for air dominance?,' *Strategic Comments*, vol. 17, issue 1, 2011 (pp. 1-3).

219. *Ibid* (pp. 1-3).

220. Donald, David, 'Improved Chinese Stealth Fighter Nears First Flight,' *AIN Online*, February 27, 2014.

221. Gertler, Jeremiah, Air Force F-22 Fighter Program, Congressional Research Service Report for Congress, July 11, 2013.

222. Rogoway, Tyler, 'China's Own "Catfish" Flying Avionics Testbed For The J-20 Fighter Emerges,' *The Drive*, February 3, 2017.

223. Lin, Jeffrey and Singer Peter W., 'Chinese Stealth Fighter J-20 Starts Production,' *Popular Science*, December 28, 2015.

224. Insinna, Valerie, 'Air Force Declares F-35A Ready for Combat,' *Defense News*, August 2, 2016.

225. Rupprecht, Andreas, *Modern Chinese Warplanes: Chinese Air Force – Comat Aircraft and Units*, Houston, Harpia, 2018 (p. 40).
Joe, Rick, 'China's J-20 Stealth Fighter Today and Into the 2020s,' *The Diplomat,* August 16, 2019.

226. 'China's first stealth fighter J-20 enters service with Air Force,' *The State Council Information Office of the People's Republic of China Official Website*, March 13, 2017.

227. 楊偉代表：殲 20 將進行系列化發展 不斷提升作戰能力,' 人民網, March 20, 2018.

228. ' 新一代隱身戰鬥機殲 -20 列裝空軍作戰部隊,' 中華人民共和國國防部 , February 9, 2018.

229. Hohmann, James, 'The Daily 202: U.S. came "much closer" to war with North Korea in 2017 than the public knew, Trump told Woodward,' *Washington Post*, September 16, 2020.
'Yes, The United States Did Draw Up A Plan To Drop 80 Nuclear

Weapons On North Korea,' *The Drive*, November 27, 2020.

230. Blanchard, Ben and Oliphant, James, 'Chinese State Media Says China Should be Neutral if North Korea Attacks the U.S.,' *Time,* August 11, 2017.

231. Lo, Kinling, 'China "shoots down incoming missiles" during exercise over waters close to North Korea,' *South China Morning Post,* September 5, 2017.
Gao, Charolette, 'China's Air Force Tests Missile Defense Near North Korea Border,' *The Diplomat*, September 7, 2017.
Wang, Christine, 'China reportedly boosts defense preparations along North Korean border,' *CNBC*, July 24, 2017.
Berlinger, Joshua, 'China closes off big chunk of Yellow Sea for military drills,' *CNN*, July 26, 2017.
'How China Has Joined Russia in Drawing a Red Line to Prevent U.S. Military Intervention on the Korean Peninsula,' *Military Watch Magazine*, September 12, 2017.

232. 'China's stealth jet may have done flyover of S Korea,' *Asia Times,* December 7, 2017.
'China Allegedly Sends Cutting-Edge Jet to Eye US-S Korea Joint Air Drill,' *Sputnik News,* December 10, 2017.

233. Global Times on Twitter, 'Former #PLA Air Force commander, General Wang Hai, passed away on Sunday morning in Beijing, aged 94, Chinese media reported. Wang shot down 9 enemy aircraft during the Korean War, with his team engaging the US Air Force on over 80 occasions and downing 29 enemy aircraft.,' August 2, 2020.

234. Ng, Teddy, 'China deploys J-20 stealth fighter "to keep tabs on Taiwan",' *South China Morning Post*, July 27, 2019.

235. 「震懾台獨分子？中國最新戰機殲 -20 部署浙江 15 分鐘抵台」 ('To deter Taiwan independence elements? China's latest fighter J-20 deployed in Zhejiang and arrived in Taiwan in 15 minutes'), *CNews*, November 28, 2021.

236. Solen, Derek, 'Second Combat Brigade of PRC Air Force Likely Receives Stealth Fighter,' *China Aerospace Studies Institute*, May 2021.

237. Chan, Minnie, 'China deploys J-20 stealth fighter jets to units monitoring Taiwan Strait,' *South China Morning Post*, June 26, 2021.

238. Liu, Xuanzun, 'J-20 stealth fighter in service for 2nd PLA ace force with home developed engines,' *Global Times*, June 18, 2021.

239. 「南部戰區第 5 航空旅開始換裝殲 -20」 ['The 5th Aviation Brigade of the Southern Theater Command Began to Refit with the J-20'], *YouWuQiong*, December 11, 2021.

240. 'All Chinese Theatre Commands Now Deploy J-20 Fighters: New Stealth Air Brigade Confirmed as Fleet Growth Accelerates,' *Military Watch Magazine*, April 20, 2022.

241. Clark, Colin, 'B-21 Bomber Estimate By CAPE: $511M A Copy,' *Breaking Defense*, September 19, 2016.
'China Building Two New Fields With 230 Nuclear ICBM Silos Able to Strike America – Reports,' *Military Watch Magazine*, July 28, 2021.

242. 'Embedded Refueling Probe Seen on China's J20 Stealth Fighter Jet,' *Defense World*, November 15, 2018.
'J-20 now capable of aerial refueling,' *China Military*, November 15, 2018.

243. Li, Jiayao, 'China confirms use of mature stealth testing technology,' *Global Times*, May 22, 2018.

244. Cenciotti, David, 'China's new stealth fighter's missile launch rails prove Beijing can improve U.S. technology,' *The Aviationist*, March 26, 2013.

245. 楊偉代表：殲 20 將進行系列化發展 不斷提升作戰能力，人民網，March 20, 2018.

246. Hodge, Nathan, 'China's J-20 Fighter: Stealthy or Just Stealthy-Looking?,' *Wall Street Journal*, January 19, 2011.
Interview with Justin Bronk: 'Why the US Military Worries About Chinese Air Power,' *Military Aviation History*, September 9, 2021.

247. Guo, Zhanzhi and Chen, Yingwen and Ma, Lianfeng, 「鴨 翼 的 雷 達 散射截面影響研究」 ['Research on the Radar Cross Section Effect of Canards'], *Chengdu Aircraft Design Institute*, September 10, 2019.

248. Bevilaqua, Paul, 'Inventing the F-35 Joint Strike Fighter,' 2009 Wright

Brothers Lectureship in Aeronautics, Aerospace Research Central, June 15, 2012 (https://arc.aiaa.org/doi/10.2514/6.2009-1650).

Joe, Rick, 'J-20: The Stealth Fighter That Changed PLA Watching Forever,' *The Diplomat*, January 11, 2021.

249. 「深度：殲 -20 雷達獲突破功率比 F22 高 50% 探測範圍更遠」('Depth: The breakthrough power of the J-20 radar is 50% higher than that of the F22, and the detection range is farther'), 新浪軍事 , March 31, 2016.

250. 'PAK-FA's New Engines Make It "Easily the Best 5th Gen Fighter in the World",' *Sputnik News,* July 25, 2017.

251. Gu, Songfen, 'Strategic Study of China's Fighter Aircraft Development,' *Fighter Aircraft Development Validation Group*, March 2003.

252. Panda, Ankit, 'China's Fifth-Generation Stealth Fighter Is in Combat Service—But With Improved Fourth-Generation Engines,' *The Diplomat*, February 13, 2018.

Donald, Davis, 'Paris 2011: Chinese Chengdu J-20 Fighter Still Shrouded in Mystery,' *AIN Online*, June 23, 2011.

'WS-10 engine has 7 variants equipped in 5 fighters including J-20,' *China Arms*, September 11, 2019.

253. 'After the burn,' *Key Aero,* September 10, 2021.

254. Trade Registers, Stockholm International Peace Research Institute Arms Transfer Database (https://armstrade.sipri.org/armstrade/page/trade_register.php).

255. Donald, David, 'Chengdu's J-20 Enters Production,' *AIN Online*, February 14, 2016.

Hunter, Jamie, 'China's Enhanced J-20B Stealth Fighter May Arrive Soon, Here's What It Could Include,' *The Drive*, July 20, 2020.

'Rise of the Mighty Dragon,' *Key Aero*, December 7, 2017.

256. 'Stealth fighter soon powered by local engines,' *China Daily*, March 13, 2017.

257. 'Does China's J-20 Rival Other Stealth Fighters?,' *China Power: Centre for Strategic and International Studies*, January 2018.

Yeung, Jessie and Lendon, Brad, 'China is sending its most advanced fighter jet to patrol disputed seas,' *CNN*, April 15, 2022.

258. Liu, Xuanzun, 'Chinese engine-equipped J-20 fighter proves plateau ability,' *Global Times*, January 19, 2022.

259. Yeung, Jessie and Lendon, Brad, 'China is sending its most advanced fighter jet to patrol disputed seas,' *CNN*, April 15, 2022.

260. Waldron, Greg, 'China's enigmatic J-20 powers up for its second decade,' *Flight Global*, December 28, 2020.

261. 'PAK-FA's New Engines Make It "Easily the Best 5th Gen Fighter in the World",' *Sputnik News,* July 25, 2017.

262. Yeo, Mike and Pocock, Chris, 'More J-20 Stealth Fighters Built in China,' *AIN Online,* July 19, 2016.
Roblin, Sebastien, 'Is China About to Give Its Best Fighters Powerful New Jet Engines?,' *National Interest*, March 5, 2020.

263. Gordon, Yefim, *Sukhoi S-37 and Mikoyan MFI: Russian Fifth-Generation Fighter Technology Demonstrators*, Hinckley, Midland Publishing, 2001 (p. 20).
Gordon, Yefim and Komissarov, Dmitry, *Sukhoi Su-57*, Manchester, Hikoki Publications, 2021 (pp. 16-17).

264. 'J-20 stealth fighter's capabilities to be enhanced,' *China Daily*, March 13, 2018.

265. 'J-20 Begins Flying With Groundbreaking WS-15 Engine: Will China's Stealth Fighter be the World Leader in Thrust?,' *Military Watch Magazine*, January 15, 2022.

266. Liu, Xuanzun, 'China's WS-15 turbofan engine undergoes tests, shows improved performance,' *Global Times*, March 14, 2022.

267. 'China: J-20's WS-15 engine undergoes multiple rounds of testing,' *China Arms*, March 15, 2022.

268. Liu, Xuanzun, 'China fully capable of jet engine development, narrowing technology gaps,' *Global Times*, March 9, 2022.

269. Liu, Xuanzun, 'China's WS-15 turbofan engine undergoes tests, shows improved performance,' *Global Times*, March 14, 2022.

270. Chan, Minnie, 'Is China's W-15 engine to power J-20 stealth fighter jet nearing completion?,' *South China Morning Post,* December 19, 2022.

271. Waldron, Greg, 'Chinese executive hints at progress with J-20's new WS-15 engine,' *Flight Global*, March 27, 2023.

272. Chen, Chuanren, 'China May Have Flown J-20 With Domestic WS-15 Engines,' *Aviation Week*, June 30, 2023.

273. Liu, Xuanzun, 'China's WS-15 turbofan engine undergoes tests, shows improved performance,' *Global Times*, March 14, 2022.

274. Episkopos, Mark, 'Out of Range: Why China's J-20 Might Have the Tools to Kill an F-35,' *National Interest*, June 20, 2019.

「霹靂 15 在 200 公里外直取預警機，殲 -20 的優勢太大了」 ('The Thunderbolt 15 took the early warning aircraft 200 kilometres away, and the advantage of the J-20 is too great'), *Sina*, January 16, 2021.

「讓美國顧忌的殲 -20『御用武器』竟然也要出口了」 ('The J-20's "Crown Weapon" that Raises American Doubts is About To Be Exported'), *Xinhua*, September 28, 2021,

275. International Institute for Strategic Studies, *The Military Balance*, Volume 119, 2019 (p. 8).

276. Lee, Tae-Woo, *Military Technologies of the World: Volume 1 and 2,* Westport, Praeger, 2009 (p. 82).

Trimble, Stephen, 'New long-range missile project emerges in US budget,' *Flight Global*, November 2, 2017.

277. Chopra, Anil, 'Air Defence of India: Evolving Options,' *Indian Defence Review*, vol. 34.3, July-September 2019.

278. International Institute for Strategic Studies, *The Military Balance*, Volume 119, 2019 (p. 237).

279. Ibid (p. 237).

Fisher, Jr., Richard D., *China's Military Modernization: Building for Regional and Global Reach,* Westport, Praeger, 2008 (p. 232).

Chan, DM, 'China's military can't underestimate AIM-260,' *Asia Times,* June 27, 2019.

280. Drew, James, 'USAF seeks "interim" CHAMP, longer-range air-to-air missiles,' *Flight Global,* September 17, 2015.

'Military Strategy Forum: General Herbert "Hawk" Carlisle on Air Combat Command: Today's Conflicts and Tomorrow's Threats,' *Center for Strategic & International Studies,* September 18, 2015.

281. 'Lockheed Developing AIM-260 To Counter China's PL-15,' *Aviation Week,* June 26, 2019.

Barrie, Douglas, 'AIM-260 missile: the US Air Force and beyond-visual-range lethality,' *International Institute for Strategic Studies Military Balance Blog,* October 24, 2019.

282. Newdick, Thomas, 'A Guide To China's Increasingly Impressive Air-To-Air Missile Inventory,' *The Drive,* September 1, 2022.

283. International Institute for Strategic Studies, *The Military Balance,* Volume 119, 2019 (p. 237).

284. Newdick, Thomas, 'A Guide To China's Increasingly Impressive Air-To-Air Missile Inventory,' *The Drive,* September 1, 2022.

285. Bronk, Justin, 'Russian and Chinese Combat Air Trends: Current Capabilities and Future Threat Outlook,' Royal United Services Institute, October 2020.

286. Rupprecht, Andreas, *Modern Chinese Warplanes: Chinese Air Force – Comat Aircraft and Units,* Houston, Harpia, 2018 (p. 37).

287. 'Stealth Fighter or Bomber?,' *The Diplomat,* July 26, 2011.

288. Waldron, Greg, 'China's enigmatic J-20 powers up for its second decade,' *Flight Global,* December 28, 2020.

289. Axe, David, 'China's Over-Hyped Stealth Jet,' *The Diplomat,* January 7, 2011.

Kopp, Carlo and Goon, Peter, 'Chengdu J-XX [J-20] Stealth Fighter Prototype: A Preliminary Assessment,' *AusAirpower, Technical Report APA-TR-2011-0101,* January 3, 2011.

'J-20 Design,' *Global Security* (https://www.globalsecurity.org/military/world/china/j-20-design.htm).

290. 'Stealth Fighter or Bomber?,' *The Diplomat,* July 26, 2011.

291. Joe, Rick, 'J-20: The Stealth Fighter That Changed PLA Watching Forever,' *The Diplomat,* January 11, 2021.

292. 'J-20 stealth fighter's capabilities to be enhanced,' *China Daily,* March 13, 2018.

293. 「楊偉代表：我的一個夢想，未來戰機由中國來制定標準」

('Representative Yang Wei: One of my dreams is that China will set the standards for future fighter jets'), State-Owned Assets Supervision and Administration Commission of the State Council, March 20, 2018.

294. 'Embedded Refueling Probe Seen on China's J20 Stealth Fighter Jet,' *Defense World*, November 15, 2018.

295. Waldron, Greg, 'China's enigmatic J-20 powers up for its second decade,' *Flight Global*, December 28, 2020.

296. Lei, Zhao, 'J-20 fighter takes part in first combat exercises,' *China Daily*, January 12, 2018.

297. 'Air Force reveals J-20 combat formation,' *People's Daily*, January 21, 2020.

298. Liu, Xuanzun and Guo, Yuandan, 'China, Russia joint drills conclude with live-fire anti-terrorism operation featuring J-20,' *Global Times*, August 13, 2021.

299. Gouré, Daniel, 'The Air Force Needs A New High-Low Mix,' *Lexington Institute*, June 9, 2016.
Isachenkov, Vladimir, 'Russia, China sign roadmap for closer military cooperation,' *AP News*, November 23, 2021.

300. 新一代隱身戰鬥機殲 -20 列裝空軍作戰部隊，中華人民共和國國防部， February 9, 2018.

301. Liu, Xuanzun, 'J-20 fighters conduct nocturnal battle drill to hone stealth advantages,' *Global Times*, January 16, 2022.

302. 新一代隱身戰鬥機殲 -20 列裝空軍作戰部隊，中華人民共和國國防部， February 9, 2018.

303. 'PLA arms J-20 stealth fighter, ready for combat,' Global Times, February 9, 2018.

304. 'China Tests its Newest and Most Dangerous Fighters: J-20 and J-16 Further Integrated into the Air Force,' *Military Watch Magazine*, January 12, 2018.
Dominguez, Gabriel, 'China's J-20 fighter aircraft takes part in its first combat exercise, says report,' *Jane's 360*, January 15, 2018.

305. 新一代隱身戰鬥機殲 -20 列裝空軍作戰部隊，中華人民共和國國防部，February 9, 2018.

306. Lo, Kinling, 'New fighter jets will be used in "more regular" patrols over South China Sea,' *South China Morning Post,* February 13, 2018.

307. 'China's J-20 Fifth-Gen Fighter Successfully Completes Combat Training at Sea,' *Sputnik News*, May 9, 2018.

308. 'Experts: J-20 will surely patrol Taiwan in future,' *China Military Online*, May 18, 2018.

309. 'China Deploys YJ-12B and HQ-9B Missiles on South China Sea Islands,' *Navy Recognition*, May 4, 2018.

310. Minnick, Wendell, 'China Expands Presence With Fighters on Woody Island,' *Defence News*, November 8, 2015.
'China deploys PLANAF J-11BH/BHS fighters to Woody Island,' *Alert 5*, October 31, 2015.

311. 'China Is Threatening to Fly Its J-20 Stealth Fighter over Taiwan,' *National Interest,* May 21, 2018.

312. 'Taipei Threatened by China's New Stealth Fighters? Why the J-20 is Unlikely to See Action over the Taiwan Strait,' *Military Watch Magazine*, May 29, 2018.
'Russia Now Has "Treasure Trove" of Info About Stealthy F-22s - US General,' *Sputnik News*, January 5, 2018.

313. 'J-20 fighter takes part in nighttime exercise in air superiority role,' *People's Daily*, June 2, 2018.

314. Rogoway, Tyler, 'China's J-20 Stealth Fighter Stuns By Brandishing Full Load Of Missiles At Zhuhai Air Show,' *The Drive*, November 11, 2018.

315. Liu, Zhen, 'China-India border dispute: advanced fighter jets sent to nearby airbases,' *South China Morning Post*, August 19, 2020.

316. 「媒體披露殲 -20 戰機真實空戰實力 以『零損傷』擊落敵機 17 架」('The media disclosed the real air combat strength of the J-20 fighter jets and shot down 17 enemy planes with "zero damage"'), *163*, September 25, 2020.
'Chinese Media Claims J-20 Shot Down 17 "Enemy" Fighters in Exercises - How Reliable Are These Claims?,' *Military Watch Magazine*, September 16, 2020.

317. Pickrell, Ryan, 'Air Force F-35s Wrecked Enemies During Mock Air

Combat,' *Task and Purpose*, February 21, 2019.

318. Liu, Xuanzun, 'China's J-20 stealth fighter jet flies without Luneburg lens, shows combat readiness,' *Global Times*, April 5, 2021.

319. *Ibid.*

320. Liu, Xuanzun, 'J-20 shows high combat readiness in New Year combat training,' *Global Times*, January 9, 2022.
Liu, Xuanzun, 'Newly commissioned J-20 stealth fighters on combat alert,' *Global Times*, January 17, 2022.

321. Liu, Xuanzun, 'J-20 fighters conduct nocturnal battle drill to hone stealth advantages,' *Global Times,* January 16, 2022.

322. Battle Stations, Season 1, Episode 39, F-22 Raptor.

323. 'Aerospace Nation: Gen Kenneth S. Wilsbach,' *Mitchell Institute for Aerospace Studies* (YouTube Channel), March 15, 2022.

324. *Ibid.*

325. Liu, Xuanzun, 'J-20 fighter jet starts routine training patrols in East, South China Seas,' *Global Times*, April 13, 2022.

326. Yeung, Jessie and Lendon, Brad, 'China is sending its most advanced fighter jet to patrol disputed seas,' *CNN*, April 15, 2022.

327. 'J-20 has ability to defend nation's airspace,' *China Daily*, August 15, 2022.

328. 'J-20 fighters to escort Y-20 aircraft for 1st time in repatriating remains of CPV martyrs from S.Korea,' *Global Times*, September 14, 2022.

329. 「2 架殲 -20 戰機爲接運英雄的運 -20 護航」，人民網, November 24, 2023

330. Liu, Xuanzun, 'China's J-20 stealth fighter jets drive away foreign aircraft in combat patrols over East China Sea,' *Global Times*, October 13, 2022.

331. Liu, Zhen, 'China outlines J-20 stealth fighter's role in intercepting foreign warplanes by releasing footage that may show rare encounter with F-35,' *South China Morning Post*, January 18, 2023.

332. Liu, Xuanzun, 'PLA Air Force's Wang Hai Air Group fully equipped with J-20 fighter jets, expels foreign aircraft by giving full play to stealth capability,' *Global Times,* January 17, 2023.

333. Huang, Kristin, 'Chinese bombers, fighter jets in new year military drills appear to have boosted combat capacity,' *South China Morning Post,* January 15, 2023.

334. Liu, Xuanzun and Guo, Yuandan, 'Chinese Air Force unit that emerged victorious from Korean War vows to be ready for combat,' *Global Times,* July 27, 2023.

335. 'China's J-20 fighter jet, YY-20 refueling plane amaze audience at Changchun Airshow,' *CGTN,* July 27, 2023.
'Highlights of Changchun Air Show,' *Xinhua,* July 27, 2023.

336. Gady, Franz-Stefan, 'China's First 5th Generation Fighter Moves Into Serial Production,' *The Diplomat,* October 31, 2017.

337. Gady, Franz-Stefan, 'China's First 5th Generation Fighter Moves Into Serial Production,' *The Diplomat,* October 31, 2017.

338. 'Chinese J-20 Fighter, Y-20 Transport Aircraft Designs Finalized, Ready for Mass Production: Expert,' *Defense World,* November 12, 2017.
Tirpak, John A., 'China Likely Stepping Up Stealth Fighter Production,' *Air and Space Forces,* October 8, 2021.
Chan, Minnie, 'World-class production lines speed up deliveries of China's J-20 stealth jet fighter,' *South China Morning Post,* November 27, 2022.

339. Liu, Xuanzun, 'China ramps up J-20 stealth fighter production after domestic engine switch,' *Global Times,* December 12, 2021.

340. *Ibid.*

341. *Ibid.*

342. Tirpak, John A., 'China Likely Stepping Up Stealth Fighter Production,' *Air Force Magazine,* October 8, 2021.

343. 'Top designers announce J-20 production capacity, Y-20 domestic engines, new carrier-based fighter at Airshow China,' *Global Times,* September 29, 2021.

344. Liu, Xuanzun, 'Newly commissioned J-20 stealth fighters on combat alert,' *Global Times,* January 17, 2022.

345. 'China to speed up research into new strategic weapons for air force: J-20 chief designer,' *Global Times,* September 27, 2021.

346. Johnson, Reuben F, 'China's J-20 fifth-gen fighter moves into series production,' *Jane's*, October 26, 2017.

347. Liu, Xuanzun, 'China ramps up J-20 stealth fighter production after domestic engine switch,' *Global Times*, December 12, 2021.

348. Gertler, Jeremiah, Air Force F-22 Fighter Program, Congressional Research Service Report for Congress, July 11, 2013.
'Lockheed Martin Begins Assembly Of U.S. Air Force's First Operational F-22 Raptor,' *Lockheed Martin*, March 19, 2001.

349. 'U.S. Sources Estimate China Likely Already Fields Over 200 J-20 Stealth Fighters: Just How Many Are There?,' *Military Watch Magazine*, April 17, 2022.

350. Liu, Xuanzun, 'PLA to train pilots faster with new programs amid warplane production capacity boost,' *Global Times*, July 24, 2022.

351. Mitt Romney on Twitter, 'China matches US spending on military procurement, which is tremendously dangerous given that China doesn't believe in human rights or democracy. My #FY21NDAA amendment directs the @DeptOfDefense compare our spending with that of China and Russia to provide us with a lay of land,' July 20, 2020.
'Schieffer Series: A Conversation with Senator Mitt Romney on U.S.-China Relations and Great Power Competition,' *Centre for Strategic and International Studies,* July 22, 2020.

352. Gertler, Jeremiah, Air Force F-22 Fighter Program, Congressional Research Service Report for Congress, July 11, 2013.
Battle Stations, Season 1, Episode 39, F-22 Raptor.

353. Joe, Rick, 'China's J-20 Gets Another Upgrade,' *The Diplomat,* August 1, 2023.

354. Andreas Rupprecht on Twitter: 'The J-20 production rate ! I have to admit, although I've now accepted a much higher production rate of the J-20, this sounds almost too good to be true: "120 J-20 production per year. at least 500 j-20s by 2025" Both Shilao and Ayi have claimed J-20 production was in 3 digit.', July 18, 2023.

355. Liu, Xuanzun, 'China ramps up J-20 stealth fighter production after domestic engine switch,' *Global Times*, December 12, 2021.

356. 'Technical Challenges Delay Mass Production of F-35 Stealth Fighter Yet Again,' *Military Watch Magazine*, January 3, 2021.

'America's F-35 Stealth Fighter Delayed From Full Scale Production Again,' *Military Watch Magazine*, October 30, 2020.

'Full Scale F-35 Production Further Delayed: Fighter Suffers More Breakdowns Than Expected – Pentagon,' *Military Watch Magazine*, November 15, 2019.

357. Gertler, Jeremiah, Air Force F-22 Fighter Program, Congressional Research Service Report for Congress, July 11, 2013.

Battle Stations, Season 1, Episode 39, F-22 Raptor.

358. 「殲 -20，你不要飛得那麼快……」('J-20, Don't Fly So Fast……'), *Xinhua*, November 10, 2018.

359. Duhigg, Charles and Bradsher, Keith, 'How the U.S. Lost Out on iPhone Work,' *New York Times*, January 21, 2012.

360. 'Tim Cook Discusses Apple's Future in China,' *Fortune Magazine*, December 5, 2017.

Nicas, Jack, 'A Tiny Screw Shows Why iPhones Won't Be "Assembled in U.S.A.",' *New York Times*, January 28, 2019.

361. 'Tim Cook Discusses Apple's Future in China,' *Fortune Magazine*, December 5, 2017.

362. *Ibid.*

363. Duhig, Charles and Bradsher, Keith, 'How the U.S. Lost Out on iPhone Work,' *New York Times*, January 21, 2012.

364. Gould, Joe and Losey, Stephen, 'Amid hiring boom, defense firms say labor shortage is dragging them down,' *Defense News*, August 5, 2022.

Tirpak, John A., 'F-35 Production Challenged to Keep Up with Demand,' *Air and Space Forces*, July 3, 2023.

'US defence contractors squeezed by shortages of labour and parts,' *Financial Times*, July 26, 2022.

'Parts shortages dog US defence contractors as war depletes arsenals,' *Financial Times*, October 27, 2022.

365. Duhig, Charles and Bradsher, Keith, 'How the U.S. Lost Out on iPhone Work,' *New York Times*, January 21, 2012.

Goldman, David, 'Why Apple will never bring manufacturing jobs back to the U.S.,' *CNN,* October 17, 2012.

'Trump can't make Apple move jobs back to America,' *Business Insider,* January 4, 2017.

'How Much Would An iPhone Cost If Apple Were Forced To Make It In America?,' *Forbes*, January 17, 2018.

366. Duhigg, Charles and Bradsher, Keith, 'How the U.S. Lost Out on iPhone Work,' *New York Times,* January 21, 2012.

367. 'Ericsson, Nokia are more Chinese than meets the eye,' *Asia Times,* July 7, 2020.

368. Stewart, Phil and Stone, Mike, 'U.S. military comes to grips with over-reliance on Chinese imports,' *Reuters,* October 2, 2018.

369. Assessing and Strengthening the Manufacturing and Defense Industrial Base and Supply Chain Resiliency of the United States, Report to President Donald J. Trump by the Interagency Task Force in Fulfilment of Executive Order 13806, September 2018.

Davenport, Christian, 'White House report points to severe shortcomings in U.S. military supply chain,' *Washington Post,* October 4, 2018.

370. *Ibid.*

371. *Ibid.*

372. Tingley, Brett, 'U.S. "Not Prepared To Defend Or Compete" With China On AI According To Commission Report,' *The Drive,* March 2, 2021.

373. Peck, Michael, 'The U.S. Military's Greatest Weakness? China "Builds" a Huge Chunk of It,' *National Interest,* May 26, 2018.

374. Office of Technology Assessment, Congress of the United States, *After the Cold War: Living With Lower Defense Spending*, Washington DC, U.S. Government Printing Office, February 1992 (OTA-ITE-524, NTIS order #PB92-152537).

Corrin, Amber, 'The End of the Cold War: Military reshaped, redefined,' *Federal Times,* December 2, 2015.

Sandler, Todd and George, Justin, 'Military Expenditure Trends for 1960–2014 and What They Reveal,' *Global Policy,* vol. 7, issue 2, May 2016 (pp. 174-184).

Conetta, Carl and Knight, Charles, 'Post-Cold War US Military Expenditure in the Context of World Spending Trends,' Project on Defence Alternatives, Briefing Memo #10, January 1997.

Chernoff, Fred, 'Ending the Cold War: The Soviet Retreat and the US Military Buildup,' *International Affairs,* vol. 67, no. 1, January 1991 (pp. 111-126).

Bomwan, Tom, 'Reagan guided huge buildup in arms race,' *The Baltimore Sun,* June 8, 2004.

375. The Nixon Seminar on Conservative Realism and National Security, April 6, 2021.

376. 'Industrial Capabilities,' Office of Manufacturing and Industrial Base Policy, U.S. Department of Defense, Fiscal Year 2018.

Ibid, Fiscal Year 2019.

Ibid, Fiscal Year 2020.

Ibid, Fiscal Year 2021.

377. Stewart, Phil and Stone, Mike, 'U.S. military comes to grips with over-reliance on Chinese imports,' *Reuters,* October 2, 2018.

378. 'Industrial Capabilities,' Office of Manufacturing and Industrial Base Policy, U.S. Department of Defense, Fiscal Year 2018.

Ibid, Fiscal Year 2019.

Ibid, Fiscal Year 2020.

Ibid, Fiscal Year 2021.

379. *Ibid,* Fiscal Year 2018

380. Bennett, John T., 'Pentagon Acquisition Chief Says Space Industrial Base May Warrant Protection,' *Space News*, September 14, 2009.

381. Davenport, Christian, 'White House report points to severe shortcomings in U.S. military supply chain,' *Washington Post,* October 4, 2018.

382. 'Vital Signs 2021: The Health and Readiness of the Defense Industrial Base,' *National Defense Industrial Association* (https://content.ndia. org/-/media/vital-signs/2021/vital-signs_2021_digital.ashx).

'Vital Signs 2020: The Health and Readiness of the Defense Industrial Base,' *National Defense Industrial Association* (https://www.ndia.org/-/media/vital-signs/2020/vital-signs_screen_v3.ashx).

Tadjdeh, Yasmin, 'Erosion of U.S. Industrial Base Is Troubling,' *National Defence Magazine*, February 5, 2020.

383. Davenport, Christian, 'White House report points to severe shortcomings in U.S. military supply chain,' *Washington Post,* October 4, 2018.

384. Paszator, Andy, 'United Technologies Studies Sale of Rocket Assets,' *Wall Street Journal,* July 25, 2011.

385. 'Sukhoi, MiG merged with United Aircraft Corporation,' *TASS*, June 1, 2022.

    'Russia Reconsolidates Military Aerospace Arena,' *Net Resources International*, July 27, 2008.

    Kwiatkowski, Alex, 'Aviation industry locked in a tailspin,' *The Russia Journal*, February 7, 2003.

386. Carafano, James Jay, 'Obama, Gates are Gutting America's Defense Industry,' *Heritage,* September 1, 2019.

387. *Ibid.*

388. Webber, Michael, *Erosion of the Defense Industrial Support Base* in: McCormack, Richard, *Manufacturing A Better Future For America*, Washington DC, The Alliance for American Manufacturing, 2009 (pp. 245-280).

389. Whalen, Jeanne, 'To counter China, some Republicans are abandoning free-market orthodoxy,' *Washington Post,* August 26, 2020.

390. Weisgerber, Marcus, 'US May Need to Nationalize Military Aircraft Industry, USAF Says,' *Defense One,* July 14, 2020.

391. *Ibid.*

392. Harshaw, Tom, 'China Outspends the U.S. on Defense? Here's the Math,' *Bloomberg,* September 3, 2018.

393. Mitt Romney on Twitter, 'China matches US spending on military procurement, which is tremendously dangerous given that China doesn't believe in human rights or democracy. My #FY21NDAA amendment directs the @DeptOfDefense compare our spending with that of China and Russia to provide us with a lay of land,' July 20, 2020.

    'Schieffer Series: A Conversation with Senator Mitt Romney on U.S.-China Relations and Great Power Competition,' *Centre for Strategic and*

International Studies, July 22, 2020.

394. Allison, Graham, 'China Is Now the World's Largest Economy. We Shouldn't Be Shocked,' *National Interest,* October 15, 2020.

395. Allison, Graham, 'The Great Rivalry: China vs. the U.S. in the 21st Century,' *Belfer Centre for Science and International Affairs, Harvard Kennedy School,* December 7, 2021.

396. Gaida, Jamie et al., 'ASPI's Critical Technology Tracker: The global race for future power,' Australian Strategic Policy Institute, Policy Brief, Report No. 69, 2023.

397. 'Vital Signs 2020: The Health and Readiness of the Defense Industrial Base,' *National Defense Industrial Association*
Nebehay, Stephanie, '"Driving force" China accounts for nearly half global patent filings: U.N.,' *Reuters,* October 15, 2019.

398. 'The American AI Century: A Blueprint for Action: Transcript,' *Center for a New American Security*, January 17, 2020.

399. 'Putin: Leader in artificial intelligence will rule world,' *CNBC,* September 4, 2017.

400. Gibson, Liam, 'China develops AI to design hypersonic missiles,' *Taiwan News*, March 26, 2022.
Chen, Stephen, 'Chinese researchers turn to artificial intelligence to build futuristic weapons,' *South China Morning Post,* December 5, 2021.

401. Che, Stephen, 'In China, AI warship designer did nearly a year's work in a day,' *South China Morning Post,* March 10, 2023.

402. Trevithick, Joseph, 'Putin Says Whoever Has the Best Artificial Intelligence Will Rule the World,' *The Drive,* September 6, 2017.
Haga, Wes and Crosby, Courtney, 'AI's Power to Transform Command and Control,' *National Defense,* November 13, 2020.

403. Mizokami, Kyle, 'The Air Force's Secret New Fighter Jet Will Come With an R2-D2,' *Popular Mechanics,* December 23, 2020.

404. Liu, Xuanzun, 'Next gen fighter jet forthcoming in great power competition: J-20 chief designer,' *Global Times,* July 27, 2020.

405. Liu, Xuanzun, 'China's J-16 fighter jet is flawless and much superior to the Su-30: pilot,' *Global Times,* March 24, 2021.

'J-16 vs. J-10C: Chinese Pilot Reveals Which Elite Fighter is Superior,' *Military Watch Magazine,* March 26, 2021.

406. Gordon, Yefim, *Sukhoi Su-27,* Hinckley, Midland Publishing, 2007 (p. 248).

    Gordon, Yefim and Davidson, Peter, *Sukhoi Su-27 Flanker,* North Branch, Specialty Press Publishers, 2006 (p. 39).

407. Altman, Howard, 'Air Force's Next Generation Air Dominance 'Fighter' Program Enters New Stage,' *The Drive,* June 2, 2022.

408. Xuanzun, Liu, 'J-20 fighter could get directed-energy weapon, drone-control capability: experts,' *Global Times,* January 23, 2022.

409. Macias, Amanda, 'Elon Musk tells a room full of Air Force pilots: "The fighter jet era has passed",' *CNBC,* February 28, 2020.

410. Birkey, Douglas, 'Sorry, Elon, fighter pilots will fly and fight for a long time,' *Defense News,* March 2, 2020.

411. Allen, Gregory C., 'Understanding China's AI Strategy,' *Center for a New American Security,* February 6, 2019.

412. Trevithick, Joseph, 'AI Claims "Flawless Victory" Going Undefeated In Digital Dogfight With Human Fighter Pilot,' *The Drive,* August 20, 2020.

413. Newdick, Thomas, 'AI-Controlled F-16s Are Now Working As A Team In DARPA's Virtual Dogfights,' *The Drive,* March 22, 2021.

414. Liu, Xuanzun, 'PLA deploys AI in mock warplane battles, "trains both pilots and AIs",' *Global Times,* June 14, 2021.

    Trevithick, Joseph, 'Chinese Pilots Are Also Duelling With AI Opponents In Simulated Dogfights And Losing: Report,' *The Drive,* June 18, 2021.

415. Fullerton, Jamie and Farmer, Ben, 'China testing unmanned tank in latest foray into AI military technology,' *The Telegraph,* March 21, 2018.

    'How China is Using AI to Turn its Massive Type 59 Tank Divisions Into an Army of Lethal Combat Robots,' *Military Watch Magazine,* April 5, 2021.

    'China has developed first unmanned main battle tank MBT Type 59,' *Army Recognition,* March 19, 2018.

416. Trevithick, Joseph, 'Artificial Intelligence Takes Control Of A U-2 Spy

Plane's Sensors In Historic Flight Test,' *The Drive,* December 16, 2020.

417. Judson, Jen, 'US Army taps industry for autonomous drones to resupply troops,' *Defense News,* January 15, 2021.

418. Tingley, Brett, 'U.S. "Not Prepared To Defend Or Compete" With China On AI According To Commission Report,' *The Drive,* March 2, 2021.

419. Trevithick, Joseph, 'This Is the Tech Special Operators Want for Their Light Attack Planes,' *The Drive,* August 16, 2017.

420. Trevithick, Joseph, 'Artificial Intelligence Takes Control Of A U-2 Spy Plane's Sensors In Historic Flight Test,' *The Drive,* December 16, 2020.

421. Allen, Gregory C., 'Understanding China's AI Strategy,' *Center for a New American Security,* February 6, 2019.

422. Schmidt, Eric et al., Final Report, National Security Commission on Artificial Intelligence, March 2021 (https://www.nscai.gov/wp-content/uploads/2021/03/Full-Report-Digital-1.pdf).

423. Tingley, Brett, 'U.S. "Not Prepared To Defend Or Compete" With China On AI According To Commission Report,' *The Drive,* March 2, 2021.

424. Rogoway, Tyler, 'The Alarming Case of the USAF's Mysteriously Missing Unmanned Combat Air Vehicles,' *The Drive,* July 2, 2020.

425. Duke, J. Darren, 'Illiteracy, Not Morality, Is Holding Back Military Integration of Artificial Intelligence,' *National Interest,* February 15, 2021.

426. Defense Secretary Dr. Mark T. Esper speaks at the National Security Commission on Artificial Intelligence public conference, Liaison Washington Capitol Hill Hotel, Washington DC, November 5, 2019.

427. 'US has already lost AI fight to China, says ex-Pentagon software chief,' *Financial Times,* October 10, 2021.

428. 'A Conversation with General John Hyten, Vice Chairman of the Joint Chiefs of Staff,' *Center for Strategic and International Studies*, (YouTube Channel), January 17, 2020.

429. 'The American AI Century: A Blueprint for Action: Transcript,' *Center for a New American Security*, January 17, 2020.

430. 'Artificial Intelligence: How knowledge is created, transferred, and used: Trends in China, Europe, and the United States,' *Elsevier,* December

2018.

431. 'Who Is Winning the AI Race?,' *MIT Technology Review,* June 27, 2017.

432. 2021 AI Index Report, Stanford Institute for Human-Centered Artificial Intelligence, March 2021 (https://aiindex.stanford.edu/report/).

433. Shankland, Stephen and Keane, Sean, 'Trump creates American AI Initiative to boost research, train displaced workers,' *Cnet,* February 11, 2019.

434. Li, Daitian and Wang, Tony W. and Xiao, Yangao, 'Is China Emerging as the Global Leader in AI?,' *Harvard Business Review,* February 18, 2021.

435. Robles, Pablo, 'China plans to be a world leader in Artificial Intelligence by 2030,' *South China Morning Post,* October 1, 2018.
    Allen, Gregory C., 'Understanding China's AI Strategy,' *Center for a New American Security,* February 6, 2019.

436. 'China AI Development Report 2018,' China Institute for Science and Technology Policy, Tsinghua University, July 2018 (http://www.sppm. tsinghua.edu.cn/eWebEditor/UploadFile/China_AI_development_ report_2018.pdf).

437. Hao, Karen, 'Yes, China is probably outspending the US in AI—but not on defense,' *MIT Technology Review,* December 5, 2019.

438. Schmidt, Eric et al., Final Report, National Security Commission on Artificial Intelligence, March 2021 (https://www.nscai.gov/wp-content/ uploads/2021/03/Full-Report-Digital-1.pdf).

439. Vincent, James, 'China and the US are battling to become the world's first AI superpower,' *The Verge,* August 3, 2017.

440. Kia, On Wong Wilson, 'China's AI Strike Force on COVID-19,' *Asian Education and Development Studies* vol. 10, no. 2, 2021 (pp. 250-262).

441. *Ibid* (pp. 250-262).

442. Giles, Martin, 'The US and China are in a quantum arms race that will transform warfare,' *MIT Technology Review,* January 3, 2019.

443. Chen, Stephen, 'How China hopes to win the quantum technology race,' *South China Morning Post,* October 29, 2020.
    'Xi stresses advancing development of quantum science and technology,' *CGTN,* October 17, 2020.

'China to include quantum technology in its 14th Five-Year Plan,' *State Council of the People's Republic of China,* October 22, 2020.

Ho, Matt, 'Chinese scientists challenge Google's "quantum supremacy" claim with new algorithm,' *South China Morning Post*, March 16, 2021.

444. Kania, Elsa B. and Costello, John K., 'Quantum Hegemony: China's Ambitions and the Challenge to U.S. Innovation Leadership,' Centre for a New American Security, September 2018.

445. Kwon, Karen, 'China Reaches New Milestone in Space-Based Quantum Communications,' *Scientific American,* June 25, 2020.

Yin, J. et al., 'Entanglement-based secure quantum cryptography over 1,120 kilometres,' *Nature*, vol. 582, 2020 (pp. 501–505).

446. Yu, Dawei, 'In China, Quantum Communications Comes of Age,' *Caixin,* February 6, 2015.

447. Billings, Lee, 'China Shatters "Spooky Action at a Distance" Record, Preps for Quantum Internet,' *Scientific American*, June 15, 2017.

448. Kania, Elsa B. and Costello, John K., 'Quantum Hegemony: China's Ambitions and the Challenge to U.S. Innovation Leadership,' Centre for a New American Security, September 2018.

449. Šiljak, Harun, 'China's quantum satellite enables first totally secure long-range messages,' *Down to Earth,* June 18, 2020.

450. 'A Twenty-First-Century Sputnik Moment: China's Mozi Satellite,' *Nippon.com,* August 13, 2019.

Aron, Jacob, 'Why quantum satellites will make it harder for states to snoop,' *New Scientist,* August 24, 2016.

Šiljak, Harun, 'China's quantum satellite enables first totally secure long-range messages,' *Down to Earth,* June 18, 2020.

451. Kwon, Karen, 'China Reaches New Milestone in Space-Based Quantum Communications,' *Scientific American,* June 25, 2020.

Yin, J. et al., 'Entanglement-based secure quantum cryptography over 1,120 kilometres,' *Nature*, vol. 582, 2020 (pp. 501–505).

452. Chen, Stephen, 'China uses quantum satellite to protect world's largest power grid against attacks,' *South China Morning Post*, December 10, 2021.

453. 'China Builds the World's First Integrated Quantum Communication Network,' *Scitech Daily,* January 6, 2021.

Chen, Yu-Ao et al., 'An integrated space-to-ground quantum communication network over 4,600 kilometres,' *Nature,* vol. 589, January 2021 (pp. 214–219).

454. 'The quantum internet is already being built,' *Cosmos,* April 12, 2018.

455. Ananthaswamy, Anil, 'Quantum Astronomy Could Create Telescopes Hundreds of Kilometers Wide,' *Scientific American,* April 19, 2020.

Lucy, Michael, 'The quantum internet is already being built,' *Cosmos Magazine,* April 12, 2018.

'Quantum telescope could make giant mirrors obsolete,' *Physics World,* April 29, 2014.

456. Kania, Elsa and Costello, John, 'Quantum Leap (Part 2): The Strategic Implications of Quantum Technologies,' *China Brief, Jamestown Foundation,* vol. 16, issue 19, December 21, 2016.

457. Yu, Dawei, 'In China, Quantum Communications Comes of Age,' *Caixin,* February 6, 2015.

An, Weiping, 「量子通信引發軍事領域變革」 ('Quantum Communicat ions Sparks Off Transformation in the Military Domain), *PLA Daily,* September 27, 2016.

458. *PLA Daily,* September 27, 2014.

459. Ball, Philip, 'Physicists in China challenge Google's "quantum advantage",' *Nature,* December 3, 2020.

460. Sparkes, Matthew, 'China beats Google to claim the world's most powerful quantum computer,' *New Scientist,* July 5, 2021.

Chik, Holly, 'Chinese quantum computer "sets record" in processing test,' *South China Morning Post,* July 13, 2021.

461. 'Chinese scientists develop new quantum computer with 113 detected photons,' *China Daily,* October 26, 2021.

'China launches world's fastest programmable quantum computers,' *South China Morning Post,* October 26, 2021.

462. Ball, Philip, 'Physicists in China challenge Google's "quantum advantage",' *Nature,* December 3, 2020.

Garisto, Daniel, 'Light-Based Quantum Computer Exceeds Fastest Classical Supercomputers,' *Scientific American,* December 3, 2020.

Garisto, Daniel, 'Quantum Computer Made from Photons Achieves a New Record,' *Scientific American,* November 6, 2019.

463. Chen, Stephen, 'How China hopes to win the quantum technology race,' *South China Morning Post,* October 29, 2020.

464. Berendsen, René G., *The Weaponization of Quantum Mechanics: Quantum Technology in Future Warfare*, U.S. Army Command and General Staff College Fort Leavenworth, KS, School of Advanced Military Studies, 2019.

465. Chen, Stephen, 'Chinese team says quantum physics project moves radar closer to detecting stealth aircraft,' *South China Morning Post,* September 3, 2021.

466. Lin, Jeffrey and Singer, P. W., 'China's latest quantum radar could help detect stealth planes, missiles,' *Popular Science,* July 11, 2018.

Huang, Kristin, 'The Chinese advanced radars taking on stealth aircraft,' *South China Morning Post,* April 23, 2021.

Simonite, Tom, 'China Stakes Its Claim to Quantum Supremacy,' *Wired,* December 3, 2020.

Kania, Elsa B. and Armitage, Stephen, 'Disruption Under the Radar: Chinese Advances in Quantum Sensing,' *Jamestown Foundation*, August 17, 2017.

467. Chen, Stephen, 'Chinese smart satellite tracks US aircraft carrier in real time, researchers say,' *South China Morning Post*, May 10, 2022.

Honrada, Gabriel, 'China's AI makes its satellites spies in the sky,' *Asia Times,* April 11, 2022.

Chen, Stephen, 'Chinese AI turns commercial satellite into a spy tracker able to follow small objects with precision: paper,' *South China Morning Post*, April 7, 2022.

468. Roblin, Sebastien, 'China's Quantum Radars Could Make Detecting U.S. Submarines a Breeze,' *National Interest,* February 3, 2021.

'No More Stealth: China's Quantum Radar Could Reveal All Submarines,' *National Interest,* July 9, 2020.

469. Zhen, Liu, 'China's latest quantum radar won't just track stealth bombers, but ballistic missiles in space too,' *South China Morning Post,* June 15, 2018.

470. Kania, Elsa and Costello, John, 'Quantum Leap (Part 2): The Strategic Implications of Quantum Technologies,' *China Brief, Jamestown Foundation*, vol. 16, issue 19, December 21, 2016.

471. Gordon, Yefim and Davidson, Peter, *Sukhoi Su-27 Flanker*, North Branch, Specialty Press, 2006 (pp. 41, 64).

472. 'Aerospace Nation: Gen Kenneth S. Wilsbach,' *Mitchell Institute for Aerospace Studies* (YouTube Channel), March 15, 2022.

473. Tirpak, John A., 'Divestitures and Purchases: USAF's 2023 Aircraft Plans,' *Air Force Magazine*, April 29, 2022.

474. Fisher Jr, Richard D., China's Global Military Power Projection Challenge to the United States, Testimony Before the House Permanent Select Committee on Intelligence, United States House of Representatives, May 17, 2018.

475. Andreas Rupprecht on Twitter: 'The J-20 production rate ! I have to admit, although I've now accepted a much higher production rate of the J-20, this sounds almost too good to be true: "120 J-20 production per year. at least 500 j-20s by 2025" Both Shilao and Ayi have claimed J-20 production was in 3 digit.', July 18, 2023.

476. *Ibid.*

477. Gertler, Jeremiah, Air Force F-22 Fighter Program, Congressional Research Service Report for Congress, July 11, 2013.

478. Losey, Stephen, 'F-35 delivery delays to cost Lockheed hundreds of millions in 2023,' *Defense News*, July 20, 2023.

479. Liu, Xuanzun, 'Chinese engine-equipped J-20 fighter proves plateau ability,' *Global Times*, January 19, 2022.

480. Liu, Xuanzun, 'Innovation of twin-seat J-20 stealth fighter to lead world, military experts say after reported maiden flight,' *Global Times*, November 7, 2021.

481. *Ibid.*

Tate, Andrew, 'China may be developing first two-seat stealth combat aircraft,' *Jane's*, January 18, 2019.

'J-16 vs. J-10C: Chinese Pilot Reveals Which Elite Fighter is Superior,' *Military Watch Magazine,* March 26, 2021.

482. *Ordinance Industry Science Technology*, August 2022.

483. Chan, Minnie, 'China's stealth fighter goes into mass production after thrust upgrade,' *South China Morning Post*, July 12, 2020.

484. 'J-20 stealth fighter's capabilities to be enhanced,' *China Daily*, March 13, 2018.

485. *Ibid.*

486. Grier, Peter, 'A Quarter Century of AWACS,' *Air Force Magazine*, March 1, 2002.

Veronico, Nic and Dunn, Jim, *21st Century U.S. Air Power*, Grand Rapids, MI, Zenith Imprint, 2004 (p. 83).

LaFayette, Ken, 'The E-3 Sentry Airborne Warning and Control System,' *Warfare History Network.*

487. Gordon, Yefim, *Sukhoi Su-27*, Hinckley, Midland Publishing, 2007 (p. 182).

488. Gordon, Yefim and Komissarov, Dmitriy, *Mikoyan MiG-31: Interceptor*, Barnsley, Pen and Sword, 2015 (pp. 124-126).

Halloran, Richard, 'Iran Set to Use F-14s to Spot Targets,' *New York Times*, June 7, 1984.

489. Rogoway, Tyler, 'Israel Is Treating America's Throwaway F-15D Eagles As New Found Treasure,' *The Drive*, December 20, 2017.

490. Xuanzun, Liu, 'J-20 fighter could get directed-energy weapon, drone-control capability: experts,' *Global Times*, January 23, 2022.

491. Trevithick, Joseph, 'Boeing Unveils New Two-Stage Long-Range Air-To-Air Missile Concept,' *The Drive*, September 21, 2021.

Trevithick, Joseph, 'Boeing's Modular Air-To-Air Missile Concept Gets Air Force Funding,' *The Drive*, September 30, 2022.

492. Heath, Timothy R. and Gunness, Kristen and Cooper III, Cortez A., 'The PLA and China's Rejuvenation: National Security and Military Strategies, Deterrence Concepts, and Combat Capabilities,' Santa Monica, RAND, 2016 (pp. 38-39).

493. Chan, DM, 'Stealth wars: China's J-20 vs USAF's F-35,' *Asia Times*, July 30, 2019.

494. *China Military Power: Modernising a Force to Fight and Win*, Washington DC, Defence Intelligence Agency, 2019 (p. 85).

495. Roblin, Sebastien, 'Meet The FB-22 Stealth Bomber: It Would Have Been Russia's Worst Nightmare,' *1945*, March 29, 2022.

496. *Ibid.*

497. Tirpak, John, 'Long Arm of the Air Force,' *Air Force Magazine*, October 2002.
Cortes, Lorenzo, 'Roche Looking to Next Year for Near-Term Proposals on Strike Concepts,' *Defense Daily,* March 18, 2004.
Vago Muradian, 'F-22 May be Modified as Speedy New Medium Bomber to Strike Moving Targets,' *Defense Daily International,* January 18, 2002.

498. Cortes, Lorenzo, 'Air Force Issues Clarification on FB-22, FY'11 Delivery Date Possible,' *Defense Daily,* March 10, 2003.

499. Sweetman, Bill, 'Smarter Bomber,' *Popular Science,* June 25, 2002.

500. Gordon, Yefim and Davidson, Peter, *Sukhoi Su-27 Flanker*, North Branch, Specialty Press, 2006 (pp. 75, 76, 80, 81).
'Meet the Su-34, Russia's Supersonic Strike Aircraft NATO Fears,' *National Interest,* June 4, 2018.
Cy-34 (Su-34), *Sukhoi Official Website* (https://www.sukhoi.org/products/samolety/254/).

501. Huang, Kristin, 'Why two heads would be better than one for China's "Mighty Dragon" fighter jet,' *South China Morning Post,* April 27, 2021.

502. Xuanzun, Liu, 'J-20 fighter could get directed-energy weapon, drone-control capability: experts,' *Global Times*, January 23, 2022.

503. Chan, Minnie, 'Drones to become "loyal wingmen" for China's advanced J-20 stealth fighter jets, state media reports,' *South China Morning Post*, October 20, 2022.

504. Chan, Minnie, 'China's J-20 stealth fighter joins the People's Liberation Army air force,' *South China Morning Post*, March 10, 2017.

505. Military and Security Developments Involving the People's Republic of

China 2020, Annual Report to Congress, United States Department of Defence (p. 51).

Military and Security Developments Involving the People's Republic of China 2021, Annual Report to Congress, United States Department of Defence (p. 56).

506. Rogoway, Tyler, 'China's J-20 Stealth Fighter Stuns By Brandishing Full Load Of Missiles At Zhuhai Air Show,' *The Drive*, November 11, 2018.

507. Cone, Allen, 'Lockheed's Sidekick adds increased firepower to F-35 fighters,' *Lockheed Martin*, May 3, 2019.

508. Military and Security Developments Involving the People's Republic of China 2021, Annual Report to Congress, United States Department of Defence (p. 144).

509. Liu, Xuanzun, 'Military developing airborne laser attack pod, says report,' *Global Times*, January 7, 2020.

510. Xuanzun, Liu, 'J-20 fighter could get directed-energy weapon, drone-control capability: experts,' *Global Times*, January 23, 2022.

511. Liu, Xuanzun, 'J-20 fighter pilot calls for improved military communications network development,' *Global Times*, March 9, 2023.

512. 'Mitchell Institute's Deptula on China's J-20 Stealth Fighter,' *Defense and Aerospace Report* (YouTube Channel), November 11, 2016.

513. Liu, Xuanzun, 'J-20 fighter pilot calls for improved military communications network development,' *Global Times*, March 9, 2023.

514. Liu, Xuanzun, 'Test pilot sees China's J-20 to get 2D thrust vectoring nozzles,' *Global Times*, April 19, 2021.

515. *Ibid.*

516. 开了眼了 on Twitter: 'Let's enjoy it together. (with video attachme nt),' August 27, 2022 (https://twitter.com/RupprechtDeino/status/1563407148260151297).

517. 乐子壬 1 号机 on Twitter: 'WS-15? (with video attachment),' September 20, 2022 (https://mobile.twitter.com/kt396/status/1572175436783976450?fbclid=IwAR2dJMySeZzzNSLJVFaKZPaHGlu7fhEN3077AemtHmXPn_PzeuGBiITIxHw&fs=e&s=cl).

518. 「在見到 J-20 之前我沒想過一架飛機還能這樣飛」('before seeing

the J-20 I never conceived that an aircraft could fly like this'), 大卫坑 (Billibilli Account), November 14, 2022.

519. Koryakin, Oleg, 'Первый и последний: чем был уникален истребитель Су-37' ('First and last: what made the Su-37 fighter unique'), *Rossiyskaya Gazeta,* April 2, 2020.

520. Chen, Stephen, 'Chinese scientists hail "incredible" stealth breakthrough that may blind military radar systems,' *South China Morning Post*, July 19, 2019.

521. *Ibid.*

522. Chen, Stephen, 'Chinese scientists create a "plasma shower" to improve stealth bomber performance,' *South China Morning Post*, August 26, 2022.

523. Gordon, Yefim, *Sukhoi S-37 and Mikoyan MFI: Russian Fifth-Generation Fighter Technology Demonstrators*, Hinckley, Midland Publishing, 2001 (pp. 21-22).

524. 'Here's How A-12 Oxcart Created Plasma Stealth By Burning Cesium-Laced Fuel,' *Fighter Jets World*, March 10, 2021.

525. 'Vladimir Putin said Tsirkon hypersonic missile to be deployed in January,' *Navy Recognition*, December 22, 2022.

526. Freedberg Jr., Sydney J., 'F-35 Ready For Missile Defense By 2025: MDA Chief,' *Breaking Defense,* April 11, 2018.

527. LaGrone, Sam, 'Video: Successful F-35, SM-6 Live Fire Test Points to Expansion in Networked Naval Warfare,' *United States Naval Institute*, September 13, 2016.
Abbott, Rich, 'New Demonstration Shows F-35's Data Sharing Capability,' *Aviation Today*, August 8, 2019.

528. Osborn, Kris, 'The F-35 Strengthens Its Role in Missile Defense,' *National Interest,* November 30, 2021.

529. Rogoway, Tyler, 'The Airborne Laser May Rise Again But It Will Look Very Different,' *Jalopnik*, August 18, 2015.

530. Chen, Stephen, 'China's heat-seeking radar with 300km range boosts anti-stealth tech, say defence scientists,' *South China Morning Post*, August 23, 2022.

531. Mizokami, Kyle, 'China Is Already Planning Its Next-Generation Fighter Jet,' *Popular Mechanics,* March 15, 2018.

532. Tirpak, John A., 'Kelly Worries F-35 Flying Costs Won't Hit Target, and That China May Get NGAD First,' *Air Force Magazine*, February 26, 2021.

533. Insinna, Valierie, 'China "on track" for 6th-gen fighter, US Air Force needs to get there first: ACC chief,' *Breaking Defense*, September 26, 2022.

534. Kadidal, Akhil, 'China shows concept of tailless future fighter jet,' *Jane*'s, February 7, 2023.
'Will China Develop a Sixth Generation Tailless Derivative of its J-20 Stealth Fighter? New Images Give Hints,' *Military Watch Magazine*, February 9, 2023.

535. Liu, Xuanzun, 'Next gen fighter jet forthcoming in great power competition: J-20 chief designer,' *Global Times*, July 27, 2020.

536. Tirpak, John A., 'Saving Air Superiority,' *Air and Space Forces*, February 27, 2017.
'Air Force Next-Generation Air Dominance Program,' *Congressional Research Service*, June 23, 2022.

537. Losey, Stephen, 'T-7 Red Hawk trainer makes its debut,' *Defense News*, April 30, 2022.

538. Cohen, Rachel S., 'Air Force Introduces e-Planes for the Digital Era,' *Air Force Magazine*, September 14, 2020.

539. Tirpak, John A., 'How Boeing Won the T-X,' *Air Force Magazine*, July 1, 2019.

540. Tirpak, John A., 'Roper's NGAD Bombshell,' *Air Force Magazine*, October 1, 2020.

541. Tirpak, John A., 'Kendall: Digital Engineering Was "Over-Hyped," But Can Save 20 Percent on Time and Cost,' *Air and Space Forces*, May 23, 2023.

542. Marrow, Michael, 'Over two years late: Air Force now expects first T-7As in 2025, IOC in 2027,' *Breaking Defense,* April 21, 2023.
'Advanced Pilot Trainer: Program Success Hinges on Better Managing

Its Schedule and Providing Oversight,' *Government Accountability Office*, May 18, 2023.

543. '楊偉代表：殲 20 將進行系列化發展 不斷提升作戰能力,' 人民網, March 20, 2018.

544. 'Top designers announce J-20 production capacity, Y-20 domestic engines, new carrier-based fighter at Airshow China,' *Global Times*, September 29, 2021.

545. 「3D 列印助軍事變革：研製新戰機從 20 年縮短到 3 年」 ('3D printing helps military revolution: the development of new fighters is shortened from 20 years to 3 years'), *China Aviation News*, January 29, 2015.

546. *Ibid.*

547. 'Large titanium wing spar made by Additive Manufacturing,' *Powder Metallurgy Review*, December 2, 2013.

548. 'J-20 stealth fighter's capabilities to be enhanced,' *China Daily*, March 13, 2018.

549. 'Russia may upgrade advanced Su-57 aircraft to 6th-generation fighter jet,' *TASS*, November 1, 2017.
'Russia's Su-57 plane tests onboard systems for 6th-generation fighter jet — source,' *TASS*, July 16, 2018.
'Russian Fifth-Gen Stealth Fighter to Get Artificial Intelligence,' *Sputnik News*, August 25, 2018.
'Russia testing remotely piloted mode in Su-57 fifth-generation fighter's trials,' *TASS*, August 24, 2020.
'How Russia's Upcoming "EMP Gun" Directed Energy Weapon Could Improve Its Su-57 Fighters and MiG-41 Interceptors,' *Military Watch Magazine*, March 1, 2021.

550. Rogoway, Tyler, 'F-22 Being Used To Test Next Generation Air Dominance "Fighter" Tech,' *The Drive*, April 26, 2022.
Larson, Caleb, 'Technological Testbed: Next Generation Stealth Fighter Tech to Be Trialed in the F-22,' *National Interest*, April 25, 2022.

551. Suciu, Peter, 'NGAD 6th Generation Stealth Fighter: Completely Unaffordable?,' *1945*, May 2, 2022.

552. Grazier, Dan, 'Deceptive Pentagon Math Tries to Obscure $100 Million+ Price Tag for F-35s,' *Project on Government Oversight,* November 1, 2019.

Thomson, Laura, 'The ten most expensive military aircraft ever built,' *Air Force Technology,* May 30, 2019.

Liu, Zhen, 'J-20 vs F-22: how China's Chengdu J-20 "Powerful Dragon" compares with US' Lockheed Martin F-22 Raptor,' *South China Morning Post,* July 28, 2018.

553. Eckstein, Megan, 'F-35 Program Facing Delays in Full-Rate Production, As DoD Struggles to Integrate Into Simulators,' *United States Naval Institute News*, October 18, 2019.

Newdick, Thomas, 'It's Official: Pentagon Puts F-35 Full-Rate Production Decision On Hold,' *The Drive*, December 31, 2020.

554. Newdick, Thomas, 'China Acquiring New Weapons Five Times Faster Than U.S. Warns Top Official,' *The Drive*, July 6, 2022.

555. '170920_Hyten Speaks at AFA Conference,' *stratcompa* (Youtube Channel), September 21, 2017.

556. World Intellectual Property Indicators 2018, Geneva, World Intellectual Property Organization, 2018.

World Intellectual Property Indicators 2023, Geneva, World Intellectual Property Organization, 2023.

557. Charpentreau, Clement, 'No FCAS before 2050, says Dassault CEO,' *Aerotime*, June 9, 2022.

558. Cirincione, Joseph, *Repairing the Regime: Preventing the Spread of Weapons of Mass Destruction*, London, Routledge, 2000 (p. 192).

Khripunov, Igor, 'Russia's Weapons Trade: Domestic Competition and Foreign Markets,' *Problems of Post-Communism,* vol. 46, no. 2, March/April 1999 (p. 41).

559. 'Is the U.S. Training to Fight Algeria? Major Drills Simulate Attack on North African S-400 Air Defences,' *Military Watch Magazine,* June 18, 2021.

560. 'Why India needs to fast track the PAK-FA,' *Russia Beyond*, June 10, 2018.

561. 'Stealth Fighter or Bomber?,' *The Diplomat*, July 26, 2011.

562. Liu, Xuanzun, 'J-20 fighter jets highlight China-Russia joint strategic drills opening,' *Global Times,* August 9, 2021.

563. 'Stealth Fight: Why We Could Soon See China's J-20 and Russia's Su-57 in Mock Air Battles,' *Military Watch Magazine*, January 30, 2022.

564. Trevithick, Joseph and Rogoway, Tyler, 'F-22 And F-35 Datalinks Finally Talk Freely With Each Other Thanks To A U-2 Flying Translator,' *The Drive*, April 30, 2021.

Insinna, Valerie, 'Here's why the Valkyrie drone couldn't translate between F-35 and F-22 jets during a recent test,' *C4ISRN*, December 19, 2020.

Tirpak, John A., 'Skyborg Drone Translates Between F-35 and F-22 in Test,' *Air Force Magazine,* December 16, 2020.

565. Harper, Jon, 'Kendall: Air Force's next-gen fighter will be "better than anything" China can produce,' *Defense Scoop*, September 29, 2022.

566. 'Department of Defense Press Briefing by Secretary James and Gen. Goldfein on the State of the Air Force in the Pentagon Briefing Room,' *Department of Defense Official Website*, August 10, 2016.

567. Liu, Zhen, 'China military's landmark J-20 stealth fighter started a decade of modernisation,' *South China Morning Post,* January 31, 2021.

568. International Institute for Strategic Studies, *The Military Balance*, Volume 120, 2020 (p. 236).

Rogoway, Tyler, 'China's Type 055 Super Destroyer Is A Reality Check For The US And Its Allies,' *The Drive,* June 28, 2017.

569. 'Aerospace Nation: Gen Kenneth S. Wilsbach,' *Mitchell Institute for Aerospace Studies* (YouTube Channel), March 15, 2022.

570. *Ibid.*

571. Liu, Xuanzun, 'China's J-20 stealth fighter jets drive away foreign aircraft in combat patrols over East China Sea,' *Global Times*, October 13, 2022.

572. Grier, Peter, 'A Quarter Century of AWACS,' *Air Force Magazine*, March 1, 2002.

Veronico, Nic and Dunn, Jim, *21st Century U.S. Air Power*, Grand

Rapids, Zenith Imprint, 2004 (p. 83).

LaFayette, Ken, 'The E-3 Sentry Airborne Warning and Control System,' *Warfare History Network.*

573. Li, Junsheng and Chen, Bo and Hou, Na, *Cooperation for a Peaceful and Sustainable World: Part 2*, Bingley, Emerald, 2013 (pp. 18-19).

574. Yeo, Mike, 'China ramps up production of new airborne early warning aircraft,' *Defense News*, February 5, 2018.

575. 'Aerospace Nation: Gen Kenneth S. Wilsbach,' *Mitchell Institute for Aerospace Studies* (YouTube Channel), March 15, 2022.

Tirpak, John A., 'USAF Selects Boeing's E-7A Wedgetail as Successor to AWACS,' *Air & Space Forces*, February 28, 2023.

576. International Institute for Strategic Studies, *The Military Balance*, Volume 122, 2022 (Chapter Three: North America; Chapter Six: Asia).

577. Rupprecht, Andreas, 'Images confirm Y-20U aerial tanker is in PLAAF service,' *Jane's*, November 30, 2021.

578. Douhet, Giulio, *The Command of the Air,* Maxwell AFB, Air University Press, 2019 (p. 22).

579. Slessor, John C., *Air Power and Armies (1936),* Tuscaloosa, The University of Alabama, 2009 (p. 11).

580. 'Air Force reveals J-20 combat formation,' *People's Daily*, January 21, 2020.

581. Liu, Xuanzun, 'China's J-16D electronic warfare aircraft starts combat training, "to team up with J-20 stealth fighter",' *Global Times*, November 6, 2021.

582. 'PLA retrofits old bombers as electronic warfare aircraft,' *Asia Times*, January 22, 2018.

583. 'China Modifies H-6G Bomber into Electronic Warfare Aircraft,' *Defense Mirror*, January 22, 2018.

584. Erickson, Andrew S. and Lu, Hanlu and Bryan, Kathryn and Septembre, Samuel, 'Research, Development, and Acquisition in China's Aviation Industry: The J-10 Fighter and Pterodactyl UAV,' *Study of Innovation and Technology in China: University of California Institute of Global Conflict and Cooperation*, no. 8, 2014.

585. Military and Security Developments Involving the People's Republic of China 2020, Annual Report to Congress, United States Department of Defence (p. 76).

586. Liu, Xuanzun, 'JF-17 fighter jet gets J-20's combat missile: reports,' *Global Times,* April 29, 2021.

587. 'China decided to compare Su-35 and J-10C fighters in training aerial combat,' *Top War*, June 16, 2020.

588. 'J-10C beats J-16 and Su-35, winning the most "Golden Helmets",' *China-Arms*, December 15, 2021.

589. 'China's J-16 Fighters Entering Service in Larger Numbers: Form Lethal Triad Alongside New J-10C and Stealthy J-20,' *Military Watch Magazine,* August 19, 2018.

590. Interview with Justin Bronk: 'Why the US Military Worries About Chinese Air Power,' *Military Aviation History*, September 9, 2021.

591. Stillion, John and Perdue, Scott, 'Air Combat Past, Present and Future,' Project Air Force briefing, August 2008, Unclassified/FOUO/Sensitive, Slide 29.

Watts, Barry, 'The F-22 Program in Retrospect,' Center for Strategic and Budgetary Assessments, August 2009.

592. 'Does China's J-20 Rival Other Stealth Fighters,' *Centre for Strategic and International Studies* (https://chinapower.csis.org/china-chengdu-j-20/).

593. 'Double Vision: Making Sense of China's Second "Stealth" Fighter Prototype,' *Wall Street Journal*, September 18, 2022.

594. Cenciotti, David, 'China's New Carrier-Based Stealth Fighter Makes First Flight,' *The Aviationist*, October 29, 2021.

595. 'Aerospace Nation: Gen Kenneth S. Wilsbach,' *Mitchell Institute for Aerospace Studies* (YouTube Channel), March 15, 2022.

596. Military and Security Developments Involving the People's Republic of China 2020, Annual Report to Congress, United States Department of Defence, 2020 (p. 75).

597. Mehta, Aaron, 'Boeing Positions F-15 as F-22 Supplement,' *Breaking Defense*, September 15, 2015.

598. Cenciotti, David, '"If we don't keep F-22 Raptor viable, the F-35 fleet will be irrelevant" Air Combat Command says,' *The Aviationist*, February 4, 2014.

599. 'China's stealth jet may be ready this year, US commander says,' *Straits Times*, May 2, 2018.

600. Johnson, Reuben F., 'Myths Of The Raptor,' *CBS News*, June 28, 2009.

601. Grazier, Dan, '108 U.S. F-35s Won't Be Combat-Capable,' *National Interest*, October 16, 2017.

Trevithick, Joseph, 'USMC's Older F-35Bs May Only Be Able To Fly Around A Quarter Of Their Expected Service Life (Updated),' *The Drive*, February 1, 2019.

602. Chan, Minnie, 'Is China ready for aircraft carrier No 4? Talk swirls over stealth fighter jets at PLA naval base,' *South China Morning Post*, May 1, 2022.

603. Rizzo, Jennifer and Keyes, Charley, 'Is China closer than thought to matching U.S. fighter jet prowess?,' *CNN*, January 6, 2011.

604. Cordesman, Anthony H. and Colley, Steve and Wang, Michael, *Chinese Strategy and Military Modernization in 2015: A Comparative Analysis*, Washington DC, Centre for Strategic and International Studies, 2015 (p. 285).

605. 2014 Report to Congress of the U.S.-China Economic and Security Review Commission, One Hundred Thirteenth Congress, Second Session, November 2014 (p. 311).

606. Dutton, Peter and Erickson Andrew S. and Martinson, Ryan, *China's Near Seas Combat Capabilities,* Newport, Naval War College, China Maritime Studies Institute, 2014.

607. Lendon, Brad, 'China's new J-20 stealth fighter screams on to scene,' *CNN*, November 1, 2016.

608. Snow, Shawn, 'Don't expect the Corps' new Chinese J-20 stealth fighter to be dogfighting with Marine jets,' *Marine Corps Times*, December 21, 2018.

609. Demerly, Tom, 'USAF Confirms: The Chinese J-20 Spotted In Georgia Is a Mock-Up Used For Training by the U.S. Marine Corps,' *The*

Aviationist, December 9, 2018.

610. Audit of Training Ranges Supporting Aviation Units in the U.S. Indo-Pacific Command, Department of Defense, Office of the Inspector General, April 17, 2019.

611. 'American Pilots Training to Hunt Stealth Fighters; F-35s to Mimic J-20 and Su-57 In New Aggressor Squadron,' *Military Watch Magazine*, May 15, 2019.

612. Hunter, Jamie, 'F-35 Stealth Fighters Are Revolutionizing The USAF's Aggressor Force,' *The Drive*, August 12, 2022.

613. Hollings, Alex, 'Stealth Death Match: China's J-20 Vs. F-22 Raptor (Who Wins?),' *1945*, April 24, 2022.

614. Vanover, Christie, 'Nellis AFB aggressors, F-35 pilots "punish" blue air to develop unstoppable force,' *United States Air Force Official Website*, August 4, 2021.
Newdick, Thomas, 'F-35s Have Flown Their First "Red Air" Missions As Dedicated Stealth Aggressor,' *The Drive*, August 4, 2021.

615. Pickrell, Ryan, 'A US F-22 Raptor pilot describes the challenge of going up against F-35 red air aggressors,' *Business Insider*, August 30, 2021.

616. Trevithick, Joseph, 'Stealthy Target Drones Sought As QF-16 Program Winds Down,' *The Drive*, August 23, 2022.

617. Tirpak, John A., 'New Study: USAF Needs Big Cash Infusion to Overcome Aging Fighter Fleet,' *Air & Space Forces Magazine*, June 29, 2023.
Guastella, Joseph and Birkey, Douglas and Gunzinger, Eric and Poling, Aidan, 'Accelerating 5th Generation Airpower: Bringing Capability and Capacity to the Merge,' *Mitchell Institute*, vol. 43, June 29, 2023.

618. Tirpak, John A., 'New Study: USAF Needs Big Cash Infusion to Overcome Aging Fighter Fleet,' *Air & Space Forces Magazine*, June 29, 2023.
Guastella, Joseph and Birkey, Douglas and Gunzinger, Eric and Poling, Aidan, 'Accelerating 5th Generation Airpower: Bringing Capability and Capacity to the Merge,' *Mitchell Institute*, vol. 43, June 29, 2023.

619. 'Only 30% of American F-35s Are Fully Mission Capable: Program

Chief Slams "Unacceptable" Fleet Performance,' *Military Watch Magazine*, April 3, 2023.

Abrams, A. B., 'South Korean Defense Sources Express Concerns About Unreliable F-35 Fighters,' *The Diplomat*, October 7, 2022.

Freedberg Jr., Sydney J., 'F-35 readiness and flight hours fell in 2022, says CBO,' *Breaking Defense*, February 13, 2023.

620. Tirpak, John A., 'New Study: USAF Needs Big Cash Infusion to Overcome Aging Fighter Fleet,' *Air & Space Forces Magazine*, June 29, 2023.

Guastella, Joseph and Birkey, Douglas and Gunzinger, Eric and Poling, Aidan, 'Accelerating 5th Generation Airpower: Bringing Capability and Capacity to the Merge,' *Mitchell Institute*, vol. 43, June 29, 2023.

621. Altman, Howard, 'Air Force's Next Generation Air Dominance "Fighter" Program Enters New Stage,' *The Drive*, June 2, 2022.

622. LaGrone, Sam, 'CNO Greenert: Navy's Next Fighter Might Not Need Stealth, High Speed,' *United States Naval Institute*, February 4, 2015.

623. Tirpak, John A., 'Raptor 01,' *Air Force Magazine*, July 1997 (p. 48).

624. Davies, Steve and Dildy, Doug, *F-15 Eagle Engaged, The World's Most Successful Jet Fighter*, Oxford, Osprey, 2007 (p. 12).

Rininger, Tyson V., *F-15 Eagle At War*, Minneapolis, Zenith Press, 2009 (p. 16).

Jenkins, Dennis R., *McDonnell Douglas F-15 Eagle: Supreme Heavy-Weight Fighter*, Leicester, Midland Publishing, 1998 (pp. 7-8).

Gordon, Yefim, *Mikoyan MiG-25 Foxbat: Guardian of the Soviet Borders*, Hersham, Ian Allen Publishing, 2007 (pp. 98-101).

625. Davies, Peter E. and Thornborough, Tony, *McDonell Douglas F-15 Eagle*, Ramsbury, Crowood Press, 2001 (p. 8).

626. 'U.S. Congress Could Restrict Funding for Ambitious Sixth Generation Fighter Programs,' *Military Watch Magazine*, June 25, 2020.

627. Shelbourne, Mallory, 'Navy Questions Future Viability of Super Hornets; Recommends Against New Buy,' *United States Naval Institute News*, August 3, 2021.

628. Rogoway, Tyler, 'The Air Force's Secret Next Gen Air Dominance

Demonstrator Isn't What You Think It Is,' *The Drive*, September 21, 2020.

629. Trevithick, Joseph, 'Air Force Generals Aren't "Losing Sleep" Over China's J-20 Stealth Fighter,' *The Drive*, September 23, 2022.

630. Tirpak, John A., 'Piecing Together the NGAD Puzzle,' *Air and Space Forces*, April 29, 2022.

631. Trevithick, Joseph, 'Air Force Generals Aren't "Losing Sleep" Over China's J-20 Stealth Fighter,' *The Drive*, September 23, 2022.

632. 'NGAD: USAF's sixth generation fighter is on schedule, acquisition official says,' *Aerospace Manufacturing*, October 11, 2021.

633. Tirpak, John A., 'Kelly Worries F-35 Flying Costs Won't Hit Target, and That China May Get NGAD First,' *Air Force Magazine*, February 26, 2021.

634. 'NGAD: USAF's sixth generation fighter is on schedule, acquisition official says,' *Aerospace Manufacturing*, October 11, 2021.

635. Altman, Howard, 'Air Force's Next Generation Air Dominance "Fighter" Program Enters New Stage,' *The Drive*, June 2, 2022.

636. Dubois, Gaston, 'Northrop Grumman drops out of USAF sixth-generation fighter competition,' *Aviacionline*, July 27, 2023.

637. Altman, Howard, 'Air Force's Next Generation Air Dominance "Fighter" Program Enters New Stage,' *The Drive*, June 2, 2022.

638. Insinna, Valerie and Losey, Stephen, 'US Air Force bails on Mattis-era fighter jet readiness goal,' *Defense News*, May 8, 2020.

639. Insinna, Valierie, 'Pentagon inspector general has questions about the Air Force's sixth-gen fighter,' *Breaking Defense*, September 27, 2022.

640. Insinna, Valierie, 'China "on track" for 6th-gen fighter, US Air Force needs to get there first: ACC chief,' *Breaking Defense*, September 26, 2022.

641. Tirpak, John A., 'Kendall Dispenses With Roper's Quick NGAD Rhythm; System is Too Complex,' *Air and Space Forces*, June 24, 2022.

642. 'NGAD To Cost "Multiple Hundreds of Millions" Each,' *Aviation Week*, April 27, 2022.

643. Losey, Stephen, 'Air Force would cut 150 aircraft, including A-10s, buy

fewer F-35s in 2023 budget,' *Defense News*, March 28, 2022.

Trevithick, Joseph, 'F-15E Strike Eagle Fleet To Be Slashed By Over Half: Report,' *The Drive*, March 16, 2023.

644. 'Here's How the F/A-18 Super Hornet Will Be Able to Fight Against J-20 and Su-57 Stealth Fighters,' *The Aviation Geek Club*, October 26, 2017.

645. Newdick, Thomas and Rogoway, Tyler, 'The F-22 Raptor Could Finally Get The Infrared Sensor It Was Originally Promised,' *The Drive,* January 13, 2022.

Hunter, Jamie, 'F-22 Raptor Being Readied For AIM-260 Missile By "Green Bats" Testers,' *The Drive*, August 11, 2022.

646. *Ibid.*

647. *Ibid.*

648. Pickrell, Ryan, 'A US F-22 Raptor pilot describes the challenge of going up against F-35 red air aggressors,' *Business Insider,* August 30, 2021.

649. 'Dogfights of the Future,' IMDB, Dogfights, Season 2, Episode 18, May 22, 2008.

650. Helfrich, Emma, 'F-35 Will Get New Radar Under Massive Upgrade Initiative,' *The Drive*, January 3, 2023.

651. Venable, John, '9 reasons why the F-35 needs a new engine,' *Breaking Defense*, November 1, 2022.

652. Cone, Allen, 'Lockheed's Sidekick adds increased firepower to F-35 fighters,' *Lockheed Martin*, May 3, 2019.

653. Helfrich, Emma, 'New Electronic Warfare Suite Top Feature Of F-35 Block 4, Air Combat Boss Says,' *The Drive*, March 9, 2023.

654. 'Aerospace Nation: Gen Kenneth S. Wilsbach,' *Mitchell Institute for Aerospace Studies* (YouTube Channel), March 15, 2022.

Waldron, Greg, 'E-3 insufficient for timely detection of J-20: Pacific Air Forces chief,' *Flight Global*, March 17, 2022.

655. Tirpak, John A., 'USAF Selects Boeing's E-7A Wedgetail as Successor to AWACS,' *Air & Space Forces*, February 28, 2023.

656. Axe, David, 'New Chinese Missile has USAF Spooked,' *Real Clear Defense*, September 24, 2015.

657. Trimble, Steve, 'The Weekly Debrief: Does Raytheon's New AIM-

120D3 Beat China's Best Missile?,' *Aviation Week*, July 25, 2022.

Tirpak, John A., 'Piecing Together the NGAD Puzzle,' *Air and Space Forces*, April 29, 2022.

658. Trimble, Steve, 'The Weekly Debrief: Does Raytheon's New AIM-120D3 Beat China's Best Missile?,' *Aviation Week*, July 25, 2022.

'US Air Force, Raytheon Missiles & Defense execute first live-fire test of AMRAAM F3R,' *Raytheon Missiles and Defense*, July 18, 2022.

659. 'Taiwan seeks advanced U.S. jet fighters,' *RIAN*, March 26, 2009.

660. 'Taiwan plans to request F-35s from US,' *Taipei Times*, September 20, 2011.

661. Gady, Franz-Stefan, 'Taiwan Pushes For Sale of F-35 Fighter Jets,' *The Diplomat*, May 3, 2017.

662. Gould, Joe, 'Give Taiwan the F-35 to deter China, top senators tell Trump,' *Defense News*, March 26, 2018.

663. 'Taiwan told to boost training for pilots amid F-35 sale doubt,' *Asia Times*, April 17, 2018.

'How Taiwanese Veteran Pilots Defected to China With Their American Jets,' *Military Watch Magazine*, May 8, 2021.

664. 'Decision on F-16 fighter jet replacement likely in next few months: Ng Eng Hen,' *Straits Times*, June 30, 2018.

Cenciotti, David, 'AIR FORCE: "If We Don't Keep The F-22 Raptor Viable, The F-35 Fleet Will Be Irrelevant",' *Business Insider,* February 4, 2014.

665. 'U.S Air Force struggles with aging fleet,' *USA Today*, November 4, 2012.

666. 'Taiwan's $124 Million F-16s to Arrive a Year Late: U.S. Faces No Penalties,' *Military Watch Magazine*, May 6, 2023.

667. Thompson, Drew, 'Hope on the Horizon: Taiwan's Radical New Defense Concept,' *War on the Rocks*, October 2, 2018.

Axe, David, 'Taiwan Might Experience Buyers Remorse Over the F-16 Fighter,' *National Interest,* January 29, 2022.

668. Trevithick, Joseph, 'Taiwan's F-16s Cleared To Receive IRST Targeting Systems,' *The Drive*, August 23, 2023.

669. 'F-16V funding bill passes initial review,' *Taipei Times*, September 24, 2019.

670. Suciu, Peter, 'Could India Get F-35s and F-21 Fighters? Not if China and Russia Have Their Way,' *National Interest,* April 15, 2021.

Trevithick, Joseph, 'Lockheed Martin Deletes Claim That Its Rebranded F-21 Could Be A Path To Indian F-35s,' *The Drive*, February 20, 2019.

671. 'Japan to build stealth fighter jets by 2014,' *Air Force Times,* December 10, 2007.

672. 'Russia and India Discussing License Production of Fifth Generation Fighters at Aero India 2023: Su-57 to Follow Su-30MKI's Path?,' *Military Watch Magazine*, February 16, 2023.

673. Simha, Rakesh Krishnan, 'Why India needs to fast track the PAK-FA,' *Russia Beyond*, June 10, 2016.

674. 'China stealth fighter co'pied parts from downed US jet",' *BBC News,* January 24, 2011.

Cenciotti, David, 'Is the Chengdu J-20 an F-22/YF-23/Mig-31 hybrid?,' *The Aviationist*, January 5, 2011.

'Did The J-20 Come From This MiG?,' *Military.com*, August 19, 2011.

Eaton, Kit, 'China's Stealth Fighter Flies, But Does it Work By Ripping Off U.S. Tech?,' *Fast Company*, January 11, 2011.

675. Allison, Graham, 'America second? Yes, and China's lead is only growing,' *Boston Globe,* May 22, 2017.

676. Golan, John W., *Lavi: The United States, Israel, and a Controversial Fighter Jet*, Sterling, Potomac Books, 2016 (pp. 33-43).

677. *Ibid* (pp. 134, 191-192).

678. McGill, Earl J., *Black Tuesday Over Namsi: B-29s vs MiGs - The Forgotten Air Battle of the Korean War*, Solihull, Helion & Company, 2012 (Chapter 4: The Machinery of War).

679. Stone, I. F., *Hidden History of the Korean War*, Boston, Little, Brown and Company, 1988 (p. 342).

680. *Ibid* (p. 342).

681. Department of the Air Force Presentation to the House Armed Services Committee Subcommittee on Air and Land Forces, United States House

of Representatives, Subject: Air Force Programs, Combined Statement of: Lieutenant General Daniel J. Darnell, Air Force Deputy Chief Of Staff For Air, Space and Information Operations, Plans And Requirements (AF/A3/5), Lieutenant General Mark D. Shackelford, Military Deputy, Office of the Assistant Secretary of the Air Force for Acquisition (SAF/AQ), [and] Lieutenant General Raymond E. Johns, Jr., Air Force Deputy Chief of Staff for Strategic Plans And Programs (AF/A8), May 20, 2009 (pp. 7, 8).

682. Tirpak, John A., 'Raptor 01,' *Air Force Magazine*, July 1997 (p. 48).

683. Axe, David, 'China's Over-Hyped Stealth Jet,' *The Diplomat*, January 7, 2011.

VIEW 136

殲 -20 空中威龍
揭密中國軍事崛起下亞洲第一架匿蹤戰鬥機

作　　者—亞波汗・艾布斯 Abraham Abrams
譯　　者—徐昀融
校對審閱—亞波汗・艾布斯 Abraham Abrams
圖片提供—亞波汗・艾布斯 Abraham Abrams
責任編輯—廖宜家
主　　編—謝翠鈺
行銷企劃—鄭家謙
封面設計—兒日設計
美術編輯—李宜芝

董 事 長－趙政岷
出 版 者－時報文化出版企業股份有限公司
　　　　　108019 台北市和平西路三段 240 號 7 樓
　　　　　發行專線— (02)23066842
　　　　　讀者服務專線— 0800231705
　　　　　　　　　　　　(02)23047103
　　　　　讀者服務傳真— (02)23046858
　　　　　郵撥— 19344724 時報文化出版公司
　　　　　信箱— 10899 台北華江橋郵局第 99 信箱
時報悅讀網— http://www.readingtimes.com.tw
法律顧問—理律法律事務所 陳長文律師、李念祖律師
印刷—勁達印刷有限公司
初版一刷— 2024 年 1 月 5 日
定價—新台幣 580 元
（缺頁或破損的書，請寄回更換）

時報文化出版公司成立於一九七五年，
並於一九九九年股票上櫃公開發行，於二〇〇八年脫離中時集團非屬旺中，
以「尊重智慧與創意的文化事業」為信念。

殲 -20 空中威龍：揭密中國軍事崛起下亞洲第一架匿蹤戰鬥機 / 亞波汗 . 艾布
斯 (Abraham Abrams) 著；徐昀融譯 . -- 初版 . -- 臺北市：時報文化出版企業股
份有限公司 , 2023.12
　面；　公分 . -- (View；136)
譯自：J-20 Mighty Dragon : asia's first stealth fighter in the era of China's
military rise
ISBN 978-626-374-723-4(平裝)

1.CST: 戰鬥機 2.CST: 軍事工程 3.CST: 中國

598.61　　　　　　　　　　　　　　　　　　　　112020772

Translated from: J-20 Mighty Dragon: Asia's First Stealth Fighter in the Era of China's Military Rise
Text copyright © 2023 by Abraham Abrams
Complex Chinese edition copyright (c) 2023 by China Times Publishing Company
All rights reserved.

ISBN 978-626-374-723-4
Printed in Taiwan